autour de bachelard

Ouvrage publié avec le concours du Centre national du livre

Collection « encre marine »
ISBN : 978-2-35088-27-3

didier gil

autour de bachelard

esprit et matière,
un siècle français
de philosophie des sciences
(1867-1962)

encre marine

Sommaire

Préface

L'ouvrage fulgurant de Didier Gil pourrait se diviser (par simple commodité) en trois moments :

1) Il débute par Bergson.

2) Il s'achève, comme il se doit (au vu du titre), par Bachelard.

3) Le milieu sera occupé par ceux qui vont être convoqués – les Spinoza, Lachelier, Boutroux.

Les deux pôles de cette fresque sont occupés par Bergson et Bachelard ; en d'autres termes, D. Gil va théoriser la bataille des philosophes à la fin du XIXe siècle.

Tous les chapitres de ce livre de feu retiendront le lecteur car chacun d'eux développe une thèse originale.

Nous en donnons une preuve, sans attendre : qui aurait pu croire que l'ouvrage de Bergson – *Le Rire* – s'éclairait d'autant mieux qu'il annonçait ou précédait ceux qui suivront (*Les Deux Sources de la morale et de la religion*, notamment) ? Aucun critique n'a accordé au *Rire* l'importance qui va lui être reconnue.

Sur Lachelier et Ravaisson, nous ne lisons pas ici ce qui a déjà été tant ressassé, mais nous sommes retenus par des remarques concernant le langage (parce que ces philosophes ont glorifié l'examen étymologique ou encore la plurivocité de sens des conceptions majeures).

D. Gil a su les ressusciter : il leur accorde même des vues susceptibles de sauver la métaphysique en péril, parce qu'attaquée par un scientisme réducteur.

Mais le plus inouï se situe à la fin de ce que nous tenons pour la première partie. Nous ne sommes pas prêt d'oublier la fourmi (on la fait parler ainsi que l'abeille) ; avec elle, nous assistons à la primauté de l'instinct sur l'intelligence. Le texte est agrémenté par de nombreuses références quant à la conduite des insectes sociaux (le social au fond du vital).

Dans ce que nous tenons pour la seconde partie de l'ouvrage, nous rencontrons des problèmes aussi topiques et aussi difficiles, tel ce dernier : pourquoi Bachelard, qui s'est rapproché de Spinoza, ne l'évoque-t-il pas et donc ne le cite jamais ? Le philosophe ne s'explique guère sur cette question mais D. Gil ne manquera pas de nous proposer une réponse.

Mentionnons le fait de la situation inverse : Bachelard ne cessera pas, dans la plupart de ses ouvrages, d'illégitimer le *Cogito* cartésien, un *Cogito* solitaire alors que s'impose l'intersubjectivité sans laquelle n'émergera pas l'esprit humain.

D. Gil s'efforce aussi de sortir de l'ombre des entrecroisements entre les philosophes – d'où la procession des Platon, Spinoza (assurément), Kant, Fichte ; on notera surtout – encore une question difficile ! – la non-référence à Hegel, alors que la philosophie bachelardienne devait l'appeler, voire s'en inspirer. En effet, Bachelard n'en retient qu'un sens faible. Il s'agira d'un mouvement de réorganisation du savoir. S'élargira seulement la sphère de la compréhension. Bachelard ira jusqu'à opposer à la loi des trois états de

Comte une tout autre loi, sans lien avec la précédente : « l'état concret, l'état concret-abstrait, l'état abstrait ».

Le moment le plus attendu du livre porte sur la philosophie épistémologisée de Bachelard. Le lecteur attend sans doute l'examen de la question préalable suivante : comment celui qui s'accorde, dans ses analyses, avec un idéalisme de style brunschvicgien, peut-il verser dans le « matérialisme » fût-il rationnel ? Pourquoi cette évolution et qu'est-ce qui l'a motivée ? D. Gil ne manque pas d'élaborer une réponse et de nous fournir les moyens d'une véritable explication. Nous en aurions voulu encore plus !

D. Gil va d'ailleurs entrer dans une inextricable forêt, où les difficultés abondent. Nous en retenons trois.

1) D'abord – nous questionnons ici D. Gil, l'interprète – pourquoi n'a-t-il pas incorporé à son argumentaire tout ce qui touche à l'imaginaire, à la cosmologie poétique ? Il ne la tient sûrement pas pour secondaire, alors pourquoi son élimination ? Elle aussi se réclamait du « matérialisme ».

2) Autre passage ardu : comment concevoir l'étrange critique du formalisme et même d'un certain logico-mathématisme (les doctrinaires de l'axiomatique) ? Est-il sûr que celui qui calcule et multiplie les formules manque le feu de la science ? Affaiblit-il le rôle ou la participation de l'expérience ? Bachelard – mais ce serait le diminuer – se contenterait-il d'un couplage du théorique et de l'instrumental ?

3) Sur l'école, Bachelard radicalise ses vues, tant il craint le dogmatisme, l'inertie, la répétition, la facilité. Il heurtera sans doute les pédagogues, ainsi que les vieux maîtres (lesquels doivent devenir de jeunes élèves).

Autour de Bachelard ne se situe pas en dehors de Bachelard ; il en donne ici la version la plus vigoureuse, la plus neuve.

Celui qui lira cet ouvrage en sortira plus philosophe qu'il ne l'était en entrant.

En plus du Bachelard électrisé (et non pas éclectisé), il sera immergé dans une histoire de la philosophie quasiment complète (de Platon et Épicure jusqu'à nous jours), d'autant plus que les absents soulèvent autant d'interrogations que les présents.

Il est d'ailleurs salutaire que le philosophe ne se borne pas à un auteur, encore moins à un seul moment de son évolution, mais qu'il tente d'en assumer la totalité, afin de mieux concevoir les particularités, les filiations éventuelles, les guerres sourdes et surtout – ne les oublions pas ici – les ruptures, les scientifiques mais aussi les philosophiques.

François Dagognet

1. Lachelier ou l'âge civilisé de la philosophie[1]

« Ses volontés avaient valeur de décret royal. »
Alain[2]

L'ÉCOLE RÉPUBLICAINE, pour les philosophes comme pour tous, est celle des « Jules ». Mais pas moins sinon plus spécifiquement que celle de Jules Ferry, l'École des philosophes en France, depuis plus d'un siècle, pourrait être considérée comme l'école de Jules Lachelier. Comprendre dans quelle langue philosophique, selon quelles pratiques professionnelles liées à l'État républicain, l'activité philosophique en France a pu se définir et s'exercer pendant près d'un demi-siècle supposerait une lecture de Lachelier dont nous voudrions ici esquisser seulement quelques lignes directrices.

L'AMBITION : LE FRANÇAIS PHILOSOPHIQUE

Dans une leçon qu'il fit en 1866-67 à l'École normale supérieure, Lachelier affirme, à propos du sens qu'il faudrait donner au mot

1. Ce texte a paru pour la première fois dans la revue *Corpus*, 24-25, 1994, p. 47-78.
2. Alain. *Les Idées et les âges*, livre neuvième, VI, (1927), Paris, Gallimard, Pléiade, 1960, p. 286.

« spiritualisme » : « La langue philosophique est mal faite[1]. » Cette remarque n'est ni accessoire ni fortuite. L'enthousiasme de H. Hude dans son avant-propos à l'édition récente du *Cours de logique* pour ce « beau français », cette « langue parfaite » qui fait de Lachelier un « maître » « pour ce qui est de la langue philosophique » est, par son excès, sans doute digne du style hagiographique qui avait cours parmi les spiritualistes du XIXe siècle. Mais il est l'indice vrai d'une préoccupation, sinon d'une ambition constitutive de l'œuvre philosophique de Lachelier. Cette ambition a un sens philosophique. Elle pose la question capitale des conditions de l'expression philosophique dans une langue qui, rien moins qu'instrument de communication indifférent à la pensée qu'elle écrit ou parle, définit le *style* de pensée auquel une école ou un courant de philosophes s'identifient, par lequel ils se comprennent, ou pour le moins se reconnaissent, mais surtout, grâce auquel ils se font des disciples. Lachelier ne se propose pas de corriger des erreurs de français mais des erreurs de français philosophique.

Par exemple,

> « l'emploi du mot idée pour signifier non le concept [car il y en a un] mais la sensation même, de blanc ou de rouge, est *intolérable* »

et Lachelier

> « estime qu'il faut absolument condamner ce sens, qui a le tort énorme de confondre des actes de l'esprit tels que le concept [...] avec de simples sensations passives »[2].

Mais de telles condamnations supposent des normes : pour Lachelier, « les mots ont une *physis* »[3], c'est-à-dire un « principe interne de production » qu'il convient de saisir d'un point de vue téléologique comme éléments d'une pensée qui s'organise. Et le grec philosophique, c'est-à-dire pour Lachelier le grec d'Aristote, est un modèle de vérité qui témoigne essentiellement par sa beauté :

1. J. Lachelier, *Cours de logique*, Paris, 1990, Éditions universitaires, p. 120.
2. *Œuvres de Jules Lachelier*, Paris, éd. F. Alcan, 1933, tome 2, remarque sur le mot « Idée » du Vocabulaire Lalande, p. 189.
3. *Ibid.*, remarque sur le mot « Nature », p. 196-197.

« Une vérité qui ne serait pas belle ne serait qu'un jeu logique de notre esprit, et [...] la seule vérité solide et digne de ce nom, c'est la beauté[1]. »

Si donc la beauté de la langue philosophique de Lachelier n'est autre que son harmonie finale, on nous permettra de comprendre son ambition comme une fonction, c'est-à-dire par sa fin : le projet d'organisation d'une « philosophie à la française »[2]. Car, quoi qu'en ait dit Heidegger, pour les besoins de sa cause, la philosophie ne parle plus grec (ni latin) depuis environ trois siècles. Heidegger lui-même, précédé en cela par Hegel et Kant, s'exprime dans une langue philosophique allemande, laquelle, du moins lorsqu'elle est parlée par Kant, a la faveur de Lachelier. Auparavant, comme on peut déjà l'entrevoir avec Hobbes, les Anglais ont constitué leur langue philosophique propre, laquelle, en revanche, (parlée par Stuart Mill, notamment) n'est pas toujours du goût du maître.

Il existe en France un *français philosophique* depuis moins longtemps. On le doit en son principe et pour une grande part à Lachelier. Sans doute Descartes a-t-il écrit *d'abord* « Je pense donc je suis », et non pas « *Cogito ergo sum* » – comme il est faussement inscrit sous l'édifice statuaire du héros français à Tours. Il est vrai aussi que le XVIIIe siècle philosophique a écrit *en* français et peut-être ébauché une manière spécifique de philosopher corrélative à une pratique philosophique déterminée (la clandestinité notamment). Mais ce n'est aucune de ces langues que pour la plupart, en France, les philosophes ont appris à parler. Aussi se demander pourquoi Descartes, philosophe à l'écart

1. J. Lachelier, *Du fondement de l'induction*, *Œuvres de Jules Lachelier*, Paris, éd. F. Alcan, 1933, tome 1, p. 78.

2. Nous empruntons cette expression à Pierre Macherey (« La philosophie à la française », *Revue des sciences philosophiques et théologiques*, t. 74, n° 1, janvier 1990, p. 7-14) : « Il n'y a pas une "philosophie française" qui serait l'expression immémoriale d'un "esprit" donné tel quel par la nature des choses. Mais il y a une pratique française de la philosophie, qui est une production historique, coïncidant avec la mise en place d'institutions spécifiques dans le cadre de l'État-nation. De ce point de vue, l'intégration de la philosophie à l'appareil de l'enseignement public est essentielle, cet enseignement qui, depuis près de deux siècles, détermine pour une part ses formes d'expression et de communication, ainsi que ses contenus spéculatifs, thématiques, argumentatifs et notionnels. »

de toute institution, ou la tradition libertine clandestine du XVIIe siècle et le matérialisme français du XVIIIe siècle n'ont pas donné naissance à la « philosophie à la française » que nous connaissons encore aujourd'hui, est-ce nécessairement s'interroger sur la manière dont, en constituant un style de pensée philosophique, le spiritualisme de la seconde moitié du XIXe siècle a pu refouler d'autres langues philosophiques possibles (dont Diderot plutôt que Descartes eût pu être un des pionniers).

Élitisme et République

J. Lachelier ne conçoit pas la pratique philosophique comme une technique qui aurait son langage spécialisé (si l'on excepte les problèmes terminologiques liés à l'histoire des doctrines). On aurait donc tort de réduire à une affaire de jargon la question des conditions langagières de l'expression philosophique en France dans la seconde moitié du XIXe siècle. Le spiritualisme de Lachelier ne se veut pas ésotérique, le problème qu'il se pose est plutôt celui du rôle culturel de la philosophie dans la constitution d'une élite intellectuelle à l'intérieur d'un État républicain. Si l'on sait un peu le grec, on sait que le barbare n'est pas citoyen mais bien souvent prisonnier de guerre devenu esclave, et qu'à ce titre, doublement, il n'est pas membre de la *polis*. Il est d'un autre pays, dont les mœurs guerrières (le barbare comme envahisseur), le distinguant des hommes civilisés, peut l'exclure de l'Académie : il n'y a que dans le Jardin d'Épicure (un matérialiste) que tout le monde, y compris les esclaves et les prostituées, ont le droit de philosopher ; mais pour Platon, les fils de la Terre, comme les sophistes, parlent *barbarikôs*. En discutant avec eux pour les combattre, on risque de se commettre dans la faute qu'on leur reproche : on est victime de l'argument d'autophagie, on commet des parricides philosophiques, comme celui de Parménide dans *Le Sophiste*.

On entre en philosophie comme dans une Cité de philosophes. On sait comment déjà dans l'individu, selon Platon, l'activité philosophique s'organise comme un rapport social. Le discours intérieur, avec soi-même, se règle comme le dialogue philosophique, lequel se règle à l'instar du macrocosme de la Cité idéale. L'échange en général n'est pas sans règle et la question langagière n'est pas seulement la question de l'identité close d'une école ou d'un courant de philosophes amis. Elle est surtout celle, pour un projet philosophique culturel, de l'identité ouverte : comment éduquer ? Comment et à qui apprendre à philosopher ? Comment former des disciples, civiliser le sens commun ? Forger une langue philosophique, c'est donc en même temps constituer un auditoire philosophique. Pour philosopher avec ou devant un interlocuteur, il faut attacher du prix à son écoute, son consentement, son concours, son adhésion. Il faut déterminer qui est digne d'être d'attention du philosophe : l'échange langagier enveloppe la communauté de pensée.

Aristote a révélé la vérité du combat platonicien contre les sophistes : rhétorique et philosophie, forme et fond sont indissociables. C'est pourquoi, disait-il,

> « il ne faut pas discuter avec tout le monde, ni pratiquer la dialectique avec le premier venu car à l'égard de certaines gens, les raisonnements s'enveniment toujours. Contre un adversaire, en effet, qui essaye par tous les moyens de se dérober, il est légitime de tenter par tous les moyens d'arriver à la conclusion ; mais ce procédé manque d'élégance »[1].

Ce manque d'élégance peut faire perdre son âme à telle pratique philosophique dont on se réclame, faire oublier que philosopher présuppose, selon la Cité de philosophes à laquelle on appartient, un style de pensée : on ne discute qu'« entre gens civilisés ». Aristippe, philosophe cyrénaïque[2], s'est vu reprocher de s'être abaissé devant le tyran Dionysos de Sicile au point de se mettre à ses pieds pour être entendu. Aristippe se défendit en disant que ce n'était pas sa faute, mais celle de

1. Aristote. *Topiques*, livre VIII, chap. 14, 164b.
2. Un « petit socratique » du IVe siècle avant notre ère, comme on dit dans le français philosophique constitué.

Dionysos qui avait les oreilles dans les pieds. Autant dire qu'il importe au langage philosophique de déterminer où les oreilles philosophiques se trouvent. La question : quel est l'auditoire philosophique ? revient donc à la question : quelle langue devons-nous parler ? Est-elle philosophique ?, c'est-à-dire, à quelles conditions de leur expression pouvons-nous mettre nos pensées d'accord ?

Or le français philosophique de Lachelier repose tout entier sur l'idée de ce qu'il appelle « la haute culture » destinée à l'élite des gouvernants et assurée par l'enseignement philosophique :

> « La haute culture est quelque chose de si compliqué, et de si délicat, l'homme parti de la simple animalité, a, pour y atteindre, une telle distance et tant de degrés intermédiaires à franchir, qu'elle ne peut résulter, ce me semble, que d'une action prolongée de l'éducation et de l'hérédité. L'étendre, en y appelant tout à coup ceux qui n'y sont pas préparés, la vulgariser, c'est la détruire [...]. La nature [...] a tracé d'avance le plan de la société humaine : la feuille n'est pas une fleur [...] et il y a [...] dans un végétal, surtout s'il est grand, plus de feuilles que de fleurs[1]. »

Il n'est donc pas question de rendre la philosophie populaire ni, à l'inverse, selon la tendance cousinienne, de donner un sens philosophiquement noble, au langage du vulgaire, au « sens commun » :

> « Qu'il [le sens commun] ne se mêle pas, surtout de philosophie, et ne prétende, en cette matière, à aucune autorité »[2].

Si le sens commun emploie erronément idée pour dire sensation, ou si, à tort, « substance pour le vulgaire comme pour le savant est synonyme de matière », ce n'est pas un problème pour le sens commun mais c'en est un pour le philosophe qui, par principe, décide qu'il « renonce à consulter le sens commun sur une question qui lui est, après tout, étrangère »[3].

1. J. Lachelier, *Œuvres de Jules Lachelier, op. cit.*, « La démocratie », séance de la Société française de philosophie, tome 2, p. 153-54.
2. *Ibid.*, remarque sur l'article « Sens commun » du Vocabulaire Lalande, p. 218.
3. *Ibid.*, *Du fondement de l'induction, op. cit.*, tome 1, p. 39-40.

On pourrait s'étonner qu'un philosophe de la République ait une ambition aussi aristocratique. Pourtant c'est ainsi, du moins en partie, qu'il faut comprendre l'intégration de l'activité philosophique en France dans le fonctionnement de l'appareil d'État. À ce titre, Jules Lachelier ne s'est pas trompé d'époque ; on pourrait même dire qu'il fut un grand homme, au sens hégélien du grand homme. Est-ce parce qu'il admirait Aristote, par lequel plus que Platon et que tout autre, en tout cas il fut le premier, a été codifiée cette philosophie qui longtemps a parlé grec ? Est-ce parce que Platon et Aristote ont pu lui offrir le modèle, transposable à un élitisme républicain, d'une politique qui, faisant reposer l'idéal aristocratique sur la nature et l'éducation, assure à la philosophie la plus haute fonction sociale ? Toujours est-il qu'il réussit là où Victor Cousin, moins grand homme qu'opportuniste, pour l'essentiel a échoué : achever, après Caro et Ravaisson, la création du français philosophique propre à être parlé, ou plutôt écrit, par l'élite naissante dans les Lycées et l'Université et administrer l'agrégation de philosophes (professeurs fonctionnaires de l'État) ainsi constituée au service de la Cité et de la citoyenneté idéales. L'histoire personnelle de Jules Lachelier, celle de la philosophie et celle de la République font tout un.

Le destin a voulu que Jules Lachelier, alors âgé de dix-neuf ans, intégrât l'École normale en 1851, l'année même où le coup d'État de Louis-Napoléon Bonaparte signe doublement l'échec politico-philosophique du libéralisme et de l'éclectisme. La révolution de 1848 avait déjà mis fin à la carrière politique du philosophe de la Restauration et en 1851 V. Cousin est contraint de prendre sa retraite. Près d'un demi-siècle plus tard, en 1900, c'est J. Lachelier qui prend sa retraite, après avoir enseigné à l'École normale supérieure de 1864 à 1875 et après avoir assumé, à partir de 1879, la tâche d'Inspecteur général de l'Instruction publique pendant vingt et un ans. Ce sont quarante-deux années qui ont façonné durablement l'enseignement philosophique.

Durablement, car à la disgrâce finale de V. Cousin s'oppose totalement l'apogée de J. Lachelier qui, tant à la Société française de philosophie, qu'à l'Académie des sciences morales et politiques, ou au Jury de l'agrégation de philosophie qu'il préside jusqu'en 1910, exerce un pouvoir rien moins honorifique et dont l'influence, après sa mort en 1918, n'est peut-être pas éteinte aujourd'hui encore.

« *Le spiritualisme avait besoin d'une revanche* »

En 1921, Brunschvicg écrit que « s'est constituée en France à partir de 1870, une Université philosophique qui devra porter le nom de Jules Lachelier »[1]. Lorsque, dans la deuxième moitié du second Empire, cesse la proscription philosophique, Jules Lachelier quitte le Lycée Condorcet où il est professeur pour enseigner à l'École normale. Nous sommes en 1864. Alors que Ravaisson n'a pas encore rendu son rapport sur la philosophie en France, Taine a déjà publié en 1857 un célèbre pamphlet qui ridiculise l'école de Royer-Collard et de Cousin. Jules Lachelier prend la mesure de la tâche à accomplir : rendant compte pour les approuver de trois articles polémiques de Elme Caro sur l'idée de Dieu, il attribue le succès des Taine, des Vacherot ou des Renan à

> « l'influence des spéculations germaniques, [aux] résultats acquis ou espérés des sciences positives, et surtout [à] la secrète impatience de beaucoup d'esprits, qui n'attendaient qu'un signal pour secouer le joug officiel du spiritualisme »[2].

Ce joug officiel, c'est l'œuvre de Cousin et de ses disciples. Assujettissement politique intolérable parce qu'en fourvoyant le spiritualisme, il a perverti la philosophie, l'essence même de sa mission. Si le professeur de philosophie doit avérer la liberté de l'esprit, ce ne peut être qu'effectivement et dignement, en donnant lui-même l'exemple

1. L. Brunschvicg, *Œuvres de Jules Lachelier, op. cit.*, tome 1, p. XIX. Notice lue devant l'Académie des sciences morales et politiques le 29 janvier 1921.
2. J. Lachelier, tome 1, p. 3.

d'une pensée autonome en acte. En 1889, l'Inspecteur général de l'instruction publique écrit qu'il est utile, par-dessus tout, aux élèves

> « de sentir qu'il [le professeur] ne leur dit que ce qui lui paraît vrai et qu'ils n'auront à répéter que ce dont ils seront persuadés eux-mêmes ». « Nos classes de philosophie – conclut-il – sont avant tout, aujourd'hui, une école de sincérité »[1].

Simulacre donc, ou mascarade, le spiritualisme sous le joug des cousiniens, a été une bonne cause fort mal plaidée. En 1885, plus librement, Jules Lachelier parle avec un mépris discret de « cet ensemble d'affirmations et de croyances » « sur les choses suprasensibles » auquel se réduit le cousinisme, « que l'on est convenu d'appeler par le nom de spiritualisme »[2] et que Lachelier appelle, à l'occasion, « spiritualisme vulgaire »[3] ou « spiritualisme du premier degré ». Un spiritualisme qu'il juge superficiel et incomplet parce qu'il a le tort de « placer l'esprit au-dessus de la nature, sans établir de rapport entre l'un et l'autre »[4]. La victoire de ce que Lachelier appelle « la nouvelle philosophie » n'est donc pas tant imputable à la force de l'adversaire qu'à la faiblesse du spiritualisme cousinien, sa faiblesse théorique ne faisant qu'un avec l'indigence des conditions pratiques de son expression philosophique.

On sait la couleur ambiguë, c'est-à-dire la nuance péjorative, proche d'un bricolage synthétique, que ses adversaires (Taine, Saphary, Ferrari) ont donné au « drapeau de l'éclectisme » (Cousin). Même Ravaisson, en 1867, en parle, sans emphase, comme d'« un brillant développement du demi-spiritualisme qu'inaugura chez nous Royer-Collard »[5]. On sait en outre quel était le prestige du « sens commun ». Les éclectiques le concevaient comme un sens infaillible de la vérité,

1. J. Lachelier, *Œuvres de Jules Lachelier*, *op. cit.*, tome 1, rapporté par Brunschvicg, p. XX et p. XXI.
2. *Ibid.*, *Psychologie et Métaphysique*, tome 1, p. 170.
3. *Ibid.*, p. 208.
4. *Ibid.*, remarque sur l'article « spiritualisme » du Vocabulaire Lalande, tome 2, p. 221.
5. F. Ravaisson, *Rapport sur la philosophie en France au XIXe siècle*, Paris Fayard, 1984, chap. II, p. 72.

inscrit en tout homme, que l'activité philosophique n'avait qu'à faire accéder à la conscience claire. Sainte Beuve[1] rapporte enfin que Cousin et ses disciples pratiquaient en philosophie plus une éristique, voire une sophistique empruntée aux batailles politiques les plus politiciennes, qu'une véritable réfutation philosophique :

> « Une petite iniquité philosophique s'est introduite et s'est consacrée depuis 1817 et dans les années suivantes. M. Cousin, pour désigner l'école adverse du XVIIIe siècle qui rattachait les idées aux sensations, l'a dénommé école sensualiste. Pour être exact, il eût fallu dire sensationniste. Le mot de sensualiste appelle naturellement l'idée d'un matérialisme pratique qui sacrifie aux jouissances des sens [...]. Rien ne s'appliquait moins à Condillac et à tous les honorables disciples sortis de son école [...] mais il est toujours bon de flétrir en passant son adversaire ; il lui en reste quelque chose. »

On peut dès lors se demander qui, des détracteurs ou des défenseurs de l'éclectisme, a transformé les noms de doctrines en figure d'anathème. Toujours est-il que ce spiritualisme d'effets de manche sans loyauté ni courtoisie, qui confond l'argumentation philosophique et l'intrigue politicienne, est rien de moins qu'étranger à Lachelier. Brunschvicg plus cassant, évoque

> « la fièvre romantique et l'effusion oratoire dont Cousin avait répandu la mode, avant de laisser dégénérer la philosophie en instrument de gouvernement »[2].

On sait, grâce à Alain notamment, qu'il en résulta pour Lachelier

> « une sorte d'impatience à l'égard des méditations sur la politique qu'il jugeait inutiles et mêmes dangereuses » et que toujours il fit en sorte qu'« il vécût loin des intrigues »[3].

Cela n'a jamais eu pour conséquence que la philosophie fût sans pouvoir ni victoire qui l'impliquât dans des combats. Mais il faut d'abord comprendre l'échec de Cousin pour comprendre quelle sera la victoire de Lachelier.

1. Sainte Beuve, *Mes Poisons*, Corti, 1988.
2. L. Brunschvicg, *Œuvres de Jules Lachelier*, *op. cit.*, tome I, p. XX.
3. Alain, *Les Idées et les âges* (1927), livre neuvième, VI, Paris Pléiade, Gallimard, 1960, p. 286-288.

Les matérialistes naturalistes allemands (Moleschott, Büchner, Vogt) et, en France, les matérialistes qui depuis Broussais ont fait fond sur les progrès des sciences, l'anatomie et la physiologie, notamment neuro-cérébrale, mais aussi sur l'évolutionnisme (Haeckel), n'ont pas rencontré, selon Lachelier, une réelle et digne résistance de la part du spiritualisme cousinien. Au mieux, les « affirmations et les croyances sur les choses suprasensibles » dont celui-ci s'est contenté ne l'ont conduit qu'à « bâtir dans le vide » et à « constater un besoin de l'esprit en croyant le satisfaire »[1]. On croirait lire Aristote reprochant aux platoniciens de raisonner *logikos kai kénos*, d'une manière verbale et vide[2]. Au pire, le spiritualisme a été lui-même suborné par le matérialisme qu'il s'efforçait de discréditer, puisqu'il a emprunté ses armes à l'adversaire :

> « Si le progrès [des] sciences a contribué depuis quelque temps à discréditer la théologie spiritualiste, n'est-ce pas en partie faute de cette théologie elle-même, qui a eu trop souvent le tort de leur disputer un terrain qui leur appartient, et d'engager contre elles une lutte dans laquelle elle était vaincue d'avance[3] ? »

De même, à propos de la psychologie :

> « La méthode empruntée par M. Cousin au XVIIIe siècle a fini par nous ramener, assez logiquement peut-être, à la philosophie du XVIIIe siècle[4]. »

L'auditoire philosophique se trouve donc dans un climat assez délétère :

> « Devant un auditoire aussi bien préparé, la nouvelle philosophie n'était pas tenue à une grande dépense d'arguments : des discussions sommaires et des négations discrètes, beaucoup d'ironie et un peu de dédain [...] ; ce n'est pas un médiocre sujet de confusion pour notre temps, que la légèreté des armes avec lesquelles on a pu remporter sous nos yeux de pareilles victoires[5]. »

1. J. Lachelier, *Œuvres de Jules Lachelier*, *op. cit.*, *Du fondement de l'induction*, tome 1, p. 45.
2. Aristote, *Éthique à Eudème*, I, 8, 1217b-21.
3. J. Lachelier, *Œuvres de Jules Lachelier*, *op. cit.*, tome 1, p. 15.
4. *Ibid.*, *Psychologie et Métaphysique*, tome 1, p. 172.
5. *Ibid.*, tome 1, p. 3.

C'est pourquoi, en 1864, Lachelier affirme que le spiritualisme a besoin d'une « revanche » et voit dans le succès d'estime de Caro un « excellent augure pour l'issue du grand débat dans lequel est engagé aujourd'hui le sort de la métaphysique »[1]. Et en 1885, le projet de l'article *Psychologie et métaphysique* est bien de « donner raison au spiritualisme, mais dans des termes et par des procédés qui ne sont plus tout à fait ceux de M. Cousin »[2]. Satisfaire véritablement le besoin de l'esprit, c'est d'abord redonner dignité à la philosophie spiritualiste, celle que Ravaisson caractérisait déjà comme « royale et aristocratique » contre la philosophie « plébéienne », la « *paupertina philosophia*, celle des Démocrite et des Épicure » avec lesquelles, comme le précisait le maître de Lachelier, les sociétés ne peuvent subsister[3].

Philosophie métaphysique et République théocratique

La tâche de Lachelier consiste ainsi à rompre avec une atmosphère logomachique, sans pour autant renoncer à mener le combat contre le matérialisme victorieux. L'occasion historique au tournant des années 1870 s'y prête. Il faut inventer de nouvelles règles du jeu, constituer un auditoire philosophique mieux préparé, donner à la rhétorique philosophique de l'élégance et de l'efficacité, la rendre à sa noble fonction dans la nouvelle *polis* qu'annonce la troisième République. La philosophie comme enseignement philosophique doit pouvoir forger ses *propres* armes. En obtenant une garantie institutionnelle de l'État laïque et non plus une caution politique marchandée, elle doit pouvoir apprendre à placer Dieu ou la raison au-dessus de la politique. Du renouveau métaphysique de la philosophie ainsi constituée, Alain, quoique plus démocrate, tirera sans

1. J. Lachelier, *Œuvres de Jules Lachelier*, *op. cit.*, tome 1, p. 4. À dire vrai, de la métaphysique spéciale, Lachelier ne cherchera à restaurer principalement que la psychologie et la cosmologie rationnelles, laissant, pour une grande part, la théologie au domaine de la foi plus qu'il n'en fait un domaine de la réflexion.
2. *Ibid.*, *Psychologie et Métaphysique*, tome 1, p. 218.
3. F. Ravaisson, *Testament philosophique et autres fragments*, Paris, Vrin, 1983, p. 56.

infidélité majeure à Lachelier ce qu'il appellera la « mystique républicaine ».

La philosophie peut ainsi maintenir un cap constant malgré les vents et les marées politiques. Servir la République sans servir ni les républicains (sans se compromettre dans leurs luttes intestines) ni leurs adversaires, c'est servir l'État, comme *principe*, qui est à la politique ce que les principes métaphysiques sont à toutes les activités humaines, aux sciences positives en particulier. Lachelier préfère la Constitution américaine à la constitution française parce que la déclaration américaine s'appuie sur une autorité divine et non humaine. Ainsi, de même que la véritable « démocratie [...] est en réalité, et dans le sens étymologique du mot, une théocratie »[1], de même la philosophie doit se maintenir au niveau des principes comme une métaphysique, la science véritable étant la philosophie entendue comme métaphysique : « c'est la tâche de la philosophie de tout *comprendre* »[2], la psychologie, la morale, l'art, et « même la religion », en se plaçant toujours au-dessus des vicissitudes du règne des hommes, au point de vue de « la rationalité universelle ». Au lieu d'une idéologie officielle, un *style* de pensée institutionnalisé, au lieu du faux « catéchisme laïque » façon Cousin, une vraie prédication laïque du professeur-fonctionnaire. Au lieu que des politiques gouvernés par l'appétit se mêlent de philosophie, il s'agit cette fois que les philosophes fonctionnaires, dont le plus grand pouvoir (spirituel) est d'être indépendant des pouvoirs, c'est-à-dire de transcender l'opposition gouvernant/gouvernés, travaillent à une « société orientée vers la plus haute culture et gouvernée par les représentants de cette culture ». Au sommet de cette culture, il y a l'instruction philosophique. L'idéal de Lachelier est un idéal aristocratique de la société où l'élite, philosophiquement instruite, ayant appris le *sacrifice* de soi à l'idéal social, puisse finalement s'exercer le « règne direct de la raison ou de Dieu »[3].

1. J. Lachelier, *Œuvres de Jules Lachelier*, *op. cit.*, « La démocratie », tome 2, p. 146.
2. *Ibid.*, remarque sur « philosophie » dans le Vocabulaire Lalande, tome 2, p. 205.
3. *Ibid.*, « La démocratie », tome 2, p. 150.

Mais pour donner son efficacité à cette philosophie de la civilisation, il faut d'abord rétablir une Cité de philosophes dans ses droits, donner sa revanche au spiritualisme après l'échec du sursaut cousinien. La « langue philosophique mal faite », c'est l'héritage de cet échec. Mais Lachelier remonte plus loin dans le temps. Les *barbarismes* philosophiques du XVIIe et du XVIIIe siècles qu'il s'agit de refouler sont l'effet de pratiques anti-scolastiques liées à l'essor de la physique mathématique, à l'influence de l'empirisme anglais et aux méfiances que celle-ci a engendrées contre l'esprit de système. On n'y sait plus ce que veulent dire « être », « substance », « conscience », « métaphysique ». On n'y parle plus grec ou latin, on parle en français, mais comme ce n'est pas selon le latin ou le grec, la philosophie ne sait plus de quoi elle parle, elle s'est perdue parce qu'en renonçant à la scolastique, elle a perdu son latin comme on perd ses racines. S'il est erroné de dire idée pour signifier sensation, « cet emploi ne serait-il pas né d'une confusion entre les *eidê* de Platon et d'Aristote, et les *eidola* d'Épicure ? »[1] De même, s'il est erroné de comprendre par passion une force au lieu d'une faiblesse, n'est-ce pas parce qu'« il est certain que l'idée de tendance répugne à l'étymologie du mot passion »[2] ? Toutes ces confusions proviennent du triomphe de la barbarie matérialiste. Mais c'est à cause de Descartes que la métaphysique a été perdue :

> « On ne peut parler trop sévèrement du mal que Descartes a fait à la philosophie en substituant sa doctrine à celle d'Aristote. Il est certain que la sienne est, en tant qu'explication générale de la nature, et réserve faite en faveur des consciences humaines, un véritable et pur matérialisme. [...] Descartes peut être considéré comme en très grande partie responsable du triomphe du matérialisme [...] au XVIIIe siècle[3]. »

1. J. Lachelier, *Œuvres de Jules Lachelier*, *op. cit.*, remarque sur « Idée » du Vocabulaire Lalande, tome 2, p. 189.
2. *Ibid.*, remarque sur « Passion » du Vocabulaire Lalande, tome 2, p. 202.
3. *Ibid.*, remarque sur « Spiritualisme » du Vocabulaire Lalande, tome 2, p. 221-222.

Du point de vue dont le second spiritualisme s'énonce, la philosophie du XVIIIe siècle français n'est donc pas encore une philosophie qui parle français, au sens même où Platon et Aristote, parlant grec, pouvaient entendre ce qu'est le langage *barbarikôs* : non pas tant ce qui est dit dans une langue étrangère, que ce qui est dit à la manière dont un étranger mal policé le ferait : en rudoyant la langue, il malmènerait la pensée, la rendrait inintelligible ou plus cruellement la rendrait impossible. Parce que la philosophie du XVIIe-XVIIIe siècles est d'intention précisément étrangère à toute scolastique, son langage vide sa pensée de toute portée métaphysique véritable.

Les barbarismes, pour Lachelier, sont d'origine scientifique :

> « La science qui se vante d'être seule positive, n'est, à le bien prendre, qu'une illusion perpétuelle ; elle n'opère que sur des dehors sans consistance, et ne sait rien de l'intérieur et de la réalité des choses ; elle ronge péniblement l'écorce du fruit dont il est réservé à la philosophie d'exprimer le suc vivant et de goûter la divine saveur[1]. »

Que philosophie et science, c'est-à-dire métaphysique et physique mécaniste, ne parlent pas de la même chose ni selon une même manière, n'est pas une petite affaire : l'envahissement scientifique a un enjeu culturel en vertu duquel la philosophie comme discipline d'enseignement a une responsabilité historique à assumer :

> « L'étude exclusive, ou même prédominante, des sciences de la nature, et particulièrement des mathématiques, pourrait disposer à ne voir partout que spatialité, extériorité réciproque, mécanisme ; l'esprit de ces sciences est empiriste et matérialiste. »

C'est pourquoi,

> « pour l'éducation du philosophe, l'étude qu'il doit pousser le plus loin, et surtout celle dont il doit prendre et retenir l'esprit, est [...] l'étude des Lettres »[2].

Ce qui est ainsi vrai du philosophe l'est *a fortiori* de l'élite qu'il a à former.

1. J. Lachelier, *Œuvres de Jules Lachelier*, *op. cit.*, tome 1, p. 17.
2. *Ibid.*, remarque sur « Science » du Vocabulaire. Lalande, tome 2, p. 215-216.

Il faut donc, comme le voulait Aristote, que la philosophie se concentre sur l'être, « non en tant que nombre, ligne ou feu », mais sur le principe de l'existence, c'est-à-dire sur la substance antérieure à ses attributs[1]. Les remarques de J. Lachelier, à l'article « Métaphysique » du Vocabulaire Lalande, sont à cet égard assez édifiantes. Après avoir défini la métaphysique, en s'appuyant sur la *protê philosophia* d'Aristote, comme ensemble de trois sciences (« de l'existence en général », de « certaines existences, comme celles de Dieu et des âmes... », « de la totalité des existences, ou du Monde »), Lachelier caractérise le barbarisme philosophique sans aucun fard :

> « Dans l'âge barbare de la philosophie, c'est-à-dire au XVIIIe siècle, toutes ces sciences paraissant vaines ou impossibles, *on n'a plus entendu* par métaphysique *que* la connaissance des principes généraux d'un art ou d'une science quelconques, ou encore celle des phénomènes qui ne tombent pas sous les sens externes, comme la sensation elle-même. Je ne sais quel est maintenant l'avenir de la métaphysique ; je voudrais, quant à moi, qu'elle redevînt la science de l'être, dans le double sens d'existence en général et de totalité des existences, mais avec cette condition nouvelle que la clé de cette science doit être cherchée dans l'évolution des nécessités internes – ou en un seul mot, dans la logique interne de la pensée[2]. »

Il faut donc revenir au sens propre de la philosophie, codifier le français philosophique selon dialectique et nomenclature étymologique, selon grec et latin, sans jamais tomber dans des raisonnements *in verbis* que pourraient entraîner les excès de toute inspiration scolastique ; car, au-delà des mots, ou plutôt dans leur profondeur, il y a une visée ontologique. Il faut ancrer l'enseignement philosophique dans les Humanités gréco-latines pour faire contrepoids à l'esprit matérialiste des sciences. C'est ainsi que Lachelier entend revenir à l'âge civilisé de la philosophie (Aristote) et le faire progresser. Ce qui le conduit à définir la philosophie comme métaphysique, la métaphysique comme spiritualisme et le spiritualisme comme spiritualisme réflexif, en cherchant appui dans le sauvetage kantien de la métaphysique et dans la

1. Aristote, *Métaphysique*, Δ, 2, 1004-b 5.
2. J. Lachelier, *Vocabulaire Lalande*, Paris, PUF, 1968, p. 614-615 (souligné par nous).

méthode par synthèse progressive propre à la doctrine fichtéenne de la conscience :

> « La philosophie me paraît être essentiellement, et même, *si l'on veut que le mot ait un sens propre et précis*, exclusivement la métaphysique ; et la métaphysique est, selon la définition d'Aristote, la science de l'existant en tant qu'existant [*ton onton ê on*] ; ou plutôt, en dépassant quelque peu, je l'avoue, la pensée d'Aristote, la science des conditions *a priori* de l'existence et de la vérité, la science de la raison et de la rationalité universelles, la science de la pensée en elle-même et dans les choses[1]. »

Le sens propre de la philosophie

Lorsque Lachelier répond à la question : « comment prouver que l'esprit, la raison, la liberté, ne sont pas des chimères ? »[2], ce à quoi Cousin a bien malencontreusement fini par les réduire, il élabore le style philosophique conforme à son projet métaphysique : la philosophie ne connaîtra rien de la réalité supra-sensible de l'esprit (c'est-à-dire de la réalité spirituelle de l'âme, de Dieu et du monde) si elle continue à emprunter aux scientistes (y compris les disciples du positivisme comtien), sceptiques, empiristes, naturalistes et autres espèces matérialistes leurs procédés et leur langage. Sur cette voie, Jules Lachelier montre dans *Psychologie et métaphysique*, comme déjà dans *Du fondement de l'induction*, comment le cousinisme n'est parvenu qu'à donner tort au spiritualisme et à le commettre dans la pure et simple pétition de principe, en se contentant de proclamer en parole seulement l'existence de ce qui précisément est en question.

Il faut donc d'abord distinguer absolument la démarche philosophique de la démarche scientifique. C'est que

> « la science consiste essentiellement, ce me semble, à expliquer un fait ou un objet donné, c'est-à-dire à le résoudre en faits ou en éléments

1. J. Lachelier, *Œuvres de Jules Lachelier*, *op. cit.*, remarque sur « Philosophie » dans le Vocabulaire Lalande, tome 2, p. 203-204 (souligné par nous).
2. J. Lachelier, *Œuvres de Jules Lachelier*, *op. cit.*, *Psychologie et Métaphysique*, tome 1, p. 200.

quelconques, logiquement et chronologiquement antérieurs. [...] La science est essentiellement analytique et régressive ».

Or la philosophie n'est pas affaire d'expérience, d'analyse ni même de raisonnement sur des faits. La fonction qu'elle a à exercer est « progressive et synthétique ». « Les sciences positives ne sont pas tout et [...] il y a en dehors d'elles un autre mode d'explication possible[1]. » Le style de pensée philosophique qui en découle, pour être idoine à son domaine propre, ne doit pas faire autre chose que le re-produire. Il doit exprimer la pensée pure telle qu'elle se saisit dans la conscience pure de soi-même : « le dernier point d'appui de toute vérité et de toute existence, c'est la spontanéité absolue de l'esprit »[2].

À l'expérience, il faut substituer la réflexion. Au raisonnement, il faut substituer « le mouvement de la pensée qui se replie sur elle-même »[3] : si la philosophie est réflexion, philosopher c'est juger, mais selon un jugement immédiat qui ne requiert pas, entre les deux termes qu'il lie, la médiation d'un troisième terme, comme c'est le cas dans le raisonnement ou syllogisme (« les mots de syllogisme et de raisonnement sont synonymes »[4]). Enfin, il faut remplacer l'analyse par un procédé de découverte synthétique absolument premier :

> « La pensée pure est une idée qui se produit elle-même, et que nous ne pouvons connaître selon sa véritable nature qu'en la reproduisant par un procédé de construction *a priori* ou de synthèse[5]. »

Le spiritualisme ne peut donc être fondé que sur la réflexivité de la pensée ; et lorsque Lachelier définit le spiritualisme, en vérité il le redéfinit :

> « On peut appeler, d'une manière générale, *spiritualisme*, toute doctrine qui reconnaît l'indépendance et la primauté de l'esprit, *c'est-à-dire de la pensée consciente*[6]. »

1. J. Lachelier, *Œuvres de Jules Lachelier*, *op. cit.*, séance de la Société française de philosophie sur « Idéalisme et positivisme », 25 février 1904, tome 2, p. 127-128.
2. *Ibid.*, *Psychologie et Métaphysique*, tome 1, p. 208.
3. *Ibid.*
4. *Ibid.*, *Cours de logique*, *op. cit.*, p. 58, leçon 9.
5. *Ibid.*, *Psychologie et métaphysique*, tome 1, p. 208.
6. *Ibid.*, article « Spiritualisme », tome 2, p. 221, (souligné par nous).

En effet, la seule manière admissible de rendre compte des principes métaphysiques de la connaissance, c'est de considérer que

> « la plus élevée de nos connaissances n'est [...] ni une sensation ni une intuition intellectuelle, mais une réflexion, par laquelle la pensée saisit immédiatement sa propre nature et le rapport qu'elle soutient avec les phénomènes. C'est de ce rapport que nous pouvons déduire les lois qu'elle leur impose et qui ne sont autres choses que les principes »[1].

Il faut donc chercher l'être en tant qu'être non pas dans un monde intelligible de choses en soi accessible par une intuition intellectuelle, ni dans les phénomènes, l'être n'étant pas une représentation, mais à la façon de Kant, « dans ce *Ich Denke* » qui, pour le criticien de la raison pure, était « en quelque sorte, le véhicule des catégories ».

> « Je crois que Kant entendait plutôt l'être au sens d'*esse*[2] et que c'est pour cela qu'il n'en a pas fait une catégorie ; ce n'était pas pour lui un prédicat, c'était la copule même du jugement, ou l'action même d'affirmer et de penser[3]. »

Jean Wahl rapporte la réputation que Lachelier avait de laisser toujours ouverte sur sa table la *Critique de la Raison pure* au passage fameux : « Le *Je pense* accompagne toutes mes représentations[4]. »

1. J. Lachelier, *Œuvres de Jules Lachelier*, *op. cit.*, *Du fondement de l'induction*, tome 1, p. 46.
2. Lachelier entend *esse*, comme Couturat, par opposition à *ens*, lequel n'est que l'être abstrait à quoi aboutit l'idéalisme matérialiste de Descartes.
3. J. Lachelier, *Œuvres de Jules Lachelier*, *op. cit.*, tome 2, p. 108, séance de la Société française de philosophie sur « l'idée d'être », 28 novembre 1901.
4. Jean Wahl, *Tableau de la philosophie française*, Paris, 1946, Fontaine, p. 156-157. Lachelier lit Kant en chaussant les lunettes de Maine de Biran. Nous rappelons pour mémoire la définition kantienne de la *Überlegung* (*reflexio*) : « La réflexion est la conscience du rapport de certaines représentations données à nos différentes sources de connaissance » ; et la définition de la synthèse (*synthesis*) : « J'entends par *synthèse*, au sens le plus général, l'acte de joindre l'une avec l'autre diverses représentations et de concevoir leur multiplicité sous la forme d'une connaissance unique. » Mais il faut en même temps rattacher la synthèse réflexive de Lachelier au style réflexif de pensée propre à Maine de Biran que, selon Lachelier, le cousinisme a mal compris (voir *Cours de logique*, leçon 15, *op. cit.*, p. 99-100). Biran, pour qui, déjà, le métaphysicien doit s'appuyer sur la réflexion, « appelle *réflexion* cette faculté par laquelle l'esprit aperçoit, dans un groupe de sensation ou dans une combinaison de phénomènes quelconques, les rapports communs de tous les éléments à une unité fondamentale... » (*Essais sur les fondements de la psychologie*, IIe partie, IV, § I, définition de la réflexion et du système réflexif). Il « s'aperçoit » ainsi sous « ses attributs d'unité, de simplicité, de permanence... » (*ibid.*, Ire partie, VIII).

Penser, c'est donc juger, juger, c'est affirmer ou poser l'existence vraie. Il ne faut donc pas craindre de réduire l'être à l'action d'affirmer. L'âme n'est pas une substance, c'est une force d'action. Ce n'est pas réduire la métaphysique à la psychologie (comme science positive faisant de la conscience un objet d'analyse au lieu d'une synthèse subjective), ce que fit le cousinisme ; c'est, au contraire, comprenant la philosophie comme étude du sujet, comprendre la psychologie du point de vue métaphysique. La réflexion, c'est l'être, qui est la pensée même au sens d'un *esse* idéal de type platonicien[1] s'affirmant dans chaque sujet en train de juger ; qui, en se produisant lui-même se projette dans des objets de pensée et découvre alors qu'il donne l'être à des phénomènes qui n'existent pas par eux-mêmes. Au sommet de la réflexion, se trouve donc la copule de toutes les copules, la condition absolue de tous les jugements et par là de toute existence : « l'être *est* existant » qui actualise toutes les puissances de l'idée d'être[2].

De l'analyse régressive à la synthèse progressive

On accède donc à l'être en tant qu'être par la réflexion et l'on découvre alors que l'être est spirituel puisque l'idée de l'être s'autoproduit, à travers la « dialectique vivante » ou synthèse progressive de la pensée, en ses trois différentes formes ou puissances : « réflexion individuelle », puis « perception réfléchie » et enfin « connaissance rationnelle ou philosophique de nous-même et du monde ». « Ce qui est proprement spirituel » écrit Lachelier, c'est « cette troisième conscience qui est la connaissance réfléchie des deux autres »[3]. Sans prétendre ici entrer dans le détail des étapes de cette réflexion synthétique,

1. J. Lachelier, *Psychologie et métaphysique*, *op. cit.*, tome 1, p. 207 : « Il faut qu'il y ait en nous, avant toute expérience, une idée de ce qui doit être, un *esse* idéal, comme le voulait Platon, qui soit pour nous le type et la mesure de l'*esse* réel. »

2. *Ibid.*, p. 212. Il faudrait toute une étude spéciale pour comprendre quelle utilisation Lachelier fait de la problématique aristotélicienne de la puissance et de l'acte pour décrire le mouvement de la pensée réflexive et le comprendre dans le mouvement cosmologique.

3. *Ibid.*, p. 213-214.

on peut en illustrer le style par un exemple, le plus simple, celui qui est au commencement même de la réflexion de l'idée d'être :

> « Supposons que nous ne sachions pas encore si cette idée existe, nous savons du moins, dans cette hypothèse, qu'il *est vrai* ou qu'elle existe, ou qu'elle n'existe pas. Nous pensons cette alternative elle-même sous la forme de la vérité ou de l'être, sans laquelle nous ne pouvons rien penser ; il y a donc déjà en nous une idée de l'être ou de la vérité [...]. L'idée de l'être se déduit donc d'elle-même, [...] elle se produit donc et se garantit absolument[1]. »

L'identité logique du sujet et de l'attribut dans le jugement : l'être *est* assure ainsi que les conditions de l'existence des phénomènes ne sont pas autres choses que les conditions de possibilité de la pensée, en elle-même. De la sorte,

> « nous pouvons déterminer ces conditions absolument *a priori*, puisqu'elles résultent de la nature même de notre esprit et nous ne pouvons pas douter, d'autre part, qu'elles ne s'appliquent aux objets de l'expérience, puisqu'en dehors de ces conditions, il n'y a pour nous ni expérience ni objets »[2].

Mais cette démonstration n'est jamais préliminaire dans l'écriture de J. Lachelier. Elle se présente toujours comme une solution aux apories de l'expérience, du raisonnement, de l'analyse des faits. Cette démonstration procède donc d'abord de la réfutation. Il y a une dialectique, préalable à l'établissement des principes métaphysiques, qui certes n'atteint pas par elle-même la vérité (que l'esprit est la substance du monde réel) mais le vraisemblable en montrant l'erreur de la position adverse. Dans *Du fondement de l'induction*, comme dans *Psychologie et métaphysique*, le cheminement de Lachelier obéit en gros toujours à un même rythme. D'abord l'exposé réfutatif de la position à combattre : telle ou telle position tenue pour matérialiste. Ensuite, le cousinisme, ce « spiritualisme vulgaire » du « premier degré », présenté comme antithèse, est critiqué pour son insuffisance : il n'apparaît alors

1. J. Lachelier, *Psychologie et métaphysique*, *op. cit.*, tome 1, p. 209.
2. *Ibid.*, *Du fondement de l'induction*, *op. cit.*, tome 1, p. 48.

que comme un simple renversement, qui ne change rien à la mauvaise position du problème métaphysique. Le spiritualisme de Cousin n'est qu'un matérialisme inversé, il ne dépasse pas le matérialisme. À la limite c'est le matérialisme qui a raison et le spiritualisme qui a tort, ne serait-ce que parce que celui-ci tombe, croyant sortir victorieux, dans la pétition de principe la plus élémentaire. Il s'agit alors de sortir du dilemme en poussant la méthode par analyse jusqu'à ses limites. À cette fin, Lachelier n'hésite pas à faire fond sur la thèse matérialiste qu'il combat. Il veut montrer qu'il est impossible *in fine* de ramener la pensée pure à autre chose qu'elle-même, c'est-à-dire de trouver le droit parmi des faits, de soumettre la pensée pure à l'analyse. La synthèse apparaît alors comme une solution supérieure.

Il y a dans ce style réfutatif une forme d'expression qui fera école. Il faut le rattacher à l'influence religieuse de Ravaisson (sa métaphysique du *deorsum et sursum*) et au catholicisme de Lachelier lui-même. La pensée réfutative n'est pas sans rapport avec la manière dont la nature accouche de l'esprit, dont elle est grosse, comme pensée consciente :

> « La pensée, c'est la vérité, et la vérité est dans les choses. C'est là que l'esprit doit se chercher, s'il veut se trouver, et l'on peut dire de lui, selon le mot de l'Évangile, qu'il ne se trouve qu'en se perdant[1]. »

On retrouve ce style philosophique dans ce qu'Alain appellera l'« exorcisme » :

> « Nous cherchons la vérité et nous ne la trouverons qu'en nous-mêmes, et par purification, d'abord, des pensées qui dépendent de nous[2]. »

Il faut se mettre à l'épreuve des « prestiges matérialistes » pour découvrir, par une ascèse sublime, dans l'erreur matérialiste, la vérité du spiritualisme[3].

C'est ainsi que, dans *Psychologie et métaphysique*, après avoir abandonné le spiritualisme cousinien, Lachelier développe, en compre-

1. J. Lachelier, *Œuvres de Jules Lachelier*, *op. cit.*, tome 2, p. 126.
2. Alain, *Les Dieux*, Paris, Pléiade, Gallimard, 1958, p. 1241.
3. Voir sur ce point, notre livre *Alain, la République ou le matérialisme*, Paris, Méridiens-Klincksieck, 1990.

nant le point de vue matérialiste, ce qu'il appelle un naturalisme ; après quoi encore, il affirme :

> « Il y a quelque chose de vrai, sinon dans le matérialisme, du moins dans le naturalisme, qui fait naître l'esprit des choses et ne voit dans l'intelligence qu'une forme supérieure de la vie. Mais il ne suffit pas de dire que l'esprit est en germe dans la nature : il faut encore expliquer comment il s'en dégage et comment la connaissance, sans cesser d'être identique à la vérité [l'idée d'être dans ses deux premières formes réflexives], s'en distingue et s'y oppose[1]. »

De même dans *Du fondement de l'induction.* Après l'abandon du spiritualisme cousinien, Lachelier entreprend de prouver que l'induction est fondée sur un principe de causalité efficiente, ce qui le conduit à développer ce qu'il appelle « une sorte de matérialisme idéaliste » (le matérialisme de Descartes), « abstrait, et idéaliste à sa manière », ce mécanisme qui préfigure la barbarie du « matérialisme sans épithète au XVIIIe siècle »[2]. C'est alors pour montrer que l'hypothèse d'un monde réduit au mécanisme (plus radicalement matérialiste en vérité que le monde d'Épicure, selon Lachelier) est une hypothèse « monstrueuse »[3] ; et pour conclure sur un fondement ultime, le principe de causalité finale (inspiré d'Aristote et de Kant) lui permettant de démontrer que « la nature est grosse de l'esprit » et « que le mécanisme est ce qui reste de la nature quand on a fait abstraction de toute vie et de toute réalité »[4] :

> « L'empire des causes finales, en pénétrant, sans le détruire, dans celui des causes efficientes substitue partout la force à l'inertie, la vie à la mort, et la liberté à la fatalité. L'idéalisme matérialiste auquel nous nous étions un instant arrêté, ne représente que la moitié, ou plutôt que la surface des choses : la véritable philosophie de la nature est, au contraire, un réalisme spiritualisme, aux yeux duquel tout être est une force, et toute force une pensée qui tend à une conscience de plus en plus complète d'elle-même[5]. »

1. J. Lachelier, *Psychologie et Métaphysique*, *op. cit.*, tome 1, p. 215.
2. *Ibid.*, article « Spiritualisme », tome 2, p. 221-222.
3. *Ibid.*, *Du fondement de l'induction*, *op. cit.*, tome 1, p. 70.
4. *Ibid.*, article « Spiritualisme », tome 2, p. 221.
5. *Ibid.*, *Du fondement de l'induction*, *op. cit.*, tome 1, p. 91-92.

Ainsi, c'est bien en se perdant dans l'idéalisme matérialiste que l'esprit trouve finalement sa doctrine idoine.

Réalisme et idéalisme

Si donc on admet la réflexivité de la pensée, on écarte le faux problème de savoir si un métaphysicien, et donc un philosophe, peut être matérialiste (si la matière peut être substance) ; et on résout le seul vrai problème posé à la philosophie, la question épistémologique de la réalité du monde extérieur, dont Lachelier dit qu'elle est seule, « la vraie question entre le matérialisme et le spiritualisme »[1] : le spiritualisme enveloppe-t-il un idéalisme ou un réalisme ? Le monde est-il composé exclusivement de représentations, ou est-il indépendant des représentations ?

On sait que cette problématique a, depuis et pendant longtemps, occulté ou embrouillé, pour une part, la véritable intention polémique des philosophies matérialistes. Il faudrait comprendre comment, par l'opposition du réalisme et de l'idéalisme, Jules Lachelier, moyennant son « kantisme », a contribué à fixer un *lieu* philosophique sous la figure duquel le problème métaphysique de l'être du monde (malgré le positivisme de Comte) a pu investir les problèmes épistémologiques et « bloquer » la philosophie des sciences sur des dichotomies insolubles et des « dialectiques massives » (Bachelard). Il faudrait comprendre aussi comment, par conséquent, un tel lieu a pu entraîner presque toute la philosophie française du XXe siècle, y compris le matérialisme[2] pourtant essentiellement scientifique au XIXe siècle, dans des « joutes d'apparat » (Bachelard)

1. J. Lachelier, *Œuvres de Jules Lachelier*, *op. cit.*, tome 2, séance de la Société française de philosophie sur « esprit et matière », du 22 décembre 1904, p. 143.

2. Celui de Politzer, notamment. La vulgate du matérialisme marxiste en porte lourdement la trace. Dans les années 1935-1936, la fameuse « preuve du pudding » (« la preuve du pudding, c'est qu'on le mange »), par exemple, se proposait de prouver, contre ce que Politzer appelait l'agnosticisme (l'influence kantienne), que les choses n'ont pas d'existence que par et pour la pensée, qu'elles sont des choses en soi, connaissables comme telles (voir Politzer, *Principes élémentaires de philosophie*, Paris, Éditions Sociales, 1970, p. 68-69).

assez stériles qui ignoraient les débats et progrès scientifiques. On sait avec quelle vigueur Bachelard, dans les années 1930, demandait que l'on philosophe « en dehors des obligations trop strictes du vocabulaire philosophique traditionnel ». Si « le philosophe doit infléchir son langage »[1], c'est que l'opposition réalisme/idéalisme doit cesser de servir la restauration de la métaphysique spiritualiste, être envisagée et réformée du point de vue du langage de la science. Lorsque Bachelard affirme que « la science crée de la philosophie », il tourne complètement le dos à l'héritage de Lachelier.

Mais, quoi qu'il en soit de cette question de topologie philosophique, il est utile de comprendre pourquoi l'idéalisme ainsi compris a été, pendant longtemps, et assurément dans les premières œuvres de Bachelard, un moyen anti-spiritualiste assez contradictoire pour tenter de remédier au « divorce », selon l'expression de Bachelard, entre la philosophie et la science, et, pour une part, à l'exclusion philosophique du matérialisme.

En effet, comme on l'a entrevu précédemment, aux yeux de Lachelier, l'idéalisme épistémologique tend nécessairement à un matérialisme ontologique ou plutôt, il semble en être une dérive. Pour démontrer que le spiritualisme réflexif est un réalisme spiritualiste, il faudra que la pensée « se perde », soit pour faire l'épreuve du caractère superficiel et incomplet d'un spiritualisme idéaliste (son matérialisme comme mécanisme), soit pour exorciser le caractère incohérent d'un réalisme matérialiste « qui fait naître l'esprit des choses » (son matérialisme non-mécaniste comme naturalisme, panthéisme ou vitalisme). Affirmer le réalisme, c'est affirmer que « *l'être est autre chose que la pensée* »[2]. Mais il n'est ni absolument extérieur à la pensée, sans quoi il serait comme s'il n'existait pas ; ni absolument intérieur à la pensée : le spiritualisme pourrait être idéaliste si, au lieu de la réflexion, la pensée était capable d'une intuition intellectuelle qui réaliserait l'immanence ou l'identité donnée de l'être à la pensée.

1. G. Bachelard, *Le Nouvel Esprit scientifique*, Paris, PUF, 1934[1], 1978[14], p. 7.
2. J. Lachelier, *Œuvres de Jules Lachelier*, *op. cit.*, article « Réalisme », tome 2, p. 210.

Dès lors l'opposition du réalisme et de l'idéalisme se résoudrait, comme dans le platonisme ou dans Schelling, et comme c'est aussi le cas dans le « réalisme » de Ravaisson.

Mais tels ne sont ni la pensée ni l'être. C'est pourquoi, l'idéalisme rend tendanciellement la pensée étrangère à la réalité et, ce faisant, se prive elle-même de réalité comme elle prive d'authentique existence la réalité. Par la réflexion, au contraire, la pensée ne renonce à soi, ne se perd dans les phénomènes que pour s'y retrouver, et c'est le seul « moyen de rendre à la fois la pensée réelle et la réalité intelligible »[1]. Elle se perd dans l'existence abstraite pour se retrouver comme condition de possibilité de toute existence réelle. Elle fait l'épreuve de la causalité pour se retrouver comme finalité, de la nécessité pour se retrouver comme liberté. C'est ainsi que la réflexion, comme synthèse progressive, « progrès dialectique de la pensée »[2], peut s'incorporer, comme ses étapes ou actualisation de ses puissances, les éléments à quoi l'analyse réduit la conscience sensible. Ce que la pensée, par l'analyse de la conscience intellectuelle, découvre comme son point limite, l'idée de l'être inanalysable, condition absolue de toute existence, elle découvre en même temps qu'elle en est l'acte autonome de production.

Bien compris, ou tout bien réfléchi, le spiritualisme est donc un réalisme. Parce qu'en définitive, épistémologiquement parlant, la réalité du monde extérieur n'est pas l'être au sens d'un prédicat du jugement (l'être n'est pas une catégorie), ni au sens d'un sujet du jugement (l'être n'est pas un *hupokeïménon*) mais l'être au sens d'une force dont toute la réalité est l'action de juger, c'est-à-dire d'affirmer l'existence en s'affirmant. La cosmologie enveloppe la psychologie, la psychologie est comprise métaphysiquement, ou, si l'on veut, un certain Aristote enveloppe un certain Kant : « *mon* monde devient *le* monde »[3]. Métaphysiquement parlant, il est donc impossible de douter que l'être

1. J. Lachelier, *Œuvres de Jules Lachelier*, *op. cit.*, *Du fondement de l'induction*, tome 1, p. 74.
2. *Ibid.*, *Psychologie et métaphysique*, tome 1, p. 218.
3. *Ibid.*, tome 2, article « Idéalisme », p. 188.

n'est pas *ce qui* est pensé, impossible de douter qu'il est *le* penser, car il est non pas la matière de la pensée mais la forme de la pensée. La pensée est actualisation de l'être. Si le sens que Cousin a donné au mot « spiritualisme » est erroné, c'est donc qu'ayant séparé absolument l'esprit et la matière, il a conduit à donner

> « le nom de spiritualisme à une doctrine qui tient le milieu entre l'idéalisme et le matérialisme et affirme qu'il y a deux réalités distinctes et hétérogènes, l'esprit et la matière ».

Mais, dans la langue philosophique mieux faite de Lachelier, si on appelle matérialisme une doctrine qui professe que la matière seule existe, on doit

> « appeler spiritualisme une doctrine qui professe que l'esprit seul existe véritablement »[1] ;

à charge pour une telle doctrine de montrer par quelle illusion, nécessairement inscrite dans le progrès de la conscience, l'esprit peut se priver de réalité dans des représentations abstraites et priver l'être de réalité en posant absolument hors de lui la matière comme substance.

Nous n'entrons pas ici dans l'évaluation de cette sorte de déduction-actualisation du monde à partir de l'idée d'être comme forme de la pensée que l'on trouve dans *Psychologie et métaphysique*, et que J. Wahl estimait « à vrai dire peu satisfaisante »[2]. Le plus important, c'est ce style de pensée réflexif qui, loin de se mouvoir d'emblée dans l'élément de la pensée pure, purifie la pensée de ce qui lui est étranger, en puisant même dans ce qui la nie les conditions de son affirmation libre. C'est pourquoi le spiritualisme de Lachelier tient sa force non pas tant, pour parler comme Aristote, d'une démonstration *haplôs* de la réalité première et indépendante de l'esprit, que d'une démonstration *élenktikos*, c'est-à-dire d'une réfutation, à partir du point de vue adverse, le point de vue matérialiste où l'esprit se perd. Il s'agit de prouver le spiritualisme en *comprenant* la barbarie matérialiste.

1. J. Lachelier, *Cours de logique*, *op. cit.*, p. 120.
2. Jean Wahl, *Tableau de la philosophie française*, *op. cit.*, p. 157.

Le problème métaphysique de la substance du monde réel, s'il est posé de cette manière, écarte en effet comme une absurdité tout matérialisme pour ainsi dire à l'état pur, ce qu'on peut voir si l'on réfléchit sur la méthode empiriste de connaissance qu'enveloppe toute tentative d'ontologie pan-matérialiste :

> « L'empirisme est-il une philosophie ? Oui en ce sens qu'il pose et ne peut pas ne pas poser la question de la rationalité universelle ; mais comme il la résout négativement, il doit être appelé une philosophie négative, ou même une négation de la philosophie[1]. »

Pour le comprendre, il faut là aussi s'entendre convenablement sur le sens des mots : « l'on ne peut bien entrer dans le sens des mots *matière* et *matérialisme* qu'en partant de la philosophie d'Aristote »[2], c'est-à-dire de la distinction entre matière et forme. En ce sens, la matière est « condition » de l'être, mais non l'être lui-même. Comme on l'a dit, l'être véritable n'est pas *ce qui* pense, mais *le* penser lui-même. « Condition » n'est pas principe mais « mode » d'existence. « L'essence même du matérialisme » consiste donc en une erreur, une confusion de la forme avec la matière, de l'être avec ses modes.

C'est déjà l'idée de Ravaisson de revenir à Aristote :

> « L'idée de la matière n'est réellement que l'idée de ce dont on fait une chose en lui donnant une forme, et qui passe ainsi d'un état relativement indéterminé et imparfait à un état de détermination et de perfection. D'où il suit que si l'on veut chercher au-delà de toute forme une matière première ou absolue, on n'arrivera qu'à un véritable rien. Qu'est-ce en effet que l'idée de quelque chose qui n'aurait aucune manière déterminée d'exister ? C'est l'idée tout à fait abstraite de la pure et simple existence, qui équivaut [...] à celle du néant. [...] Le matérialisme absolu n'a jamais existé, et ne saurait jamais exister[3]. »

1. J. Lachelier, *Œuvres de Jules Lachelier*, *op. cit.*, article « Philosophie », tome 2, p. 204.
2. *Ibid.*, article « Matière », tome 2, p. 194.
3. F. Ravaisson, *Rapport sur la philosophie en France au* XIX*e siècle*, Paris Fayard, 1984, chap. XXIV, p. 231-232.

Là serait la philosophie négative ou négation de la philosophie. Ce qui pour Lachelier ne veut pas tout à fait dire nihilisme. Que la matière *existe* (comme *ens*) n'implique pas qu'elle soit principe métaphysique, véritable substance du monde réel. Notre pensée est la pensée, laquelle est « l'*esse* idéal qui contient ou pose *a priori* les conditions de toute existence »[1]. Il est donc possible (et même indispensable) de fonder le spiritualisme sur un dualisme irréductible parce que celui-ci est inscrit dans l'exercice même de la pensée réfléchie. Le monisme spiritualiste de Ravaisson réduisant la matière au néant risque par là même de nier l'esprit, c'est-à-dire son effort ou son acte constitutif. C'est pourquoi, dans le spiritualisme de Lachelier « il y a un dernier réel [...] un principe de résistance et de retardement sans lequel l'effort se perdrait dans le vide, ou plutôt ne naîtrait même pas »[2], étant bien entendu que ce principe de résistance et le dualisme lui-même trouvent leur fondement non dans la matière mais dans la pensée consciente ou réfléchie. Par où Lachelier prétend revenir sur l'erreur cousinienne d'interprétation de la doctrine biranienne de l'effort et sur l'inspiration schellingienne de Ravaisson. Lachelier veut donc occuper un juste milieu entre Cousin et Ravaisson, en comprenant mieux le *rapport* esprit/nature. Cousin sépare absolument l'esprit de la nature mais, comme l'écrit J. Wahl, « Lachelier diffère de Ravaisson avant tout en ceci qu'il sépare beaucoup plus l'esprit de la nature »[3]. Les séparer « beaucoup plus » sans jamais les séparer absolument, c'est donc comprendre que l'être se dit en deux sens, comme *esse* et comme *ens*, comme forme et comme matière.

Le matérialisme ne peut donc pas être une philosophie parce qu'il ne peut pas être une métaphysique, parce que c'est une faute de pensée de considérer la matière comme un principe métaphysique de l'existence. Mais il faut comprendre cette faute de pensée comme

1. J. Lachelier, *Psychologie et Métaphysique*, *op. cit.*, tome 1, p. 218.
2. *Ibid.*, article « Matière », tome 2, p. 195.
3. J. Wahl, *Tableau de la philosophie française*, *op. cit.*, p. 156.

un moment du progrès de la pensée consciente pour la dépasser. Ce qu'Alain dit avoir compris sur la vérité de l'erreur matérialiste, il l'a bien appris de la langue philosophique de Lachelier :

> « Le matérialisme comme idée est vrai, et il n'est pas vrai seul. À le concevoir seulement on le nie [...]. Le matérialisme [est] une faute, ce que le langage implique confusément, mais énergiquement[1]. »

Ce qui pour Alain pose avant tout un problème moral, mais qu'il rattache à l'argumentation de Lachelier : il y a au principe, une faute de langage, c'est-à-dire une faute de langue philosophique : se dire matérialiste, c'est nécessairement faire la preuve par *rétorsion* de la vérité du spiritualisme. Le matérialisme est autophage : l'acte par lequel la primauté et l'indépendance de l'esprit sont attaquées est incompatible avec le présupposé qui soutient ce combat, il implique ce que le mot « matérialisme », *stricto sensu*, nie.

C'est ainsi que l'on trouve, repris sous différentes formes, comme une sorte d'*elenchus*, toujours le même argument. Dans le *Cours de logique*, on peut lire :

> « La réalité de la pensée est, pour ceux mêmes qui ne s'en contentent pas, le fondement de toutes les réalités qu'ils prétendent reconnaître[2]. »

De même dans *Psychologie et métaphysique* :

> « Cette conscience [la troisième et ultime forme ou puissance de la réflexion] existe, car son existence ne pourra être niée et mise en doute que par elle-même ; elle doit, de plus, exister, parce qu'elle est le développement nécessaire de l'une des puissances de l'idée de l'être[3]. »

Langue philosophique et métaphysique

On peut se perdre dans les lieux de cette langue philosophique et la dialectique qui l'anime pour atteindre le sens propre des mots.

1. Alain, *Histoire de mes pensées*, « Matérialisme », *op. cit.*, p. 188.
2. J. Lachelier, *Cours de logique*, *op. cit.*, leçon 18, p. 121.
3. *Ibid.*, *Psychologie et Métaphysique*, *op. cit.*, tome 1, p. 214.

Mais c'est là un aspect essentiel de la pratique philosophique pour Lachelier. Philosopher, réfléchir, c'est présupposer la distinction du langage et de l'être, c'est chercher la signification à partir du rapport entre le discours comme signe et l'être comme signifié. Le langage a une profondeur, son référent est autre chose que lui-même. Le signe langagier est ce qu'il faut dépasser vers un signifié problématique et c'est cette distinction supposée entre le langage et l'être signifié qui est au fondement du problème philosophique tel qu'une leçon de Lachelier a l'habitude de le poser.

On peut ainsi expliquer le recours fréquent de Lachelier aux analyses syntaxiques et aux étymologies gréco-latines. L'étymologie philosophique a fait école en France. C'est encore pour Lachelier un héritage d'Aristote que de s'attacher à prendre « les mots comme indice »[1]. En s'appuyant sur l'origine des mots, on peut s'approcher de la vérité de l'être ; le fait qu'en grec ou en latin, tel ou tel mot ait été distingué et préféré à tel autre peut constituer une indication sur l'essence des choses. Mais il n'y a pas de correspondance simple entre le langage et l'être, les choses sont infinies alors que les mots sont en nombre limité. Il est donc inévitable qu'il y ait des confusions, des ambiguïtés, si plusieurs réalités distinctes sont signifiées par un seul terme. Mais cette plurivocité du langage est précisément ce qui détermine la fonction dialectique, réfutative d'un enseignement philosophique auquel Lachelier donne l'univocité pour règle. Rechercher l'univocité, c'est tout comprendre. Sorti du spiritualisme vulgaire de Cousin et de ses effusions oratoires, philosopher consiste à chercher la signification comme *unité essentielle de signification* dans la pluralité de sens des mots :

> « Ce qui me paraît important, pour tous les mots, [...] c'est l'unité essentielle de signification, le sens que l'on fait prédominer dans un cas particulier, enveloppant toujours, comme un son ses *harmoniques*, ceux qu'on laisse momentanément de côté. »

1. Aristote, *Poétique*, 3, 1448a-35.

Il y a donc les mots dont le sens est multiple et infini et il y a l'unité de signification, qui se confond avec l'essence.

C'est pourquoi philosophie et science doivent être profondément distinguées. La question de la langue philosophique bien faite n'est pas une question de langage technique spécialisé mais une question métaphysique :

> « L'emploi exclusif d'un mot plus précis, spécial à chaque acception, ferait évanouir ce qu'il y a de réellement un, et en même temps de profond et de philosophique, dans cette large signification [...]. Les mots d'une langue ne sont pas des jetons, et ils ont eux-mêmes une *physis*. Ils n'ont pas un nombre déterminé de sens, il y a en eux comme dans tout ce qui est vivant, de l'infini[1]. »

Le présupposé essentiel du spiritualisme réflexif de Lachelier est là tout entier : le *Je pense* comme véhicule des mots (catégories ou objets de pensée ou *ens*, ou prédicats ou éléments de prédicats) et le langage comme exercice en acte des puissances du penser-être :

> « Grâce au langage nous pouvons matérialiser, projeter, en quelque sorte, hors de nous, ce qui est le plus nous-mêmes : nous pensons à l'action de penser, comme nous parlons de l'action de parler[2]. »

La valeur sémantique d'un mot ne lui est donc pas inhérente mais elle dépend de la pensée qui anime ce mot. Le langage est entre la pensée et l'être vers lequel cette pensée tend à se retrouver. C'est pourquoi il est impossible de dissocier ce que dit le philosophe de ce qu'il pense, puisque c'est ce qu'il pense qui donne sens à son discours. La distinction des significations est donc au cœur de la pensée réfutative : derrière la lettre, il faut rechercher l'esprit qui seul peut poser le sens des mots et par là l'être des choses. D'où l'importance qu'il y a à exposer le discours de l'adversaire. Le fondement de la réfutation est alors en deçà du discours : que les mots aient un sens, ce n'est pas une proposition parmi d'autres, mais la condition même de possibilité de tout discours, c'est-à-dire la condition que pose à travers lui la pensée.

1. J. Lachelier, *Œuvres de Jules Lachelier*, *op. cit.*, article « Nature », tome 2, p. 197.
2. *Ibid.*, séance de la Société française de philosophie sur « L'idée d'être », tome 2, p. 111.

Ainsi le discours matérialiste est contraint pour argumenter de se servir de cela même qui est en question : la réalité de la pensée. Mieux, dans le moment même où il nie la réalité de la pensée, il l'atteste sinon en toutes lettres, du moins en esprit, par cette contestation même. C'est cette incompatibilité qui intéresse Lachelier, parce qu'elle est, plus profonde que la contradiction logique qui s'exprime dans des joutes verbales, un conflit antérieur à tout raisonnement, opposant non une pensée à une autre, mais ce qui est pensé à ce qui est dit.

De ce point de vue, le discours matérialiste, par cela même qu'il est prononcé, révèle le « progrès dialectique de la pensée », c'est-à-dire la vérité de la réflexion de l'être. Il manifeste en effet comme *contradiction* la distinction que la pensée produit elle-même en s'affirmant, entre matière et forme, *ens* et *esse*, objet de la pensée et pensée pure. C'est une contradiction qui est plus profonde que la contradiction logique ordinaire entre sujet et prédicat d'un jugement (ce cercle est carré) ; une

> « contradiction entre la matière et la forme de la pensée, entre ce qui est affirmé et le fait même de l'affirmer ou de le nier : si je dis, par exemple, qu'il n'y a rien, qu'il n'y a aucune vérité, je me contredis moi-même : car c'est comme si je disais qu'il est vrai qu'il n'y a rien de vrai »[1].

Il n'y a donc que le spiritualisme (dans le style réflexif) qui soit capable de penser sans contradiction, mais par des distinctions réfléchies, sous leur équivocité, l'unité essentielle des significations de l'être. Il n'y a que le spiritualisme bien compris qui, selon la troisième formule kantienne du sens commun, mette foncièrement la pensée en accord avec elle-même, en comprenant ses contradictions comme un arrêt du progrès synthétique de la pensée. Il suffit de réfléchir au matérialisme et la pensée, un instant arrêtée, se remet en marche et se trouve : s'il est vrai que la condition d'exercice de la pensée, c'est que quelque chose lui est donné qui ne soit pas elle, cette condition elle-même est une exigence de la pensée.

1. J. Lachelier, *Œuvres de Jules Lachelier*, *op. cit.*, séance de la Société française de philosophie sur « l'idée d'être », tome 2, p. 108.

Reste que, si les discours même les plus barbares sont susceptibles d'être compris, c'est qu'ils le sont sur un horizon fondant objectivement l'unité de signification. La dialectique renvoie en définitive à cette métaphysique qu'il faut retrouver, la pensée réfutative ne reste pas sur le plan du langage. La condition de possibilité de la pensée et du langage qui l'exprime, c'est que les mots ont un sens défini, et ce qui rend possible la définition des mots, c'est que les choses ont une essence. La philosophie, comme langue philosophique bien faite, est ontologie. Réfuter, c'est alors montrer que ce qui est acceptable sur le plan du seul discours est intolérable sur le plan du « vouloir dire », de la pensée. Derrière l'apparente unité du mot se trouve une pluralité de « vouloir dire », dont la réfutation tient nécessairement compte puisque c'est sur ce plan que s'exerce l'échange philosophique. Saisir l'ambiguïté, c'est ainsi libérer la pensée de ses liens avec les mots. Ainsi, lorsque Lachelier réfléchit sur l'essence de l'homme :

> « En y réfléchissant bien – écrit-il – toutes les formes de l'existence dorment plus ou moins profondément ensevelies en chaque être. »

Il y a, de la sorte, au fond de chaque homme, non seulement de l'animalité, mais aussi « l'*arboréité* » d'un arbre et la « *chênéité* » d'un chêne. Cependant, tout bien réfléchi, il y a, au principe, l'entéléchie qui, comme forme et fin de l'humanité, fait proprement qu'un homme *est* un homme[1]. La dispersion de la pensée en deçà des apparentes unités de sens du langage est donc ce que la langue philosophique bien faite a à éprouver et comprendre pour que la pensée se retrouve synthétiquement dans l'unité de l'être.

1. Rapporté par Brunschvicg, *op. cit.*, p. XXXIX.

2. La philosophie de la nature de Boutroux[1]

« *Einai kai entautha theous.*[2] »

La « PHILOSOPHIE DE LA NATURE » selon Émile Boutroux est une branche de « la philosophie des sciences »[3] dont l'essor est rien moins que négligeable. C'est le « divorce entre savants et philosophes »[4] qui, selon lui, oblige, depuis la fin du second Empire, tout un courant de la philosophie française à placer son « point de départ »[5] dans les sciences de la nature :

1. Texte d'une communication présentée le 27 novembre 1994 lors du colloque organisé à l'Université de Paris I Panthéon Sorbonne sur « Les philosophies de la nature », paru dans les actes de ce colloque : *Philosophie de la nature*, Publications de la Sorbonne, 2000.
2. Épigraphe du livre fondamental de Boutroux : *De la Contingence des lois de la nature.* Il s'agit d'une citation des *Parties des animaux*, (A, 5, 645a-21) où Aristote, afin de montrer l'intérêt de la biologie et prenant en dérision le dégoût pour l'observation de certains vivants, rapporte l'anecdote célèbre selon laquelle Héraclite aurait exhorté des visiteurs hésitant à entrer dans sa cuisine en leur disant que « là aussi, il y a des dieux ».
3. É. Boutroux, « La philosophie en France depuis 1867 », *Nouvelles études d'histoire de la philosophie*, Paris, Alcan, 1927, p. 170 et 164. Ces taxons sont ceux qu'emploie Boutroux, en septembre 1908, devant le Congrès international de philosophie de Heidelberg, lorsqu'il recense l'activité philosophique en France depuis 1867, c'est-à-dire depuis le célèbre rapport de Ravaisson sur *La Philosophie en France au XIXe siècle.* Le texte de la communication a d'abord été publié dans la *Revue de Métaphysique et de morale*, XVI, 1908, p. 683-716.
4. *Ibid.*, p. 165.
5. *Ibid.*, p. 165 et 190.

> « Nombreux sont les esprits qui attribuent à la science elle-même, convenablement dirigée ou interprétée, la puissance de résoudre tous les problèmes réels et intelligibles contenus dans les questions dites philosophiques[1]. »

S'agit-il encore proprement de philosophie ? Oui, s'il s'agit de « comprendre »[2] ce que les sciences ne font que connaître. Mais en quel sens faut-il saisir cette philosophie compréhensive ?

Comprendre la nature sans Comte, ni Hegel, ni Kant

En un sens qui fait justice d'abord de Comte. Comprendre les sciences de la nature, ce n'est pas résumer les diverses connaissances acquises pour les coordonner en les présentant comme les branches du tronc unique de l'arbre du savoir. Le spécialiste des généralités, en entreprenant l'encyclopédie systématique des sciences, cherche le savoir de l'unité des savoirs ; mais il ne souhaite nullement résorber la spécificité de chaque science dans un système soumis à un principe d'unité. Au contraire, il veut dégager les philosophies de chacune des sciences et les confronter afin de comprendre toutes les sciences dans une science philosophique, c'est-à-dire dans une connaissance positive des lois de leurs rapports et de leurs enchaînements. Parvenue à l'état positif, il serait anarchique et rétrograde, selon Comte, que la philosophie ait encore la moindre fonction et le moindre intérêt métaphysiques. En revanche, aux yeux de philosophes de la nature qui, comme Boutroux, scrutent les éléments et les conditions des sciences, il peut apparaître, s'ils sont interprétés convenablement, que

> « ces éléments sont eux-mêmes autre chose que des faits, ou rapports observables, susceptibles d'être reliés les uns aux autres d'après les méthodes des sciences objectives »[3] ;

1. É. Boutroux, « La philosophie en France depuis 1867 », *Nouvelles études d'histoire de la philosophie*, *op. cit.*, p. 170.
2. *Ibid.*, p. 187.
3. *Ibid.*, p. 146.

et c'est précisément ce qui justifie qu'un philosophe de la nature ait à « chercher dans les sciences elles-mêmes un point d'appui pour s'élever vers la métaphysique »[1]. « La science à elle seule, écrit Boutroux, ne fait pas la philosophie de la science[2]. »

C'est aussi du fait qu'est exigée une métaphysique qu'une juste compréhension philosophique des sciences de la nature semble ne rien devoir non plus à Hegel. Pourtant le langage de Boutroux est confondant qui suggère deux idées d'apparence paradoxale : la philosophie de la nature doit voir

> « dans les lois les données fournies à la philosophie par les sciences, comme la science voit dans les faits les données que lui fournit la nature »[3].

Mais, en même temps, ce point de vue, dans lequel la philosophie trouve son point de départ, doit être renversé pour découvrir ainsi, hors de la science, les conditions de la science :

> « L'esprit philosophique, à la fois fleur et racine de la science, [...] est autre chose que [...] la science, bien qu'il ne s'en puisse séparer[4]. »

Faut-il comprendre que Boutroux en appelle à un dépassement dialectique de type hégélien ? Tout comme Hegel, la conscience philosophique française du XIXe siècle est, pour ainsi dire, tombée sur un os. Mais, à l'instar de Hegel, Boutroux ne s'est pas contenté d'opposer abstraitement à la physiognomonie, ou au matérialisme médical en général, les fadaises d'un esprit subjectif se prenant pour l'Esprit absolu. Depuis Ravaisson et Lachelier, l'insuffisance du cousinisme est avérée. Et il rappelle : « quelque chose, vers 1867, finissait, quelque chose allait naître »[5]. En clair, pour que l'essor de la philosophie de la nature ne fasse pas déchoir définitivement la philosophie dans le

1. É. Boutroux, « La philosophie en France depuis 1867 », *Nouvelles études d'histoire de la philosophie*, *op. cit.*, p. 146.
2. *Ibid.*, p. 191.
3. É. Boutroux, *De l'idée de loi naturelle dans la science et la philosophie contemporaines* (cours de 1892-93), Paris, Vrin, 1950, conclusion, p. 134.
4. É. Boutroux, « La philosophie en France depuis 1867 », *op. cit.*, p. 192.
5. *Ibid.*, p. 140.

matérialisme scientiste, l'urgence surgit de mettre un terme à l'éclectisme, de promouvoir une métaphysique non spéculative et, pour parler comme Lachelier, accorder sa « revanche » au spiritualisme dévoyé par Cousin. Toute la question est alors de savoir comment la science, par son développement propre, donne à voir « un ordre de manifestations de la nature » bien qu'elle le laisse échapper ; comment « la meilleure partie et la plus caractéristique des phénomènes »[1], qui n'est pas un fait observable, apparaît cependant comme la vérité de tout fait observable ; comment, ce faisant, une vraie philosophie de la nature permet de situer la science à la place qui lui revient du point de vue de l'esprit qui, accédant à une juste notion des lois naturelles, prend conscience de sa liberté. Malgré Kant, Boutroux affirme qu'une métaphysique de la nature est possible qui ne procède pas d'une apparence transcendantale et d'un usage transcendantal des lois de la nature.

On sait que Hegel, même sous la notion de dépassement, n'entend pas non plus que les sciences de la nature aient à sortir de leur propre limite pour se comprendre dans le savoir absolu. La philosophie hégélienne de la nature n'épuise pas les sciences de la nature dans leur « en soi » mais les prend *en même temps* comme « pour soi ». À ce titre, elle paraît échapper à l'écueil d'une philosophie spéculative de la nature extrapolant à partir des sciences hors de leurs limites empiriques. Pourtant, rien n'est plus étranger à Boutroux que cette conception de la « compréhension ». C'est qu'elle n'est possible que dans l'ordre du système, du point de vue du savoir absolu. La conception que Boutroux se fait de l'histoire est anti-hégélienne. Si l'obligation pour la philosophie de prendre les sciences pour « point de départ » est une sorte de médiation pour donner à l'esprit la philosophie qui lui convient, elle ne renvoie à aucune nécessité historique. La vraie philosophie de la nature n'a pas sa place dans l'ordre d'un savoir absolu conscient de soi. Elle exclut toute philosophie de

1. É. Boutroux, *De l'idée de loi naturelle...*, *op. cit.*, p. 140.

l'histoire et de la culture qui chercherait téléologiquement, dans la nature et ses lois, la manifestation aliénée de ce qui leur donne, comme principe, l'absolue nécessité. En effet, si la philosophie de l'Esprit absolu peut bien sursumer la philosophie de la nature, c'est qu'en vérité elle lui emprunte, pour en faire un principe constitutif final, en le transposant à un savoir historique ou culture de l'esprit, ce qui n'est peut-être que l'idée directrice des sciences de la nature. Il s'agit donc plutôt de se demander si la *nécessité* exprimée dans les lois naturelles trouve quelque part, en partant de l'esprit scientifique et des objets qu'il se donne, un principe lui conférant un fondement absolu. C'est l'idée d'une contingence de l'esprit qui intéresse Boutroux, celle-là même que Hegel considère certes comme infiniment plus élevée que le déterminisme, mais qu'il tient aussi pour un « égarement »[1], fût-il nécessaire, de l'esprit. Or, pour Boutroux, le véritable égarement est le nécessitarisme. En prenant les sciences de la nature pour point de départ, il faut donc pourtant s'interdire de penser l'esprit, principe constitutif des choses, par une généralisation du déterminisme propre à l'esprit scientifique.

Le domaine épistémologique que Boutroux appelle « la philosophie de la nature » est donc le lieu d'une confrontation avec les sciences, décisive pour l'avenir de la métaphysique. Le problème n'est pas nouveau. Lachelier déjà veut donner un réel développement au spiritualisme en mettant fin à ce qu'il nomme le « spiritualisme vulgaire » de Cousin. Il cherche un milieu entre Cousin et Ravaisson afin de mieux comprendre le rapport entre esprit et nature. Cousin sépare absolument l'esprit de la nature tandis que, pour Ravaisson, la nature est esprit. Lachelier diffère de Ravaisson en ceci qu'il sépare beaucoup plus l'esprit et la nature sans jamais les séparer absolument. C'est, pour le maître de Boutroux, ne pas vouloir suivre Ravaisson sur le terrain d'un spiritualisme réaliste et moniste qui résorbe intégralement toute science de la nature dans un finalisme d'inspiration trop scolastique.

1. Hegel, *Encyclopédie des sciences philosophiques*, II, *La philosophie de la nature*, § 248 ; addition, trad. Bourgeois.

C'est aussi, à l'encontre de l'éclectisme, considérer que l'esprit a nécessairement à se colleter avec la nature (et donc avec les sciences) pour se découvrir, dans l'acte du connaître, comme raison et découvrir dans la nature le principe premier. Mais, influencée par Kant et Fichte au moins autant que par Aristote, la philosophie réflexive conduit Lachelier à penser qu'une raison universelle est le principe premier ; principe téléologique, formel et interne de détermination des choses, qui s'accomplit parfaitement et prend conscience de soi dans la réflexion du « Je pense ». C'est le « Je pense » qui, accompagnant toutes nos représentations, donne l'être à des phénomènes n'existant pas par eux-mêmes. Boutroux conteste toute démonstration idéaliste de la réalité de l'esprit, fût-ce une déduction dynamiste où le penser (l'action ou force du juger) est actualisation d'une puissance d'être. Il rejette donc la méthode réflexive. Le principe d'une philosophie de la nature, qui est un principe d'évaluation *empirique* de la portée ontologique des lois scientifiques de la nature, lui semble un moyen préférable. Une telle approche se situe beaucoup plus près des rapports entre la raison et les choses dont la science est l'expression objective ; elle doit accepter l'obligation positiviste et s'interroger sur l'être en comprenant comme un indice indirect et négatif de sa véritable nature, ce que, dans l'expérience strictement positive, il *ne* donne *pas* à observer de sa réalité radicale. Boutroux exige avant la lettre un rationalisme assoupli et fécond, comme Brunschvicg lui en fait gloire[1], rationalisme enté sur des sciences où la raison, en s'appliquant à l'expérience, met en jeu l'objectivité de ses lois et ne préjuge jamais de l'intelligibilité du réel. Ainsi, en projetant de concilier la science et la métaphysique, Boutroux n'annonce pas moins Bachelard que Bergson.

Renversement du déterminisme par lui-même

La philosophie de la nature de Boutroux procède essentiellement d'une critique de l'idéalisme qui gouverne outre mesure le

1. L. Brunschvicg, « La philosophie d'É. Boutroux », *Revue de Métaphysique et de Morale*, 1922.

rationalisme scientifique – critique par laquelle, en évaluant l'idée de loi naturelle, Boutroux dénonce l'erreur du déterminisme : il est faux que tout le réel soit déterminé selon des rapports mathématiques absolument nécessaires. La raison, en s'appliquant à l'expérience, révèle au contraire la contingence de ses explications. Les rapports qu'elle établit entre les phénomènes ne sont jamais entièrement indépendants de l'expérience et le réel qu'elle vise ne cesse dans l'expérience de se montrer incommensurable et irréductible aux nécessités mathématiques. En chaque science, au fur et à mesure qu'elle progresse, l'accord qui s'établit entre l'esprit et la nature est toujours de plus en plus discordant. À mesure, en effet, que les mathématiques s'appliquent plus précisément à l'expérience, à mesure donc que l'esprit scientifique s'efforce de donner réalité à la nécessité de ses explications, celles-ci sont d'autant plus déterminantes et spéciales qu'elles deviennent moins nécessitantes. Le réel n'est pas pour autant irrationnel, mais il est pour le moins non-rationnel :

> « La déduction mathématique ne nous donnera jamais que le *possible* et non le *réel*, lequel est au possible ce que l'*Iliade* d'Homère est à toutes les combinaisons qu'admettent les lettres qui la composent[1]. »

Le rationalisme scientifique depuis Descartes, dans son effort pour réduire l'expérience aux mathématiques, prouve ainsi, indirectement, une contingence radicale à l'œuvre dans la nature, contingence irréductible qui met en difficulté le principe du déterminisme et que celui-ci devrait donc laisser échapper. Mais, comme le leur reproche Boutroux, les partisans d'un déterminisme métaphysique opèrent une généralisation et un passage à la limite en transformant une idée directrice féconde (simple principe méthodologique) en principe constitutif de la nature. Là est l'erreur scientiste, imputable au primat idéaliste de l'esprit sur les choses, qui confond déterminisme et nécessitarisme. Si l'esprit humain n'est pas une exception dans la

1. É. Boutroux, « La philosophie de Leibniz », *La Monadologie*, Paris, Le Livre de Poche, 1991, p. 182.

nature, il ne lui est pas interdit de postuler l'intelligibilité du réel à partir de l'intelligibilité des principes logiques qu'il se donne. Mais l'expérience montre que l'accord entre l'esprit et la nature n'est pas naturellement donné, mais qu'il est bien plutôt artificiellement produit par l'esprit scientifique. Le rationalisme devrait donc relativiser le principe du déterminisme, comme l'expérience le lui suggère fortement, au lieu, comme il le fait, de passer outre et prétendre expérimenter tout à fait l'objectivité réelle des lois. Ce passage à la limite est illégitime. Il ne rend possible une ontologie spiritualiste qu'aux dépens de l'expérience positive de la science ; il n'assoit qu'un spiritualisme idéaliste, purement spéculatif, inévitablement en désaccord avec l'expérience. Le divorce, en vérité, perdure entre science et métaphysique et le différend est total entre déterminisme et liberté.

Dès lors, pour concilier science et métaphysique, Boutroux doit prouver comment le déterminisme présuppose une cause première indéterminée, comment le mécanisme suppose lui-même la finalité non pas d'une nature où l'esprit serait en germe, mais d'un esprit libre, apte à déterminer les choses et lui-même selon ses propres fins. En partant de l'expérience et sans jamais s'en affranchir, Boutroux montre que la contingence du réel est ce que présuppose, comme son véritable et unique *réquisit*, le déterminisme scientifique. Celui-ci suffit à le prouver : les expériences dont il est le principe régulateur sont incapables de faire voir positivement ni *a fortiori* d'expliquer mathématiquement la contingence dont elles témoignent ; elles obligent bien plutôt le déterminisme à s'assouplir et la raison à se pluraliser. La contingence qu'a en vue Boutroux n'est évidemment pas simple absence de nécessité mais, comme telle, pure condition négative d'une détermination spontanée par la fin (la vie), et du point de vue du vivant humain, libre détermination par l'idée d'une vie meilleure. Si la nature est déterminée, c'est-à-dire si le déterminisme est le principe de la science, il faut, pour la comprendre comme telle, chercher dans ce qui est actuellement déterminé la fin que lui a assignée une causalité libre, en rapport avec une nature où tout est encore possible. De sorte que si l'esprit scientifique ne reconnaît pas par lui-même dans la contingence de l'être son premier principe, c'est la nécessité (relative) de ses lois qu'il nie, laquelle n'a de sens que du point de vue du but qu'il leur assigne, du point de vue d'un idéal d'action possible sur les choses dont, pour l'esprit libre, le principe du déterminisme n'est, parmi d'autres, que le moyen le plus efficace :

> « Ce que nous appelons les lois de la nature est l'ensemble des méthodes que nous avons trouvées pour assimiler les choses à notre intelligence et les plier à l'accomplissement de nos volontés[1]. »

C'est en ces termes que le positivisme de Comte et le pragmatisme de W. James sont compris par Boutroux.

La vérité de la physique d'Aristote

En historien des idées, Boutroux perçoit, à l'origine du divorce entre savants et philosophes, un oubli historique dû à l'erreur qui a fait culminer l'âge classique avec Descartes. Qu'a donc oublié la philosophie en France, en s'arrêtant à Descartes ? Ce n'est pas Kant, car le Tribunal de la raison pure, par l'apriorisme des catégories et la distinction du phénomène et du noumène, déclare impossible la conciliation de positions antinomiques. Le divorce entre savants et philosophes est donc seulement ramené à un fragile consentement mutuel. Est-ce alors, en revanche, à Aristote qu'il faudrait revenir – pour contrer le mécanisme cartésien, auquel Lachelier imputait la victoire du matérialisme scientiste au XVIIIe et au XIXe siècles ?[2] Certes la philosophie de la contingence paraît plus fidèle à la philosophie naturelle d'Aristote que la philosophie de Lachelier. Boutroux ne tarit pas d'éloge pour montrer qu'Aristote a encore sa place dans la philosophie et aussi dans la science[3]. Il le préfère et même l'oppose à Kant qui a eu

1. É. Boutroux, *De l'idée de loi naturelle…*, *op. cit.*, p. 142-143.
2. *Œuvres de Jules Lachelier*, Paris, Alcan, 1933, t. 2, remarque sur le mot « Spiritualisme », p. 221-222.
3. É. Boutroux, « Aristote », *Études d'histoire de la philosophie*, Paris, Alcan, 1927, 5e édition.

tort de rejeter la dépendance de l'esprit à l'égard de l'être, la valeur ontologique des lois de l'esprit et l'idée d'un inconditionné théorique. Pour Boutroux comme pour Aristote, expliquer c'est déterminer ; et seul l'actuellement donné et fini est intelligible, seul l'être entièrement déterminé donne à voir la raison suffisante et suprême des choses. Le plan du possible et de l'infini est le plan des phénomènes scientifiques. Aristote comprend que l'indéterminé comporte toujours d'autres déterminations que celles qu'il reçoit dans le monde réel. Et, par conséquent, Boutroux souligne avec lui cette idée que l'ordre des sciences qui va de l'indéterminé au déterminé, ne pouvant être considéré comme l'ordre absolu de l'avènement des choses, appelle l'ordre inverse. Il importe donc de suivre Aristote en remontant à l'indéterminé, c'est-à-dire d'induire à partir de l'être, qui est le terme du développement, le premier principe de sa direction et de sa réalisation. Boutroux reste, à cet égard, très attaché à la doctrine de l'induction dont le mérite, selon lui, est d'avoir aperçu que la fin des sciences de la nature est subordonnée à une fin métaphysique et que les lois aussi bien que le principe qui en donne le vrai fondement, ne peuvent être découverts qu'à partir de l'expérience. Mais cette réhabilitation d'Aristote a ses limites. Il ne faudrait pas qu'elle conduise à oublier Descartes. Ce serait ne pas comprendre que la science moderne a trouvé son idéal régulateur avec lui, et, par là, a accompli aussi ses progrès les plus féconds. En effet, même si la démonstration aristotélicienne du premier moteur a pour point de départ une physique de l'actuellement donné, l'aristotélisme débouche sur une conception intenable de l'unité entre l'esprit et la nature. Par l'idée scolastique de forme substantielle, il ne peut pas éviter le conflit avec l'essor du mécanisme scientifique, et c'est à bon droit, selon Boutroux, que la forme substantielle est rejetée par la science. Mais il n'est pas sûr qu'ait été bien comprise l'erreur d'Aristote dans laquelle s'est enfoncée la scolastique. Ce n'est pas la doctrine de l'induction qui est erronée mais l'idée que, par l'induction, la science puisse arriver à des lois simples et absolues qui ne supposent rien avant elles. La finalité ne peut pas se montrer aussi positivement que le mécanisme. L'aristotélisme scolastique a donc aussi favorisé, à sa façon, avant Descartes, la confusion entre déterminisme et nécessitarisme. Aristote a raison d'affirmer que la matière ne peut expliquer aucune forme si, comme puissance, elle les comporte toutes. Mais que la matière soit pure indétermination n'implique pas que les formes soient fixes, qu'il existe des « formes-actes »[1]. Pour comprendre les lois de la nature, présupposer la nécessité absolue de la finalité dans l'être n'est nullement requis. Il faut même en récuser l'idée puisque cela exclut exactement le caractère radical et irréductible de l'indétermination. Ainsi, la représentation fausse de la forme comme « forme-acte » est à l'aristotélisme ce que la représentation non moins erronée de la matière comme pure étendue mathématique est au cartésianisme. De même qu'« il n'y a, dans le monde de l'étendue, aucune place pour la contingence »[2], de même que « Descartes fonde le déterminisme inflexible que ne comportait pas le baconisme »[3], de même, l'idée de « la forme-acte, excluant toute indétermination, ne peut fonder qu'une nécessité absolue, ne laissant aucune place au possible et à la contingence »[4]. Toutefois, si en définitive, en deçà de la scolastique, « il y a plus de vérité dans la physique d'Aristote que dans celle de Descartes »[5], Boutroux ne saurait revenir purement et simplement à l'aristotélisme. La physique antique est trop éloignée de l'artificialité expérimentale de la science moderne, et la logique du syllogisme trop en deçà de l'engagement des mathématiques modernes sur le terrain objectif de l'expérience. La philosophie de la nature de Boutroux ne choisit donc pas Aristote contre Descartes. Elle veut plutôt libérer en l'un le refoulé de la métaphysique, et en l'autre le refoulé de la science ; refoulé commun en définitive, à l'un comme à l'autre : l'expérience.

1. É. Boutroux, « La philosophie de Leibniz », *op. cit.*, p. 192-93.
2. É. Boutroux, *La Philosophie allemande au XVII*e *siècle*, Paris, Vrin, 1948, p. 36. Il s'agit du texte de leçons professées en 1887-1888.
3. *Ibid.*, p. 29.
4. É. Boutroux, « La philosophie de Leibniz », *op. cit.*, p. 193.
5. *Ibid.*, p. 194.

Si, dans l'esprit de Boutroux, concilier science et métaphysique ce pourrait être réconcilier Descartes et Aristote, on conçoit que la philosophie de la nature oubliée soit celle par laquelle Leibniz œuvre à une « mathématique métaphysique »[1]. L'étude du leibnizianisme que conduit Boutroux fait apparaître en effet Bacon, Descartes, Hobbes, Spinoza, Malebranche et Locke comme des « prédécesseurs de Leibniz » et ne rattache Leibniz à Descartes que « sous de fortes réserves »[2]. La « philosophie du Corps ou Physique »[3] qui est le point de départ obligé de Leibniz, écrit-il, n'appartient à la philosophie française que dans la mesure où elle comprend sans contradiction le mécanisme cartésien. Leibniz a, sinon accompli, du moins établi clairement le principe insuffisamment défini et respecté par Aristote, principe d'une induction de la finalité à partir du mécanisme, sans rupture ni généralisation nécessitariste. Boutroux considère Leibniz comme le « trait d'union »[4] historique entre l'Antiquité et la philosophie allemande où le dynamisme et le finalisme leibniziens ont été, malencontreusement à ses yeux, arrachés par la spéculation au terrain primordial de l'expérience. Mais son destin n'aurait pas été meilleur si sa philosophie s'était développée en France :

> « Sans doute elle aurait marché dans le sens de l'intellectualisme, au lieu qu'elle a marché du côté du dynamisme avec les successeurs allemands de Leibniz[5]. »

Par là, il faut entendre que le poids du mécanisme cartésien a été tel qu'aurait été mal comprise la portée du leibnizianisme. On l'aurait réduit à une philosophie prétendant, soit déduire logiquement l'être

1. É. Boutroux, *La Philosophie allemande au XVIIe siècle*, *op. cit.*, p. 75. Sur Leibniz, voir en particulier les chapitres I, IX et XXI.
2. *Ibid.*, p. 8.
3. *Ibid.*, p. 88.
4. *Ibid.*, p. 12.
5. *Ibid.*, p. 11-12.

actuellement donné du possible, soit démontrer expérimentalement la nécessité du rapport entre le possible et l'être. On aurait ramené le possible leibnizien à la puissance aristotélicienne et l'idée leibnizienne de la force à l'idée de la forme-acte.

Quoi qu'il en soit, la science a fait son chemin et c'est moins le contenu du leibnizianisme (scientifiquement caduc selon Boutroux) que le modèle leibnizien de l'harmonie des points de vue qui permet de distinguer deux points de vue, sans les opposer mais au contraire pour les concilier : un point de vue épistémologique et un point de vue métaphysique. Ce double point de vue renvoie à la bilatéralité de l'expérience : par sa face naturelle ou objective, l'expérience fait voir dans la nature l'indétermination originaire de l'esprit. Par sa face positive ou subjective, elle fait voir dans la nature les libres fins de l'esprit. Ainsi, du côté épistémologique, la philosophie de la contingence est une philosophie *positive* de la nature, c'est-à-dire une philosophie de la contingence des lois scientifiques qui délimite nettement le sens et le champ d'application du déterminisme scientifique, et qui fait la critique des conséquences nécessitaristes infondées du rationalisme. Pour Boutroux, c'est avec l'épistémologie d'origine cartésienne que la métaphysique s'égare dans un spiritualisme spéculatif, c'est-à-dire affranchi de l'expérience positive. Du côté métaphysique, la philosophie de la contingence est une véritable philosophie *naturelle* de l'esprit, c'est-à-dire une ontologie de la contingence radicale de l'être qui délimite nettement le sens et le champ d'application du finalisme métaphysique et qui fait la critique des conséquences mécanistes infondées du rationalisme. Pour Boutroux, c'est la métaphysique d'origine cartésienne qui égare la science dans un idéalisme transcendantal, c'est-à-dire un rationalisme mathématique réducteur de l'expérience naturelle.

Sans doute le but de cette double critique est-il d'asseoir une ontologie spiritualiste contre toute ontologie matérialiste. Mais, plus fondamentalement, il s'agit de montrer qu'une métaphysique est compatible avec la science : celle-ci ne sacrifie nullement la liberté humaine à son déterminisme et à son mécanisme et celle-là ne dépasse nullement les limites de la science. La philosophie de la nature de Boutroux qui permet cette conciliation est, sur le plan proprement épistémologique, une sorte d'empirisme et c'est à l'épistémologie rationaliste qu'elle s'oppose pour l'empêcher de faire le lit de l'ontologie matérialiste. C'est en effet le principe du mécanisme qui induit épistémologiquement l'idéalisme transcendantal ; lequel, à son tour, par le glissement subreptice qu'il opère du déterminisme en nécessitarisme, induit métaphysiquement le spiritualisme spéculatif, et son échec à comprendre la science. Or, ce spiritualisme n'est que l'image inversée de l'ontologie matérialiste. L'un aussi bien que l'autre nient la contingence radicale de l'être et, par là même, nient l'exercice de la causalité libre de l'esprit dans la nature. De là, le besoin d'une philosophie de la nature au sein du spiritualisme de Boutroux. C'est la condition *sine qua non* de son réalisme ontologique. Il s'agit d'empêcher le rationalisme scientifique d'appliquer ses principes à autre chose que l'expérience, c'est-à-dire l'empêcher de chercher, dans un sujet transcendantal ou un Esprit absolu, de quoi rendre compte de la condition de l'expérience. Mais, en renonçant à se placer dans l'intériorité spéculative de l'esprit subjectif, en se plaçant au point de contact positif entre esprit et nature, l'épistémologie de Boutroux ne renonce pas pour autant à *comprendre* vraiment la pluralité de déterminismes régionaux ou la relativité des lois par lesquelles l'esprit humain s'assimile les choses afin d'y exercer sa liberté. En effet, le pluralisme et le relativisme épistémologiques ne font pas barrage au nécessitarisme pour donner raison à d'autres dérives scientistes (conventionnalisme, utilitarisme ou pragmatisme). Le fait naturel de la contingence empiriquement observable est aussi, sous l'autre point de vue, le fait positif des déterminations que l'esprit libre produit dans la nature. En ce dernier, la contingence se montre donc, non plus seulement comme un fait mais comme principe absolu d'explication, requis par la science comme par toute activité libre, parce qu'il est le premier principe de la nature comme de l'esprit, le principe même qui rend possible le rapport de l'esprit à la nature.

Empirisme non matérialiste : les dieux dans la cuisine

Ainsi, la métaphysique de Boutroux enveloppe en son point de départ un certain empirisme. Hormis Aristote, quelles en sont les sources ? On pourrait penser, bien sûr, à l'atomisme antique. Épicure n'a-t-il pas déjà tenté, sous l'influence d'Aristote précisément, une *conciliation* avec la métaphysique en corrigeant le nécessitarisme absolu de Démocrite par le *clinamen* et par la doctrine des explications multiples ? Dans la pluralité des mondes épicuriens, la matière infinie et discontinue ne se montre-t-elle pas réfractaire, non seulement au mathématisme, mais à toute sorte de tyrannie de l'abstraction scientifique ? Sauf erreur, Boutroux ne rattache pourtant nulle part sa doctrine à l'épicurisme. C'est même à une critique sévère des prétentions ontologiques du matérialisme que Boutroux soumet l'atomisme en général[1]. Ce qui manque à l'atomisme, c'est le principe d'une véritable unité. L'atome, comme corps, n'est pas vraiment indivisible ; la divisibilité d'un corps prouve qu'il n'est qu'un agrégat de substances. Sans doute l'atomisme voit-il que la matière est discontinue ; mais son tort est de croire qu'il puisse en saisir la réalité comme telle, c'est-à-dire comme pure multitude. L'étendue, écrit-il, n'est qu'« une répétition, une multiplicité de la substance », qui, par suite, présuppose la substance ; l'atomisme ne peut donc expliquer par elle la nature de la substance. Certes, « l'atome d'Épicure est réel »[2] car il est déterminé ; mais il n'est ni intelligible ni principe d'intelligibilité. À bien des égards, la chimie contemporaine a d'ailleurs avéré la réalité de l'atome en déterminant plus empiriquement et plus spécialement ses qualités. Mais il est clair, pour Boutroux,

1. É. Boutroux, *De l'idée de loi naturelle…*, *op. cit.*, chap. VII, p. 65-69 ; et « La philosophie de Leibniz », *op. cit.*, p. 188-193.
2. É. Boutroux, « La philosophie de Leibniz », *op. cit.*, p. 192.

qu'elle n'a pu le faire qu'au moyen d'un double renoncement : d'une part, en renonçant à l'imaginer comme un point géométrique parfaitement intelligible ; d'autre part, en se gardant bien de chercher à démontrer expérimentalement la nécessité absolue des déterminations réelles de l'atome. En somme, la chimie contemporaine donne tort aussi bien au rationalisme classique qu'à l'ontologie matérialiste. Le premier prend ses métaphores pour la réalité. Quant au matérialisme, il peut bien croire « rendre raison de tout, pourvu qu'il introduise dans l'atome cela même qu'il s'agit d'expliquer »[1] : la vie, la pensée et l'étendue elle-même. Et c'est ainsi qu'en prétendant expliquer par l'atome l'infinie variété des choses, il fait de l'atome non seulement une notion de moins en moins intelligible mais aussi une réalité de moins en moins déterminée, en somme rien moins qu'un fait positif. Boutroux ne semble donc faire aucune différence décisive entre Démocrite et Épicure et rejette toute ontologie atomiste.

À quel philosophe peut-on dès lors rattacher l'empirisme de Boutroux sinon à Locke lui-même ? À Locke en effet, mais aussi à Leibniz et à Comte. À Locke, il doit l'idée d'une bilatéralité de l'expérience ; à Leibniz la conciliation entre idées innées et idées adventices. C'est sur cette base qu'il peut, contre le nécessitarisme mathématique comprendre la contingence de la rationalité mathématique au sein d'une pluralité de rationalités virtuelles que seule l'expérience, comme on le voit en sa face positive, permet d'actualiser. « Jusqu'à Locke, écrit-il, on avait cherché, en se plaçant au point de vue ontologique, les choses sous les idées. » Mais, après lui, on peut distinguer les choses sous leur face objective et sous leur face subjective. « Les choses gravitent, désormais, autour des idées. » Boutroux remarque que ce « changement considérable » écarte le nécessitarisme absolu :

> « Il y a de l'hétérogénéité et de la discontinuité dans les choses considérées sous leur face subjective. Il nous semble, à tout le moins, que la

1. É. Boutroux, *De l'idée de loi naturelle…*, *op. cit.*, p. 67.

> succession de nos idées n'est pas continue et fatale, et qu'elle dépend de nous. À des rapports de nécessité se substituent des rapports de contingence. L'esprit se sent la force de dissocier ses idées[1]. »

Avec Locke, la nécessité est donc subordonnée à la contingence.

Quel est, dès lors, le mérite propre de Comte ? C'est d'avoir mieux délimité que Kant le champ de la connaissance scientifique. Comte, comme Kant, voit que la science n'a affaire aux choses que sous leur « face subjective ». Mais il en tire toutes les conséquences en établissant clairement que l'investigation des phénomènes, illimitée et inépuisable, ne contient aucun principe de nécessité ; qu'elle procède seulement d'un idéal régulateur d'unification des lois qu'elle n'atteindra jamais définitivement, et qui n'est lui-même nécessaire qu'eu égard au besoin humain de prévoir et d'agir. La critique de l'état métaphysique est interprétée par Boutroux comme une critique des prétentions métaphysiques abusives du rationalisme scientifique ; et l'avènement de l'état positif n'est à ses yeux pas moins celui de la vraie métaphysique que celui de la science. Sans doute le positivisme s'interdit-il à lui-même de comprendre la raison absolue des limitations qu'il ne fait que constater, et ne s'aperçoit pas que la contingence des phénomènes, qu'il fait valoir sans l'expliquer, a une valeur objective qui devrait servir à fonder métaphysiquement sa propre philosophie. Toutefois, en croyant porter un coup d'arrêt à toute métaphysique, Comte écarte utilement le projet cartésien de la *mathesis universalis* et s'évite l'écueil kantien qui consiste à rétablir, après Locke, la nécessité dans les idées en prétendant abusivement en trouver le principe dans le sujet transcendantal :

> « Chez Kant, au sein même de l'intelligence apparaît le jugement synthétique *a priori* que l'intelligence est obligée d'accepter comme une sorte de fait métaphysique, sans le comprendre véritablement[2]. »

L'empirisme épistémologique de Boutroux se comprend donc d'autant mieux qu'il entre explicitement dans le cadre du projet de

1. É. Boutroux, *La Philosophie allemande au XVIIe siècle*, *op. cit.*, p. 61-62.
2. *Ibid.*, *De l'idée de loi naturelle…*, *op. cit.*, p. 43.

« compréhension » des sciences de la nature, projet de conciliation de la métaphysique avec les sciences positives ; projet qui suppose de rompre le monolithisme de la Raison, de « dialectiser », sans Hegel, le rationalisme fixiste et unitaire de Descartes ou de Kant. Du coup, le spiritualisme français, avec Boutroux, paraît lui-même moins monotone.

3. Matière à rire : Bergson et le matérialisme[1]

PORTER EN TITRE qu'il y a « matière à rire » pour annoncer que l'on va parler du rapport de Bergson au matérialisme, cela pourrait donner le ton à une entreprise de dérision. Ce ne sera pas le cas. L'heure n'est sans doute plus, à propos de Bergson, au pamphlet.

On ne rira donc pas de Bergson. Mais on s'efforcera plutôt de saisir l'épique dans la philosophie prosaïque du rire pour mieux comprendre ce qu'il y a de prosaïque dans la métaphysique épique de l'émotion créatrice.

Ce qui suppose d'abord de prendre au sérieux l'ouvrage de 1900 sur *Le Rire*.

Prendre le rire au sérieux

Or, sauf erreur, les commentateurs de Bergson n'ont pas, dans l'ensemble, pris son rire très au sérieux.

1. Texte d'une communication présentée en décembre 1990 au Séminaire d'histoire du matérialisme, dirigé par Olivier Bloch. Paru dans *L'Enseignement philosophique*, 42e année, n° 1, sept.-oct. 1991.

Soit que, comme G. Deleuze ou H. Gouhier par exemple, ils omettent complètement de s'interroger sur la signification de l'ouvrage de 1900, pourtant non-isolé, dans l'Œuvre : *Le Rire* est une publication postérieure à l'*Essai sur les données immédiates de la conscience* et à *Matière et mémoire*. Comme on ne saurait croire qu'il s'agit d'un ouvrage de jeunesse, un petit exercice de style par lequel Bergson se fût fait la main[1], ce silence paraît sous-entendre que *Le Rire* n'aurait été qu'une bagatelle, un divertissement passager sur un petit problème, voire une concession futile à la mode.

Soit que, à l'instar de A. Thibaudet, les commentateurs ne restent pas insensibles au bergsonisme du petit ouvrage : tous ceux qui lui ont prêté un tant soit peu d'attention ont été frappés par sa cohérence conceptuelle avec le reste de l'Œuvre. Ainsi,

> « la philosophie du rire s'est trouvée n'être autre que la philosophie de M. Bergson [...]. *Le Rire* nous montre que rire étant le propre de l'homme est encore plus particulièrement celui du bergsonien »[2].

Mais ces jugements, d'une ambiguïté qui aurait pu paraître heureuse, passent à côté de l'essentiel ; ils sont en effet au principe d'une analyse qui se contente de montrer qu'il faut être imprégné de la philosophie bergsonienne pour comprendre aussi profondément et subtilement pourquoi nous rions. Ce qui présuppose admis ce qui en vérité pose problème : c'est à savoir, comme il est devenu banal de lui en faire éloge, que Bergson aurait enfin (après tant de tentatives infructueuses) tout dit du comique jusqu'à nous livrer son essence éternelle.

Cette manière de prendre en considération le petit ouvrage de 1900 n'est pas sérieuse. Elle conduit à n'y voir qu'« une illustration pittoresque »[3] de la philosophie de Bergson. Madeleine Barthélémy-Madaule, dans son *Bergson*[4], nous paraît beaucoup plus perspicace

1. Bergson, en 1901, a quarante-deux ans ; il enseigne au Collège de France depuis quatre ans, Collège au sein duquel il est officiellement Professeur depuis un an, et il est élu cette année-là à l'Académie des sciences morales et politiques.
2. A. Thibaudet, *Le Bergsonisme*, Paris, NRF, 1924, tome 2, p. 70.
3. *Ibid.*, p. 69.
4. Madeleine Barthélémy-Madaule, *Bergson*, Paris, Seuil, 1967, « Écrivains de toujours », p. 96.

lorsqu'elle s'interroge : « Serions-nous sans le savoir dans une métaphysique du rire ? » La question doit cependant être précisée : serions-nous sans le savoir dans la métaphysique bergsonienne de la matière ? C'est cette hypothèse dont nous voudrions seulement ici esquisser quelques-unes des raisons qui la rendent légitime et tracer un plan d'approfondissement.

CARICATURES MATÉRIELLES CONTRE BEL ORDRE NATUREL

Pour expliciter cette métaphysique du rire dans laquelle l'ouvrage *Le Rire* nous plonge sans le savoir, il faut d'abord, à mon sens, déplacer la question bergsonienne : non pas se demander pourquoi et de quoi nous (la société, le sens commun) rions, mais pourquoi Bergson aimait-il rire, de quoi riait-il, en un mot qu'est-ce qui a motivé sa recherche ? Pour sortir de ce « nous » trompeur qu'utilise Bergson, il suffit d'abord brièvement de faire remarquer que tous les motifs ou les occasions de rire qu'il donne sont rigoureusement exclus par d'autres philosophes, et tout particulièrement des matérialistes.

Aux antipodes de la sagesse bergsonienne, il y a la sagesse stoïcienne. Ce sont toutes deux des sagesses naturalistes et toutes deux visent sous l'idéal moral, une certaine esthétique de la vie. Pourtant, quant au rire, on ne trouvera rien de commun.

Aux yeux de Bergson, rire est une délivrance par laquelle l'exigence individualiste du bonheur personnel, affranchie du réflexe biologique de la conservation, se mue et se réalise en exigence de perfectionnement collectif et harmonieux au profit du bien :

> « Le comique naît au moment précis où la société et la personne, délivrées du souci de leur conservation, commencent à se traiter elles-mêmes comme des œuvres d'art[1]. »

1. H. Bergson, *Le Rire, essai sur la signification du comique*, Paris, PUF, 1940[1], 1988[4], « Quadrige », p. 16. Le livre publié en 1900 a paru d'abord en 1899 sous la forme de trois articles dans la *Revue de Paris*, 1er et 15 février, 1er mars 1899.

Délivrance ou détachement donc, qui, si l'on en poursuit le mouvement dans la même direction ouverte au progrès, débouche sur l'âme de l'artiste ou du héros moral, totalement détachée de la vie matérielle. Bergson le souligne en conclusion du *Rire* : « C'est le bien surtout qui nous a guidé dans toute cette étude[1]. » Certes le rire n'est pas absolument juste ni bienveillant, tant s'en faut, mais c'est une ruse. Bergson écrit : « Ici, comme ailleurs, la nature a utilisé le mal en vue du bien »[2] ; et la société rit, parce qu'« il ne lui suffit pas de vivre, elle veut vivre bien »[3]. Le naturalisme et l'anti-kantisme de Bergson font qu'ici comme ailleurs, c'est une différence de degré et non de nature qui sépare l'intérêt vital du désintéressement moral. Ainsi l'intelligence conseille un certain nombre de comportements, comme l'égoïsme, que le rire, à sa manière, naturellement déjà rectifie ; et c'est un bien que ce moindre mal, saisi du point de vue où les solutions de la nature, bien qu'elles soient ou parce qu'elles sont essentiellement divergentes, exprimant le même élan vital, sont toutes également élégantes et s'accordent toutes en définitive. Les hommes ont donc pris l'habitude de rire, et cette imitation de l'instinct chez des êtres intelligents est le continuum par lequel la règle morale se retrouve loi de nature : il faut rire, c'est salutaire, mais ce n'est pas un devoir au sens kantien ; c'est plutôt par ce que Bergson appellera trente ans plus tard, un *il faut parce qu'il faut* (vivre), que pourrait être traduit le message de la force naturelle du rire si, au lieu du rire, la nature en nous se mettait à en articuler les sons pour en faire du langage[4].

1. H. Bergson, *Le Rire, essai sur la signification du comique*, *op. cit.*, p. 152.
2. *Ibid.*, p. 152.
3. *Ibid.*, p. 14.
4. Il est essentiel de souligner ici que le rire n'est pas de l'ordre du langage et que même s'il est un produit de l'intelligence, il n'est pas un produit intelligent, c'est-à-dire conceptuel. Le rire vise la construction d'une organisation (sociale), l'intelligence vise la fabrication d'objets inorganisés : si la société était tout entière produite par l'intelligence, elle ne serait qu'une solidarité mécanique sans vie, et dès lors sans progrès (moral). Par conséquent, le rire comme prolongement du travail organisateur de la nature est plus proche d'une attitude instinctive. En outre, comme on le verra, le rire correspond à une certaine manière de voir la matière animée, et non pas, comme le fait l'intelligence, à une manière de penser la matière inerte.

En dépit des similitudes d'une sagesse fondée sur l'accord avec la nature vivante et d'une essentielle continuité et harmonie de l'univers, tout autre, on le sait, est la recommandation stoïcienne : « Ne ris pas beaucoup, ni de beaucoup de choses, ni sans retenue » est-il écrit dans le *Manuel* d'Épictète. Tandis que Bergson est friand de théâtre, Épictète conseillait de s'en abstenir et, si l'occasion imposait d'aller au spectacle, de s'éviter de rire. Il faut dire brièvement pourquoi rire n'est pas une conduite convenable, ni même préférable. Bien entendu, ce refus est cohérent avec le rejet des passions et l'idéal de l'*apatheia* implique qu'on ne se laisse emporter dans aucun excès. Le sage ne rit pas plus qu'il ne pleure. Mais plus fondamentalement, plus encore que sur ses motivations, c'est sur l'objet du rire que le différend essentiel entre Bergson et Épictète s'éclaire et laisse nettement apparaître ce que le rire bergsonien a, constitutivement, d'une démarche spiritualiste.

En effet, si le rire était une partie de la sagesse stoïcienne, alors toute la physique matérialiste qui, sur ce point, en est solidaire, s'écroulerait. Car il serait alors le signe d'un désaccord dans la nature, entre l'homme et le monde, entre le *logos* et l'univers, bref d'une dysharmonie ou d'un déséquilibre destructeur de la sympathie universelle. C'est une telle dysharmonie que nous serions alors fondés à corriger, à contrebalancer, en riant.

Pour rire à bon escient, encore faut-il que quelque chose prête à rire dans le monde. Bergson, Épictète, mais aussi Descartes et Spinoza, et bien entendu déjà Démocrite, s'accordent là-dessus pour voir qu'un certain type de rire est toujours corrélatif d'un ridicule ou dérisoire, autrement dit que le rieur rit d'un certain écart entre lui et ce dont il rit. C'est cet écart que manifeste le rire. C'est cette dimension railleuse qui doit être examinée. Car cet écart du rire à son objet se mesure toujours à l'aune d'une vision du monde et de la place qu'on attribue à l'homme dans le monde ou par rapport au monde, comme Platon dans l'allégorie de la caverne l'a montré avec force, quoique incidemment seulement. Ce n'est pas le rire joyeux, expressif de la tranquillité intérieure, que condamne le stoïcisme. Certes, à la rigueur, ce rire de pure joie paraît étranger à Épictète, mais c'est par un même effet de stoïcisme que d'un côté Descartes insiste sur la dimension essentiellement médiocre, mêlée de passion triste (haine ou envie), de la joie assortie de rire et que, de l'autre côté, Spinoza insiste sur la différence entre la dérision qu'il dit être mauvaise et le rire qui tend vers la béatitude : celui-ci, écrit-il dans le *Court Traité*,

> « n'a pas d'objet extérieur et se rapporte seulement à l'homme qui trouve en lui-même quelque chose de bon, et, puisque c'est une sorte de joie, il n'y a rien à en dire qui n'ait été dit de la joie »[1] :

autrement dit, le rire qui ne rit pas de quelque chose ou de quelqu'un est directement et intrinsèquement bon (son excès même serait l'indice d'une impureté de la joie).

Or, à l'aune d'une vision du monde de type stoïcien, c'est-à-dire d'une physique matérialiste et d'une esthétique du beau comme harmonie universelle, il n'y a rigoureusement aucun écart que le rire puisse à juste titre manifester et en même temps corriger. Si, par opinion, un homme croit en discerner un, c'est qu'il ne vit pas en accord avec la nature, ni donc avec sa nature, telle la poêle qui croit pouvoir se moquer du chaudron. Il suffit de transposer l'argument exemplaire par lequel Zénon démontrait l'existence des Dieux (qui sont des corps) pour démontrer le caractère inopportun du rire dérisoire : puisqu'on ne peut rire à juste titre de ce qui n'existe pas, puisqu'il n'y a rationnellement pas de quoi rire, il n'est pas raisonnable de rire. De sorte que dans un monde qui serait parfaitement stoïcien ou spinoziste, un bergsonien s'ennuierait à mourir, n'ayant aucune occasion de rire.

Nous voici à l'impossible rencontre entre deux mondes. Celui que Bergson imagine, il le forge afin de cultiver, avec ce monde et en

1. Spinoza, *Court Traité sur Dieu, l'homme et la santé de son âme* (1651-1660) 2e partie, chap. XI « De la raillerie et de la plaisanterie », Paris, Garnier-Frères, 1964, p. 114. La différence est encore plus nette dans l'*Éthique*, partie 4, scholie du corollaire II de la proposition XLV, entre *risus/irrisio* et le *risus mera lætitia*.

ce monde, un certain désaccord[1]. Rien de commun entre l'écume de mer dont Bergson fait en conclusion de son petit ouvrage la métaphore du rire naissant et la goutte de vin se mêlant à toute la mer dont Chrysippe fait le symbole de la sympathie universelle :

> « Des vagues luttent sans trêve à la surface de la mer, tandis que les couches inférieures observent une paix profonde. Les vagues s'entrechoquent, se contrarient, cherchent leur équilibre. Une écume blanche, légère et gaie, en suit les contours changeants. Parfois le flot qui fuit abandonne un peu de cette écume sur le sable de la grève. L'enfant qui joue près de là vient en ramasser une poignée, et s'étonne, l'instant après, de n'avoir plus dans le creux de la main que quelques gouttes d'eau, mais d'une eau bien plus salée, bien plus amère que celle de la vague qui l'apporta. Le rire naît ainsi que cette écume[2]. »

Or, il n'y a pas trace de la moindre perturbation dans la matière des stoïciens, aucune ondulation menaçant d'un chaos, aucun indice d'un déséquilibre dans les vagues de l'existence, dont un esprit humain aurait à souligner la forme pour la conjurer. Ce serait orgueil et ce serait faire injure au seul esprit divin, ce corps le plus pur mais inséparable de la matière, y circulant tel un fluide, que de se croire spirituel en prétendant lui adjoindre ou lui opposer le sel de son esprit, afin d'exprimer quelque amertume pour un monde que l'on croit mal fait. Et si chacun dans le monde stoïcien est comme un acteur dans une pièce[3], il n'y a rien dans ce théâtre qui doive ressembler à un vaudeville de l'esprit divin. Chacun doit jouer son rôle au mieux, en accord avec soi-même et en harmonie avec toute la pièce ; même le rôle du boiteux ; pas moins que celui du Prince, c'est un beau rôle, dans un beau drame.

Dans le monde bergsonien, par contre, « la nature obtient souvent elle-même des succès de caricaturiste. Dans le mouvement par

1. Il faut lire, sur ce point et de ce point de vue, les pages que Bergson consacre à critiquer le finalisme (leibnizien) radical qui se représente le monde parcouru d'une force réalisant d'emblée une harmonie parfaite. Bergson y insiste sur la matérialité qui limite la force de l'élan vital, sur les dissonances qui en résultent. *L'Évolution créatrice (*1907), Paris, PUF, 1969[1], 1981[154], « Quadrige », chap. I, p. 39-48.
2. H. Bergson, *Le Rire*, *op. cit.*, p. 152.
3. Épictète, *Manuel*, XVII.

lequel elle a fendu cette bouche, rétréci ce menton, gonflé cette joue, il semble qu'elle ait réussi à aller jusqu'au bout de sa grimace, trompant la surveillance modératrice d'une force plus raisonnable. Nous rions alors d'un visage qui est à lui-même, pour ainsi dire, sa propre caricature »[1]. Mais comment faire pour voir dans la nature ces images caricaturales, ces écumes que l'homme d'esprit, tel l'enfant, guette et recueille ?

Comment l'esprit trouve matière à rire

Laissons pour le savoir les stoïciens et Spinoza. Bergson, sur ce point, est sans détour : pour voir de la caricature dans la nature, il faut se laisser aller à l'imaginer, comme fait le peuple, qui croit à l'esprit. Au gré d'une raison réfléchie, on peut bien soutenir un monisme matérialiste, une doctrine selon quoi tout est matière, exclusivement. Et nous pouvons confirmer, avec le matérialisme stoïcien et ses conséquences directes dans le spinozisme, qu'il est cohérent pour un matérialiste de rire peu ou de ne rire que par vertu, c'est-à-dire pour le bonheur ou le contentement que le sage goûte pleinement, même si c'est peu, à défaut de se satisfaire de soi seul, selon le modèle absolu du monde entièrement autosuffisant ; ce qui peut-être, au demeurant, plus encore que la seule conséquence du stoïcisme en Spinoza, est aussi la leçon d'Épicure.

Mais si le rire bergsonien est railleur, s'il ne peut à la limite comprendre la satiété du sage matérialiste que comme une ostentatoire suffisance toute matérielle dont il se moquerait encore, c'est qu'il présuppose tout autre chose : c'est à savoir un homme d'esprit qui imagine que le monde obéit à un dualisme spiritualiste.

À la question : pourquoi rit-on ? Bergson répond : parce que l'homme d'esprit trouve matière à rire parmi ses semblables. Si nous vivions d'emblée la vie de l'esprit, nous ne ririons pas et inversement,

1. H. Bergson, *Le Rire*, *op. cit.*, p. 21.

si tout était matière, le rire serait exclu. Bien entendu, Bergson, comme il en est coutumier, met de son côté le sens commun : il prétend que sa vision du monde est celle de tout un chacun, et que de l'esprit grossier qui se tord les côtes à la moindre grivoiserie jusqu'à l'homme d'esprit raffiné capable de traits d'esprit ironiques ou humoristiques subtils, comme de l'enfant à l'adulte, c'est le même esprit humain qui est à l'œuvre, regardant le même monde, c'est-à-dire ce même ensemble d'images qui définit la matière[1] dans son rapport avec l'esprit. La « fantaisie comique », écrit-il, nous renseigne sur « les procédés de travail de l'imagination humaine, sociale, collective » ; il écrit même : « l'imagination populaire »[2].

Examinons ce que le sens commun imagine :

> « Quelle que soit la doctrine à laquelle notre raison se rallie, notre imagination a sa philosophie bien arrêtée : dans toute forme humaine, elle aperçoit l'effort d'une âme qui façonne la matière, âme infiniment souple, éternellement mobile, soustraite à la pesanteur parce que ce n'est pas la terre qui l'attire. De sa légèreté ailée cette âme communique quelque chose au corps qu'elle anime : l'immatérialité qui passe ainsi dans la matière est ce qu'on appelle la grâce. Mais la matière résiste et s'obstine. Elle tire à elle, elle voudrait convertir à sa propre inertie et faire dégénérer en automatisme l'activité toujours en éveil de ce principe supérieur. Elle voudrait fixer les mouvements intelligemment variés du corps en pli stupidement contractés, solidifier en grimaces durables les expressions mouvantes de la physionomie, imprimer enfin à toute la personne une attitude telle qu'elle paraisse enfoncée et absorbée dans la matérialité de quelque occupation mécanique au lieu de se renouveler sans cesse au contact d'un idéal vivant. Là où la matière réussit ainsi à épaissir extérieurement la vie de l'âme, à en figer le mouvement, à en contrarier enfin la grâce, elle obtient du corps un effet comique[3]. »

Comment n'a-t-on pas davantage prêté attention au fait que, dans ce seul passage du *Rire*, c'est toute la métaphysique bergsonienne,

1. « J'appelle matière l'ensemble des images » écrivait-il dans *Matière et mémoire, essai sur la relation du corps à l'esprit* (1896), Paris, PUF, 1939[1], 1985[94], chap. 1er, p. 17.
2. H. Bergson, *Le Rire*, *op. cit.*, p. 2.
3. *Ibid.*, p. 22.

depuis *Matière et mémoire* jusqu'aux *Deux Sources…*, qui, ramassée, se tient virtuellement enveloppée ? C'est à savoir : la matière comme image qui existe en soi, et qui signifie l'inversion, l'obstacle ou le plus bas degré de la durée essentielle qui définit l'élan vital ; puis ce dernier, l'esprit saisi dans son effort pour durer et faire se différencier cette durée, créer, libérer l'élan vital des limitations matérielles, par son action sur et dans la matière. L'intelligence enfin, solidaire de la matière, c'est-à-dire les effets habituellement dissolvants, voire mortifères, de ses représentations mécanistes et de ses actions mécanisées. Sans parler de la référence, fondatrice dans la métaphysique bergsonienne, au dualisme du *deorsum et sursum*, de la condescendance et du relèvement, que Ravaisson lui a légué dans son *Testament philosophique*[1].

Si toute la métaphysique de la matière est là, comme dans cette métaphore filée, alors il faudra dire qu'avec son ouvrage sur le rire, Bergson s'est donné le moyen le plus populaire qu'il se soit jamais donné de combattre le matérialisme et de rallier à son spiritualisme le soutien massif du sens commun. En effet, dans *Matière et mémoire*, quatre ans avant la parution du *Rire*, Bergson dit qu'il y a un moyen et un seul de réfuter le matérialisme : établir que la matière est absolument comme elle paraît, laisser à la matière ces qualités que les matérialistes depuis Démocrite (et aussi, malgré les objurgations de Bergson, les spiritualistes, tels Alain ou Brunschvicg) en détachent pour n'y voir qu'un revêtement accidentel de l'étendue. Bergson ajoute que si le sens commun croit à l'existence de l'esprit (immatériel), c'est précisément parce que le sens commun voit la matière comme quelque chose qui existe en soi et en même temps comme quelque chose de « pittoresque », qui possède les propriétés qu'il y sent[2].

1. Et auquel Bergson a reconnu sa dette : « La vie et l'œuvre de Félix Ravaisson » (1904), in *La Pensée et le mouvant*, Paris, PUF, 1941[1], 1969 79, p. 253 *sq*.
2. H. Bergson, *Matière et mémoire*, *op. cit.*, p. 76

Telle est bien ici la matière : ce qui la définit, ce sont des images qui existent en soi et ce qu'avèrent ces images lorsqu'elles se manifestent et dominent actuellement, en éliminant de la matière toute virtualité, tout pouvoir occulte, c'est la réalité indépendante et supérieure des phénomènes vivants de l'esprit.

Quelles sont ces propriétés intrinsèques de la matière ? Ce sont les mêmes dans *Le Rire* que dans tout l'Œuvre bergsonien : toutes des images de choses qui se défont[1], images « d'un geste créateur qui se défait »[2]. Mais la matière est aussi corrélativement ce qui « provoque et rend possible l'effort » de l'élan vital[3], lancé en elle pour en obtenir ce qu'il peut et que souvent elle arrête[4]. C'est une résistance et en même temps, par là même, un obstacle à contourner ; une pesanteur mais en même temps quelque chose à soulever et à relever. Là encore dualité essentielle de ces images : dire de la matière qu'elle est mouvement de détente, de raidissement, de chute, de retard ou d'arrêt, de distraction ou de décontraction, c'est toujours définir comme propriétés intrinsèques, réelles, les effets imaginaires qu'elle produit dans l'esprit humain, par son conflit avec l'esprit.

Bergson parle de l'inertie de la matière. Mais il ne veut surtout pas dire que la matière est un néant de force, une pure passivité qui attendrait de l'esprit son mouvement, sa forme, son être ! Bergson n'est pas Alain. Tandis qu'Alain veut seulement, de cette manière, rejeter un matérialisme incohérent, Bergson, lui, veut le réfuter, c'est-à-dire lui opposer une autre force. Ce n'est donc pas le principe métaphysique cartésien de l'inertie qui définit la matière. Car la

1. H. Bergson, *L'Évolution créatrice*, chap. III, « Genèse idéale de la matière », Paris, PUF, 1907[1], 1981[154], p. 246-248.
2. *Ibid.* : avec cette image, écrit Bergson, nous aurons « une représentation plus exacte de la matière » (p. 248).
3. *Ibid.*
4. H. Bergson, *Les Deux Sources de la morale et de la religion* (1932), Paris, PUF, 1932[1], 1988[3], « Quadrige », chap. III, p. 221.

matière, ce n'est pas la négation de l'esprit : comment parviendrait-elle à automatiser l'esprit si en elle-même, elle n'avait une tendance positive à l'automatisme ? Par suite, s'il faut résumer cet ensemble d'images qui définit la matière bergsonienne, c'est au principe de Carnot, le second principe de la thermodynamique, c'est à la loi d'entropie qu'il faut le rattacher. C'est cette loi scientifique que Bergson a exploitée philosophiquement.

Le rire de l'esprit bergsonien a précisément pour fonction d'accentuer ou souligner cette propriété intrinsèque d'entropie de la matière (Bergson dirait que c'est la matière qui se donne à apparaître ainsi, telle qu'elle existe). L'objectif n'est pas que l'on s'en effraie, quoiqu'il s'agisse bien en un sens (nous y reviendrons) de fabuler et d'exercer, ce faisant, un effet social. Ce n'est pas non plus pour accréditer l'idée que la matière ait des pouvoirs magiques supérieurs, au point de tout gouverner et de tout expliquer (ce serait là justement le matérialisme qu'il faut combattre). Enfin, ce n'est point davantage, comme c'est l'objectif du sublime refus de la matière chez Alain, pour tout transférer des propriétés de la matière à la seule réalité de l'esprit, c'est-à-dire de l'acte par lequel l'esprit se les représente (l'inertie de la matière comme « présentation négative » de l'esprit – là est précisément l'erreur, selon Bergson, des spiritualismes d'inspiration cartésienne). Bien plutôt, la fonction du rire bergsonien est de témoigner, par ce fait qu'on voit la matière se révolter, qu'elle ne saurait se révolter contre rien ; ni, *a fortiori*, lorsque cette révolte a vaincu – ce que le rire signale, en même temps qu'il réprime et anéantit cette victoire – qu'elle ne saurait prendre le pas sur quelque chose qui n'existe pas et qui ne soit pas fondamentalement plus fort encore que sa propre force. Que conclure en effet des images comiques de l'entropie sinon, parce qu'elles nous font rire, qu'il existe une force néguentropique qui « remonte la pente que la matière descend »[1] ? Voilà le matérialisme réfuté par un seul éclat de rire.

1. H. Bergson, *L'Évolution créatrice*, *op. cit.*, p. 246.

La pantomime de la matière cérébrale

Il est frappant de constater que, pour la plupart, les images comiques que Bergson développe comme exemples, pour illustrer et soutenir sa thèse dans l'essai sur le rire, sont exactement les mêmes qu'on retrouve dans les autres ouvrages et qui lui servent à définir ou à mieux cerner la matière : ainsi l'image du ressort qui se tend, se détend et se retend ; l'image de la répétition ; l'image de la réversibilité ; les images de mécanisme et d'automatisme, de multiplicité et d'extension quantitative, de divisibilité infinie. Mais il est surtout une image qu'il vaut la peine d'analyser parce que, depuis la conférence de 1912 sur « L'Âme et le corps », c'est une image à laquelle Bergson se référera encore (dans l'avant-propos à la 7e édition de *Matière et mémoire*) pour aborder le rapport matière-esprit : l'image de la pantomime, c'est-à-dire l'image d'une matière ô combien controversée, celle du cerveau. Les mouvements dans le cerveau sont regardés comme une pièce de théâtre comique qui se joue. Cette image est solidaire de l'image du clou qui, par un caprice matérialiste, voudrait donner sa forme à un vêtement[1]. Il faut la rapprocher de l'exemple célèbre du chapeau de feutre qui, prenant le moule d'un caprice, perd sa forme humaine et, plus généralement des nombreux exemples de comédie où le spectateur peut assister à la pantinisation des personnages.

On peut, avec ce cas d'image exemplaire, montrer que sur le sujet pourtant très sérieux qu'est la bataille contre le parallélisme psychophysique, c'est avec le sel de l'esprit, tel qu'il le connaît

1. « L'âme et le corps », conférence faite à Foi et Vie en 1912 et dont le texte a paru pour la première fois dans un ouvrage collectif intitulé *Le Matérialisme actuel*, vraisemblablement dans les années 1910, puis reproduit au chap. II de *L'Énergie spirituelle*, Paris, PUF, 1919[1], 1985[162], p. 36-37. Ce qui est drôle ici c'est ce que Bergson, dans *Le Rire*, appelle « l'interférence des séries », en l'occurrence la série psychologique et la série physiologique. « Une situation est toujours comique quand elle appartient en même temps à deux séries d'événement absolument indépendantes, et qu'elle peut s'interpréter à la fois dans deux sens tout différents » (*op. cit.*, p. 74-75). C'est dire que le matérialisme épiphénoméniste fait rire Bergson.

depuis 1884[1], que Bergson choisit de combattre le matérialisme, spécialement l'épiphénoménisme.

Le cerveau, (là encore : comme image qui existe en soi), nous fait voir, écrit Bergson, « un organe de pantomime et de pantomime seulement »[2] dont la fonction est de mimer la vie de l'esprit. Jouer l'esprit, c'est donc le matérialiser dans des mouvements corporels extérieurs. En ceci, le cerveau est *le* pantomime (l'acteur). Mais l'esprit, bien sûr, c'est l'inextensif ; il passera donc à la scène par la médiation de projections diminuées et simplifiées dans l'espace qui en marquent les articulations motrices (c'est l'intelligence qui passe par le cerveau). En cela, le cerveau est *la* pantomime (l'argument scénique), il est aussi scénariste ; il traduit ce qui est jouable par des indications de mise en scène que Bergson appelle des « actions réelles ou virtuelles » de l'esprit s'orientant vers l'action.

Notons bien que Bergson ne dit pas seulement que le cerveau théâtralise ; ce qui, comme l'indique l'étymologie, reviendrait plus platement à dire que le cerveau « fait voir » l'esprit par des idées ou des images. Il dit « pantomime », ce qui enveloppe la possibilité que le résultat de cette « projection » idéo-motrice de l'esprit, le mime lui-même, renferme quelque chose de fantaisiste, d'acrobatique. N'oublions pas que l'époque où écrit Bergson voit l'essor du cinéma (muet) dont on sait qu'il a inspiré les pages de *Durée et simultanéité* sur l'invasion de la durée par l'espace. Indiquons aussi que c'est dans l'entre-deux-guerres que la pantomime retrouve son inspiration et son succès par un retour à ses sources antiques et classiques : la parodie, la bouffonnerie, l'arlequinade[3]. Tout ce qui entoure cette image de pantomime nous assure en outre que c'est sur le versant exclusivement comique de la pantomime qu'il imagine

1. Date à laquelle il prononce une conférence sur le rire à l'Université de Clermont-Ferrand (18 février 1884). Le compte rendu du *Moniteur du Puy de Dôme* atteste que Bergson était déjà en possession de toute son explication métaphysique sur la signification sociobiologique du comique.
2. H. Bergson, « L'âme et le corps », *op. cit.*, p. 47.
3. Citons le nom d'Étienne Decroux, qui a précédé Marcel Marceau dans cette voie.

comment le mime cérébral peut dégénérer en mimodrame ou, à l'inverse, se raffiner.

Bergson ne veut certes pas dire que le mime est ridicule, dérisoire, toujours risible. En effet, son objectif est au contraire de montrer que l'esprit déborde de toute part le cerveau, ou pour le dire à sa façon, que rarement la forme du vêtement se réduit caricaturalement à celle du clou. Le cerveau, s'il fonctionne bien, assure donc au contraire l'insertion la plus gracieuse qui soit de l'esprit dans le corps et les choses. Bien fonctionner, cela veut dire que le bâton du chef d'orchestre respecte les mouvements (l'esprit) de la symphonie[1]. Mais l'épreuve de vérité du spiritualisme, pas plus qu'elle n'était à chercher dans les formes normales de la vie humaine mais dans ses monstruosités (on l'a vu), n'est ici à chercher dans le cerveau sain mais plutôt dans la maladie cérébrale. Celle-ci est définie par Bergson comme une altération physiologique du mécanisme cérébral d'insertion de l'esprit dans les choses.

Sub specie theatri

Déjà l'essai sur le rire avait révélé le caractère crucial de l'anormal pour avérer la réalité supérieure d'une force immatérielle :

> « Tension et élasticité, voilà deux forces complémentaires l'une de l'autre que la vie met en jeu » :

la tension, c'est ce que communique l'esprit à la matière et corrélativement c'est l'entropie conjurée de la matière ; l'élasticité, c'est la capacité de l'esprit à s'insérer dans la matière et corrélativement de la matière à jouer gracieusement les mouvements d'élan qui lui sont impulsés par l'esprit. On retrouve la dualité des images (de la matière) : la tension du point de vue de la matière spiritualisée ; l'élasticité du point de vue de l'esprit matérialisé.

Bergson poursuit : ces forces

1. C'est là une autre image de Bergson, « L'âme et le corps », *op. cit.*, p. 47.

« font-elles gravement défaut au corps ? ce sont les accidents de tout genre, les infirmités, la maladie. À l'esprit ? ce sont tous les degrés de la pauvreté psychologique, toutes les variétés de la folie [...]. Une fois écartées ces infériorités qui intéressent le sérieux de l'existence [et elles tendent à s'éliminer d'elles-mêmes dans ce qu'on a appelé la lutte pour la vie], la personne peut vivre... »[1].

Bien entendu, il n'est à la limite plus question d'en rire : ces infériorités sont plutôt tragiques, c'est-à-dire : la matière a irrémédiablement pris le pas sur l'esprit, elle ne se contente pas de le titiller, ou comme écrit Bergson, de lui « chercher chicane »[2]. Tant qu'il n'y a pas d'atteinte matérielle, dit Bergson, tant que la matière cherchant à en remontrer à l'esprit ne fait, « à titre de symptôme seulement », qu'« inquiéter » l'esprit sans jamais lui donner « le vertige »[3], le rire peut souligner et réprimer la révolte.

Mais, du symptôme à la maladie déclarée, c'est le même mouvement d'entropie qui se manifeste, de sorte que, si nous suivons par degré la pensée bergsonienne, le mime doit pouvoir être regardé, d'un côté, au plus bas degré comme une grossière parodie naturelle de l'esprit qui tournera vite au tragique (le « dérangement cérébral » comme il l'appelle), et à l'autre bout, comme l'esquisse discrète et légère d'une fine scène de comédie qui ira même jusqu'à s'aiguiser en trait d'esprit. Or tel est le chemin qui part, disons de la folie de l'encéphalite léthargique, ou de l'aphasique (dérèglement du lobe temporal gauche), en passant par celle plus subtile du « syndrome de la Tourette » (entre la chorée et la manie, maladie due à un excès de dopamine), remontant à tous les degrés de pauvretés intellectuelles jusqu'à l'homme normal dont l'intelligence est encore abstraite, pour rejoindre à son sommet l'exception : l'esprit, plus que normal, « normatif »[4]. L'esprit, c'est une

1. H. Bergson, *Le Rire*, *op. cit.*, p. 14.

2. *Ibid.*, p. 42.

3. *Ibid.*, p. 15 ; à rapprocher du sentiment de « vertige », degré limite où le rire tourne à la folie, parce que l'esprit se sent cette fois plus qu'inquiété, il est débordé et il titube : « L'âme et le corps », *op. cit.*, p. 48-49.

4. Pour parler dans les termes de la doctrine de G. Canguilhem, dont le bergsonisme fut sur ce point un véritable prototype.

disposition de l'homme « à voir les choses *sub specie theatri* »[1], aptitude qui est sans doute celle que Bergson s'accorde très volontiers à lui-même[2]. À ce niveau, on a affaire à du « comique volatilisé »[3] : plutôt que du rire qui éclate un peu lourdement, c'est « une certaine manière dramatique de penser », très suggestive, qui se met à briller :

> « Au lieu de manier ses idées comme des symboles indifférents, l'homme d'esprit les voit, les entend, et surtout les fait dialoguer entre elles comme des personnes. Il les met en scène, et lui-même un peu se met en scène aussi. Un peuple spirituel est aussi un peuple épris de théâtre. Dans l'homme d'esprit il y a quelque chose du poète[4]... »

Mais, dans ces conditions, ne comptons pas trouver dans le cerveau de l'homme d'esprit, dans le cerveau de Bergson, des traces physiologiques de l'esprit : c'est que la pensée intuitive est difficilement jouable, étant plus spirituelle elle déborde plus que toute autre la matière :

> « Selon la nature de la pièce qui se joue, les mouvements des acteurs en disent plus ou moins long : presque tout, s'il s'agit d'une pantomime ; presque rien, si c'est une fine comédie. Ainsi notre état cérébral contient plus ou moins de notre état mental[5]... »

1. H. Bergson, *Le Rire*, *op. cit.*, p. 81.
2. À juste titre, si tant est que Bergson excelle dans les procédés de rhétorique, les hypotyposes, métaphores, métonymies, prosopopées et autres tropes caractéristiques de l'esprit – caractéristiques dont Freud, sous d'autres concepts, a montré l'importance dans la construction des images du mot d'esprit : figuration, déplacement, condensation et élaboration dérivée.
3. H. Bergson, *Le Rire*, *op. cit.*, p. 84.
4. *Ibid.*, p. 80.
5. H. Bergson, *Matière et mémoire*, avant-propos à la 7e édition, *op. cit.*, p. 6-7. De la plaisanterie lourde au mot d'esprit subtil, on retrouve donc toute la variété des rapports entre la matière descendante et l'esprit ascendant : l'intelligence comique ne peut que suggérer l'esprit. Si elle s'appesantit sur l'occasion comique elle nie l'esprit nécessairement. À la limite de l'allusion humoristique déjà nécessairement laconique, il y a le silence, le non-langage de l'intuition qui, à la lettre autant qu'en esprit, est rigoureusement accès à l'injouable. De là peut-être que les mystiques apparaissent parfois comme des fous ; ou pour le moins, que ceux qui veulent « jouer » intellectuellement ce qui ne peut se jouer intelligemment sans faire rire, amusent Bergson : « Platon a raison, si on voyait le bien, on le ferait. Les idées générales, les morales théoriques ne servent à rien. On a fait de très belles constructions de ce genre. En pratique, c'est nul. Voyez ce que Péguy a fait de la morale

Plus donc la matière cérébrale contiendra d'esprit, plus nous redescendrons ainsi la pente de la matière jusqu'au point où le contenant donnera toute sa forme au contenu, et plus la pantomime à laquelle nous nous livrerons sera ridicule, grossièrement comique, pour finalement devenir tragique. Moins, à l'inverse, le cerveau contiendra d'esprit, plus nous remonterons la pente de la matière, plus le contenu donnera sa forme au contenant ; plus l'existence humaine se fera alors comédie fine, c'est-à-dire, œuvre d'art (comme on l'a vu). Enfin, au rire (qui est le premier expédient imaginé par Bergson) se sera substituée une joie laconique :

> « La simplicité de vie que propagerait dans le monde une intuition mystique diffusée[1]. »

Il importe de souligner à cet égard que la joie de l'expérience mystique est déjà implicitement entrevue et évoquée dans *Le Rire* : au moment où, dans le troisième chapitre, Bergson en vient à hiérarchiser ce qu'on pourrait appeler le passage à l'esthétique de l'existence humaine. Au bas de cette hiérarchie, il y a l'attachement intelligent à la matérialité de l'action, un rapport intéressé au monde selon le critère intellectuel d'utilité. Puis, aux confins de l'attachement vital et du détachement artistique, il y a la vie du rieur, simple rieur ou grand poète comique, qui commence à traiter l'existence comme une œuvre d'art. Au plus haut point de cette zone limite de correction (ou de conversion déjà ?), il y a l'homme d'esprit qui aborde à un plus grand détachement et révèle plus immédiatement déjà quelque chose des plus subtils mouvements de la vie intérieure à la conscience. Mais c'est encore seulement dans une zone mitoyenne entre la matière et l'art. Plus haut, se trouvent donc les artistes dont la perception, dans une direction sensorielle déterminée, s'est vraiment détachée du

kantienne (cf. *Victor Marie, comte Hugo*). Ah ! C'est bien amusant !... » Et un peu plus loin : « Saint Jean de la Croix, très profond, mais intellectualise trop ses intuitions » (Entretien de Joseph Lotte avec H. Bergson du 21 avril 1911, *Mélanges*, Paris, PUF, 1972, p. 881).

1. H. Bergson, *Les Deux Sources*..., « Remarques finales », *op. cit.*, p. 338.

besoin. Enfin, au sommet de cette hiérarchie, Bergson a déjà en vue un mode de perception qui, totalement détaché du besoin, dans toutes les directions sensorielles, va finir par coïncider tout à fait avec la nature. Il ne dit pas que c'est l'expérience mystique, mais le contenu du concept est là tout entier :

> « Je parle d'un détachement naturel, inné à la structure du sens ou de la conscience, et qui se manifeste tout de suite par une manière virginale, en quelque sorte, de voir, d'entendre ou de penser. Si ce détachement était complet, si l'âme n'adhérait plus à l'action par aucune de ses perceptions, elle serait l'âme d'un artiste comme le monde n'en a point vu encore. Elle excellerait dans tous les arts à la fois, ou plutôt elle les fondrait tous en un seul. Elle apercevrait toutes choses dans leur pureté originelle, aussi bien les formes, les couleurs et les sons du monde matériel que les plus subtils mouvements de la vie intérieure[1]. »

Bergson ajoute que c'est là « trop demander à la nature ». Il est clair pourtant que, en 1911, lorsque Bergson travaillera les mystiques, c'est de telles âmes purement joyeuses qu'il découvrira, âmes certes rares et héroïques, mais que la matière n'a pas réussi à empêcher.

La fonction fabulatrice du comique statique

Telle est la solution originale de l'anti-matérialisme bergsonien. L'image comique ou risible est l'expression d'un débordement de la matière sur l'esprit, revanche de la matière et échec de l'esprit appesanti, mais aussi, tout uniment, sursaut actif de l'esprit, renversement du renversement. À partir du dualisme non-vulgaire de *Matière et mémoire*, et de la manière dont Bergson dans *Les Deux Sources…* envisage le progrès historique, le rire semble présenter une dimension qu'on pourrait dire presque « dichotomique » : au sens où le rire (primordialement lié à l'intelligence[2]) se dissocie de la « frénésie » de l'intelligence dont la tendance est de grossir le

1. H. Bergson, *Le Rire, op. cit.*, p. 118.
2. Que le rire soit une émanation de l'intelligence, cela est une des premières « observations fondamentales » dont Bergson fait son point de départ dans *Le Rire* (chapitre 1er).

corps de l'humanité, de développer sans frein la matière[1] ; ou plus simplement diabolique : c'est en avérant une résistance active de la matière que l'esprit (ré-)agit, lorsqu'en l'homme l'esprit se met à rire. Mais, attention ! ce qui est ridicule, dérisoire, c'est d'abord moins ce mouvement de la matière que l'esprit lui ayant succombé. C'est dire ce que Bergson attend de l'esprit à l'œuvre dans l'homme d'esprit : qu'il se relève de cette défaite, et la transforme en une victoire plus grande que ne l'est sa supériorité supposée de droit ; une victoire qui fasse de cette supériorité un fait vérifiable par l'expérience (comme l'aime Bergson). Telle est l'expérience courante du rire aux yeux de Bergson : le rire « relève le démon qu'avait terrassé l'ange », mais alors il fait mieux que le terrasser derechef : il prépare à sa conversion morale.

On comprend alors que le rire soit une tension ou une contraction retrouvée ou mieux : une détente ou une distraction interrompue, inversée par correction. L'interruption que l'esprit provoque suffit à créer la matière vivante, ou du moins à retarder ou conjurer la mort. C'est ce que Bergson appellera du « mouvement inverti », dans *L'Évolution créatrice*, pour qualifier le mouvement vital ascendant ; c'est ce qu'il appellera un « contrepoids », dans *Les Deux Sources...*, pour qualifier tout ce qu'invente l'élan créateur en vue de pallier les déficits chroniques de l'attachement à la vie, c'est-à-dire l'appesantissement inhérent à la matérialité. C'est ce déficit que déjà

1. Je laisse de côté, parce que, à ma connaissance, Bergson n'a jamais explicité cette possibilité, ce en quoi le rire lui-même, selon la loi de double frénésie, peut devenir frénétique, c'est-à-dire se poursuivre jusqu'au bout, sans fin : le rire dément, maniaque, le rire de la mélancolie. Et pourtant le silence de Bergson sur cette frénésie du rire nous permettrait d'en dire long sur... l'autre rire, le rire matérialiste, qui serait diabolique aux yeux spiritualistes de Bergson, mais qui n'est autre que le rire démystificateur d'un Démocrite, d'un Épicure, d'un Diderot, d'un Marx, d'un Politzer, etc. Ce rire-là, qui inflige l'humiliation quelque peu cynique aux prétentions immatérialistes de l'esprit, est bien sûr tout à fait hétérogène aux préoccupations bergsoniennes. Sur ce qui, aux yeux de Bergson, serait scandaleuse (c'est-à-dire absolument diabolique) frénésie du rire propre à la démystification matérialiste, voir O. Bloch, *Le Matérialisme*, Paris, PUF, 1985, p. 11-12. Voir aussi : J. Salem, *L'Éthique d'Épicure. Tel un Dieu parmi les hommes*, Paris, Vrin, 1989, p. 167-174.

Le Rire qualifie de « distraction », sorte de « fascination » ou d'« hypnose » de l'âme par la matérialité d'une action[1].

Le rire est bien le premier expédient imaginé par Bergson. A-t-il changé complètement de perspective lorsqu'il paraît opter pour d'autres moyens, la religion statique, la religion dynamique, l'émotion créatrice ? Nullement. Bergson ne renie rien de la métaphysique du rire lorsqu'il écrit *Les Deux Sources*... Bien plutôt, il développe actuellement ce qu'elle impliquait virtuellement. Il est vrai que le trait d'esprit est plus amusant que le supplément d'âme, et Bergson paraît devenu bien sombre, envahi de sentiments presque tragiques, lorsqu'il écrit ces dernières lignes :

> « À défaut d'une réforme morale [...] complète, il faudra recourir aux expédients, se soumettre à une "réglementation" de plus en plus envahissante, tourner un à un les obstacles que notre nature dresse contre notre civilisation. Mais qu'on opte pour les grands moyens ou les petits, une décision s'impose. L'humanité gémit à demi écrasée sous le poids des progrès qu'elle a faits. Elle ne sait pas assez que son avenir dépend d'elle. À elle de voir d'abord si elle veut continuer à vivre. »

Le tragique n'est en vérité qu'apparent : dans le tragique, il n'y a plus aucune décision à prendre, les jeux sont faits, la mort est là. Bergson est bien plus optimiste : une décision s'impose. Et il admet tous les moyens, même les petits, c'est-à-dire les obligations d'une morale et d'une société closes. Or, avant que Bergson ne découvre la fonction fabulatrice de la religion statique, le rire déjà détenait au moins cette fonction d'obligation par pression sociale.

Il y a en effet dans le bergsonisme de 1900 une fonction comique, à l'instar de ce que sera la fonction fabulatrice de la religion en 1932. Ce rapprochement est sensible d'un double point de vue : la fabulation comique et la fonction répressive du rire.

Les images comiques de la matière qui prêtent à rire appartiennent à ce que Bergson appelle les lois ou les habitudes de l'imagination sociale. La fantaisie comique, dit-il, c'est le rêve rêvé par la société

1. H. Bergson, *Le Rire*, *op. cit.*, p. 20-21.

entière. L'entropie de la matière est donc spécialement soulignée en fonction d'enjeux sociaux : le rire vise les tendances délétères intrinsèques du corps social dont il cherche à le délester. Ce n'est pas du tout « une simple curiosité où l'esprit s'amuse » ni « un phénomène isolé, sans rapport avec le reste de l'activité humaine »[1]. Le concept central autour duquel Bergson organise toute son argumentation sur la fonction sociale du rire, son utilité pratique (argumentation à laquelle il tenait tant, jusqu'à écrire pour se plaindre qu'on la réduise à rien ou qu'on la mésinterprète[2] !), c'est le concept d'adaptation (si important dans *L'Évolution créatrice*) : c'est-à-dire l'énergie que l'espèce humaine retient de l'impulsion globale de la vie et qu'elle utilise dans son intérêt. L'imagination sociale imagine la société comme un être vivant parce que, dit Bergson, nous vivons en elle et par elle. Elle verra donc de quoi rire dans la perte de contact avec autrui, toute perte d'attention sociale, toute distraction de la vie sociale, toute raideur du corps social : isolement, marginalité, excentricité, etc. Tout comme le rire ne peut rien contre les maladies du corps et du cerveau, il ne peut rien bien entendu contre le crime et la misère sociale, là où la frénésie démoniaque du progrès matériel paraît avoir atteint profondément, c'est-à-dire matériellement, le corps social dans sa fonction d'insertion intelligente de l'élan vital : il y a là une inadaptation rédhibitoire, incorrigible par le seul rire. Le rire n'est qu'un « geste » social, il ne peut remonter la pente de la matière que là où une menace de désordre, de stagnation ou de dissolution de l'unité sociale s'est seulement esquissée. Là est sa fonction répressive : Bergson écrit que le rire réprime, corrige, assouplit, comme une sorte de réplique impertinente à une impertinence, contre un geste attentatoire à la société. De là qu'il apparaisse comme une brimade, une humiliation.

1. H. Bergson, *Le Rire*, *op. cit.*, p. 5-6.
2. Voir par exemple, H. Bergson, *Mélanges*, *op. cit.*, p. 631-637, 3 octobre 1904, lettre à É. Faguet, parue dans le *Journal des débats*.

Mais il faut ressaisir cette fonction dans le courant de l'évolution biologique pour apercevoir ce que Bergson appelle la « force d'expansion du comique ». On retrouve alors le principe immatérialiste de la néguentropie :

« Une loi inéluctable condamne toute énergie vivante à couvrir le plus qu'elle pourra d'espace. Or c'est bien une énergie vivante que la fantaisie comique, plante singulière qui a poussé vigoureusement sur les parties rocailleuses du sol social, en attendant que la culture lui permît de rivaliser avec les produits les plus raffinés de l'art[1]. »

Que faut-il retenir de cette nouvelle métaphore ? D'abord que le rire est né d'une différenciation tardive de l'élan vital, c'est-à-dire postérieure à la grande dichotomie de l'instinct et de l'intelligence, sur la lignée humaine de l'intelligence qui a à résoudre, autrement qu'à la manière des fourmis, en termes de règles et de lois, le problème de l'obligation sociale. Le premier résultat de l'intelligence, Bergson le développera en 1932, c'est la société close. Mais Bergson entrevoit déjà cette image de la société close dans son essai sur le rire lorsqu'il y souligne la rigidité et la fixité des lois, lorsqu'il y montre le rire ridiculisant ce qu'il appelle le pédantisme : « l'art prétendant en remontrer à la nature ». Exemples :

« Le fonctionnaire fonctionnant comme une machine [...], l'inconscience d'un règlement administratif se prenant pour une loi de la nature [...], une réglementation automatique de la société[2]. »

Mais il la pressent aussi autrement : cette fois, en voyant dans le rire moins un remède possible à la morale close qu'un effet systémique de clôture. Ainsi, il entrevoit par « l'importance d'un double fait » combien la nature dans cette direction se prépare des guerres :

« Notre rire est toujours le rire d'un groupe [...]. Si franc qu'on le suppose, le rire cache une arrière-pensée d'entente, je dirais presque de complicité avec d'autres rieurs, réels ou imaginaires [...]. Combien de

1. H. Bergson, *Le Rire*, *op. cit.*, p. 49-50.
2. *Ibid.*, p. 34-36.

fois n'a-t-on pas fait remarquer [...] que beaucoup d'effets comiques sont intraduisibles d'une langue dans une autre, relatifs par conséquent aux mœurs et aux idées d'une société particulière[1] ? »

Le rire est donc exclusif. Il fait pression, il n'exerce pas d'effet d'aspiration. Il est œuvre de l'intelligence et s'adresse à l'intelligence pure. Par exemple, il fustige l'égoïsme que conseille l'intelligence[2], mais il induit une solidarité xénophobe ; il corrige donc un repli mais il fait lui-même se contracter des plis nouveaux.

Or toutes ces caractéristiques de la fabulation comique sont celles-là mêmes que Bergson prêtera à la fabulation religieuse. Sans doute ce n'est pas un Dieu qui menace ici, c'est plutôt, comme on l'a vu le diable. Mais le rire est bien comme ce que Bergson appellera un « instinct virtuel » (il est naturel de rire) qui ne nous oblige pas, mais nous exhorte à suivre l'obligation. La nature veille. Les images comiques de la matière qu'elle suggère[3] sont des perceptions fantaisistes assez plausibles (des images de rêve éveillé, des souvenirs d'enfance[4],

1. H. Bergson, *Le Rire*, *op. cit.*, p. 5. Il faut rapprocher ce passage avec un autre (p. 31-37) où Bergson analyse le comique raciste : « Pourquoi rit-on d'un nègre ? » C'est qu'il est un visage « mal lavé » : « Mal lavé ! un visage noir serait donc pour notre imagination un visage barbouillé d'encre ou de suie » ; « un nègre est un blanc déguisé » du point de vue de la logique de l'imagination. Comme on l'a vu, le rire suppose de l'anormal pour remplir sa fonction socialement normalisatrice. La couleur foncée de la peau est donc pour l'imagination populaire du début de ce siècle (et encore aujourd'hui ?) un excès de matière sur la forme. Pour l'imagination populaire, selon Bergson, la blancheur de peau est normale et, plus que normale, normative, elle est un facteur spirituel d'unité sociale puisqu'elle autorise « l'élimination » (par le rire...) de tous les « déguisements » sociaux, de toutes les impostures ou contrefaçons de réelles organisations sociales. Bergson serait-il ici sur le point de théoriser (et de justifier en le naturalisant) le fonctionnement de l'idéologie pratique ?

2. Voir les analyses des vices dans le troisième chapitre du *Rire* et spécialement les analyses de *L'Avare* de Molière.

3. « On ne donnera jamais l'explication propre d'un effet risible, si l'on ne tient pas compte de ce qui est suggéré, à côté et au-dessous de ce qui est réellement présenté. Et nous avons montré ailleurs comment l'image suggérée, souvent subie et évanouissante, paraît bien flotter toujours autour d'un même type » (Compte rendu de « An Essay of Laughter » de J. Sully, juillet 1903 à l'Institut, paru dans la *Revue philosophique* en octobre 1903, LVI. *Mélanges*, *op. cit.*, p. 603).

4. H. Bergson, *Le Rire*, *op. cit.*, p. 52.

qui contrefont la perception présente[1]), assez frappantes, assez effrayantes (l'humiliation que l'on craint[2]) pour arrêter l'intelligence. Ce sont donc, comme les images religieuses, des réactions défensives de la nature contre le travail dissolvant de l'intelligence. D'où l'hypothèse suivante : Bergson a d'abord imaginé la réponse païenne, pour ne pas dire paillarde, aux problèmes posés par la frénésie de l'intelligence, avant d'imaginer, *mutatis mutandis*, la réponse religieuse. Plus précisément : le rire est la réponse laïque, républicaine, élaborée avant la guerre de 14-18.

Intervient ici nécessairement un certain déterminisme historique, rien moins que bergsonien. Mais n'oublions pas que l'esprit de Bergson se veut par principe toujours en éveil, attentif, adapté. Si bien qu'il est permis de gager, au moins, que son cerveau fonctionne bien. Ce n'est donc pas trahir ou réduire sa pensée que d'alléguer quelques données historiques. D'autant qu'il n'est pas très compliqué de comprendre les mobiles d'une recherche sur le rire qui remonte au moins à 1884, et les raisons pour lesquelles l'ironie socratique, comme on sait[3], a bien failli détrôner le sérieux christique dans le cortège bergsonien des héros et des saints de la morale ouverte.

Du comique au mystique

Depuis 1850, l'époque où E. Labiche, avec ses comédies de mœurs qui raillent les travers de la bourgeoisie du Second Empire, recueille l'héritage de la comédie bourgeoise de Scribe, le vaudeville est devenu très populaire. Au début de la IIIe République, l'opéra bouffe, avec les musiques d'Offenbach, prolonge ce succès. C'est ensuite l'époque de G. Feydeau, de Rostand et de son *Cyrano*, tan-

1. Le rire « évoque en rêve des visions qui sont tout de suite acceptées et comprises d'une société entière » (*ibid.*, p. 2).
2. Par exemple, la grenouille qui veut se faire aussi grosse que le bœuf (*ibid.*, p. 134) est une réaction défensive contre la vanité.
3. H. Bergson, *Les Deux Sources...*, *op. cit.*, p. 59-62.

dis qu'en même temps, la comédie de mœurs proprement dite prend son essor. Au début du siècle, le théâtre de Boulevard dans un genre encore moins raffiné demeure un théâtre à succès. Mais c'est aussi au tournant de ce siècle, l'époque plus glorieuse des G. Courteline, Jules Renard, et Jarry (*Ubu*), celle où Claudel écrit des farces lyriques.

C'est aussi au tournant du siècle qu'apparaissent les grandes revues comiques, *Le Rire* (Toulouse-Lautrec, Caran d'Ache, Willette), *L'Assiette au beurre*, bien plus décapantes dans la satire que ne l'avaient jamais été les très populaires séries d'Épinal, toujours autant xénophobes mais beaucoup plus caricaturales. Sans parler de Guignol, du développement des clowns de cirque, ou des représentations plus classiques de Molière à la Comédie française.

C'est dire à quel point Bergson a « baigné », entre 1880 et 1914, dans une véritable mode du comique dont la richesse est attestée par le nombre et la variété des exemples qui illustrent l'essai sur le rire. Bergson n'est d'ailleurs pas à cette époque le seul à être gagné par cet intérêt pour le comique, Spencer lui-même par exemple, avait écrit un essai sur *La Physiologie du rire* (1881). Sans oublier Freud, son travail sur les mots d'esprit que Bergson a lu, après la première édition du *Rire* – travail dont on peut suspecter qu'il ait été inspiré par Bergson (les images comiques comme images oniriques et contrefaçons de souvenirs d'enfance).

C'est sans doute répéter une grande banalité que de dire du comique, à cette époque, qu'il a constitué un ciment idéologique de la société bourgeoise, qu'il a servi le patriotisme, voire le nationalisme, la xénophobie (la revue *Le Rire* naît avec l'affaire Dreyfus, elle est antidreyfusarde, anti-allemande, anti-anglaise, anti-russe). Qu'il a fait rire aussi le peuple des premiers travers bureaucratiques et technocratiques de l'administration républicaine en plein essor. Mais il est moins banal de souligner que, ce faisant, le comique républicain s'est substitué peu à peu aux caricatures anticléricales issues de la Révolution, signe par conséquent de ce qu'on pourrait appeler la nouvelle clôture morale de la société française[1]. Alain lui-même, à cet égard, a été souvent, dans ses *Propos*, un ironiste de talent. Il faut ajouter que le développement du machinisme industriel n'est pas pour rien dans la constitution de nouvelles images comiques et que, ce faisant, là encore, le développement économique s'est assuré une certaine cohésion sociale, ne fussent que les nouvelles solidarités propres aux luttes ouvrières (ainsi, en tout premier lieu, le Guignol lyonnais).

Un certain esprit français, railleur et râleur à la fois, se constitue donc. En marge de l'arme principale qu'a été l'école laïque obligatoire dans la bataille pour la République, il a trouvé des moyens de diffusion assez efficaces dans des produits comiques que, très significativement, le régime ne censure jamais (c'est le 1er Empire, puis la Restauration qui avaient réduit le pantomime au mutisme complet et c'est seulement en 1865 qu'un décret institue la liberté des théâtres).

Tout cela, le bergsonisme d'avant-guerre n'en est pas seulement un témoignage remarquable : c'est le sol où il forme des racines propres à alimenter une doctrine biologique de l'évolution sociale. C'est l'époque où Bergson croit encore, sous la pression du positivisme de Comte et du rationalisme qui étouffe la voix de Rousseau, que l'esprit théologique est dépassé. Il n'est pas encore exactement question d'inventer le contrepoids des sciences qui étudient les phénomènes de la matière, c'est-à-dire de donner aux « sciences de l'esprit » ou « sciences morales » « leur Galilée, leur

1. Cette nouvelle clôture morale de la société française est ce que j'ai conçu dans *Alain, la République ou le matérialisme* (chapitre IV), (Paris, Méridiens-Klincksieck, 1990) comme une entreprise politique de sécularisation du nouveau « clergé » républicain. Il n'y a pas de doute que, du point de vue bergsonien, c'est un même « ton vital » qui caractérise l'ancienne religion statique et la morale close et il est possible que Bergson ait cherché à théoriser ce qui pouvait dynamiser ou ouvrir l'idéologie républicaine dont la guerre a révélé les limites : celles-ci s'expriment dans une sorte de complicité coupable des « formules » du nouveau « bien être » républicain avec le développement purement matériel de la société. Il est amusant de constater qu'à la même époque Alain parlait d'une « mystique républicaine ». Or il est probable que Bergson s'inquiète au contraire du caractère trop intelligent, trop utilitariste ou trop radical (au sens anglais) de l'idéologie républicaine. Au « bien être » du républicanisme clos, il préférera donc finalement la « joie » mystique.

Descartes, leur Newton »[1]. C'est indéniablement « l'abominable guerre » et ses « heures presque tragiques » qui occasionnent un certain retour du religieux et qui donnent à l'anti-matérialisme des accents plus véhéments, un ton plus grave. Auparavant, l'homme d'esprit est apparu plus précieux que l'*homo religiosus* (comme disait Lavelle) d'une société close ; comprendre pourquoi suppose que l'on y voie tout autre chose que l'expression d'un républicanisme impénitent.

La morale des images comiques de la matière ne tient pas seulement lieu en effet de la morale close ou de la religion statique. Autrement dit, le rire n'a pas seulement une fonction d'obligation sociale par pression, il n'est pas seulement normalisateur. Il faut donc aussi comprendre que dans l'homme d'esprit veille le génie mystique. Cela est sensible dans quelques passages de l'essai sur le rire où, manifestement, la préoccupation de Bergson est plus celle des conditions d'un progrès social et moral que celle de la constitution d'une organisation stable. À terme, ce que Bergson vise avec le rire, c'est « le perfectionnement général », « obtenir la plus haute sociabilité possible » :

> « Il ne lui suffit pas [à la société] de vivre, elle veut vivre bien. Ce qu'elle a maintenant à redouter, c'est que chacun de nous, satisfait de donner son attention à ce qui concerne l'essentiel de la vie, se laisse aller pour tout le reste à l'automatisme facile des habitudes contractées. Ce qu'elle doit craindre aussi, c'est que les membres dont elle se compose, au lieu de viser à un équilibre de plus en plus délicat de volontés qui s'inséreront de plus en plus exactement les unes dans les autres, se contentent de respecter les conditions fondamentales de cet équilibre : un accord tout fait entre des personnes ne lui suffit pas, elle voudrait un effort constant d'adaptation réciproque[2]. »

En 1900, le chemin de l'évolution doit donc mener des formes encore naturelles et ancestrales du comique, en passant par les artifices

1. Voir sur ce tournant décisif dans le sérieux et le tragique, le Discours de clôture à l'Académie des Sciences Morales et Politiques du 16 janvier 1915, et la lettre à A. Hébrard consécutive du 19 janvier 1915, *Mélanges, op. cit.*, p. 1132-1139.

2. H. Bergson, *Le Rire, op. cit.*, p. 14-15

comiques, jusqu'à la fine comédie moderne dont la culture artistique fournit le modèle à notre existence[1]. C'est l'époque où Bergson se fait le défenseur intransigeant et presque inquiet des Humanités contre l'envahissement scientifique ; l'époque donc où Molière et Labiche tiennent lieu du Newton des sciences de l'esprit. Faire de son existence une fine comédie, tel est donc le but ultime formulé dans l'essai sur le rire.

On pourrait dès lors croire que nous sommes aux antipodes de l'émotion créatrice. Nous n'ignorons pas en effet que « le rire n'a pas de plus grand ennemi que l'émotion » et le but final qu'est la joie mystique paraît, dès lors, être contredit par le moyen primordial que nous prétendons lui trouver. Mais cette contradiction du rire et de l'émotion créatrice pose un faux problème si tant est qu'il doit nécessairement y avoir dans le bergsonisme la continuité d'une durée. Le rire et l'émotion sont plutôt dichotomiques : deux voies divergentes prises sur une seule et unique tendance. Bergson écrit, en 1932, qu'entre l'âme close et l'âme ouverte, il y a l'âme qui s'ouvre. Dans ces conditions, il apparaît plutôt que l'élan vital du rire est naturellement repris et prolongé dans l'élan moral mystique de l'émotion. Le rire et l'émotion inversent tous deux en effet la tendance propre à la matière qu'ils reprennent en eux. L'inversion qui par l'émotion sera finalement conversion, par le rire, primordialement est correction, première forme du relèvement de l'esprit auquel Bergson aspire après Ravaisson : il est donc non seulement socialement utile, mais moralement esthétique. Le rire de l'homme d'esprit, l'ironie socratique ou même éléatique du philosophe, a donc été le premier contrepoids imaginé face à l'effet mortifère du « développement matériel de la civilisation » qui « prétend se suffire à lui-même ». C'est l'ironie d'un geste de Zénon qui, en un acte simple et indivisible, « prouve le mouvement en marchant »[2], sans

1. Voir plus haut : rire, c'est tendre à considérer la vie comme une œuvre d'art. *Le Rire*, *op. cit.*, p. 15-16.
2. H. Bergson, *Les Deux Sources…*, *op. cit.*, p. 51-52.

avoir à soulever des montagnes d'arguments. C'est aussi la rhétorique socratique face à Ménon, « Hôte héréditaire du Grand roi », qui confond la vertu avec le pouvoir de se procurer de l'or et de l'argent… « saintement » bien sûr. Bref, déjà quasiment des gestes sans effort qui coïncident avec l'effort générateur de la vie.

Bergson se serait peut-être arrêté là. Mais dans Socrate, il y avait déjà quelque chose du Christ, et la guerre a fini d'ouvrir son âme entrouverte par les images comiques.

> « Les progrès des arts mécaniques et des applications de la science positive, le commerce, l'industrie, l'organisation méthodique [et minutieuse] de la vie matérielle, écrit-il en 1915, [peuvent] engendrer la plus abominable des barbaries » ;

ils finissent nécessairement par « s'user » et il faut une âme pour reconstituer ce corps mourant[1]. La fabulation comique du rire fait donc partie de la morale courante dont elle fabrique, pour ainsi dire, les apologues ; la morale mystique ne l'abolit pas, mais étant plus élevée, plus élargie, la reprend sous elle, comme un moment et un arrêt à son tour, le long d'un progrès qu'en 1900, Bergson n'a pas encore imaginé jusqu'au bout et dont il n'a pas vu tous les obstacles.

1. H. Bergson, *Mélanges*, *op. cit.*, p. 1132.

4. L'imaginaire entomologique de Bergson[1]

En 1887-1888, dans une classe du Lycée de Clermont-Ferrand où il expose une leçon consacrée à la « Psychologie comparée », le jeune professeur Henri Bergson affirme :

> « Il est certain que l'animal, étant un être moins parfait et par conséquent moins compliqué que nous, il y aurait avantage à se rendre exactement compte de ce qui se passe chez lui. Les mêmes phénomènes s'observeraient peut-être mieux que chez nous, mais simplifiés[2]. »

La psychologie de l'animal serait-elle ainsi la rivale qui, toujours, détourne le philosophe de la métaphysique, en lui offrant comme un veau d'or ? Serait-elle à l'égologie pure comme serait un *alter ego* problématique face à l'esprit cartésien ? Que la bête donne à voir quelques aspects du théâtre des passions humaines, c'est possible pour Descartes ; mais le rapport du corps à la *mens* ne saurait absolument se montrer dans la bête. De celle-ci à l'homme on ne

1. Paru dans les *Cahiers philosophiques*, CNDP, n° 86, mars 2001, ce texte reprend les termes d'une communication faite le 22 avril 1998 à Cosenza (« *Se parlassero le formiche...* »), lors du colloque organisé par le département de philosophie de l'Università della Calabria sur « Bergson, l'esprit et le langage ».
2. H. Bergson, *Cours, I*, Paris, PUF, 1990. 44e leçon : Psychologie comparée.

passe pas graduellement, comme du simple au plus complexe. La « psychologie » est celle de l'homme uniquement ; ou bien c'est une égologie purement spirituelle ou bien une physiologie et une psychosomatique des passions. Et l'articulation épistémologique de ces deux disciplines implique, dans le cartésianisme, la conception métaphysique d'une réalité transcendante.

Dès lors, il semble que le philosophe tire le malin génie par la queue s'il prétend faire provision de psychologie, de cosmologie et de théologie, en disséquant ou seulement en observant des bêtes. Si le diable, ange déchu, se montre presque toujours dans des figures bestiales, et si la bête est ce que l'homme fait vraiment lorsqu'il croit faire l'ange, il se pourrait que l'animal humain ait « surpris la crédulité » du philosophe par des « illusions et des tromperies »[1] peut-être rebelles au doute hyperbolique : « on sait que Descartes passait plus de temps à lire dans les entrailles d'un veau chez le boucher qu'à étudier la métaphysique » – c'est Alain qui le dit[2]. Que pouvait-il y « lire » ? S'il est certain qu'une telle lecture anatomique était rien moins que divinatrice, ce n'est pas seulement qu'elle fût (dûment) affranchie de toute superstition. Déjà la vie légendaire de Démocrite, telle qu'elle apparaît dans les lettres du pseudo-Hippocrate[3], suggère que la dissection rend la réflexion mélancolique. L'humanité de l'abdéritain paraît souffrir d'une sorte de trouble narcissique : à force de chercher, en matérialiste, quelque cause humorale du génie créateur dans les entrailles des animaux, il aurait trouvé la bêtise humaine et il en aurait ri jaune.

Lieu d'une rhétorique variée et plutôt abondante, l'animal divise le philosophe quant à ce qu'il peut lui apprendre sur l'humanité, et c'est sous cet unique point de vue que la raison s'interroge sur la nature d'un animal. La comparaison est dès lors plus douteuse que jamais, qui divise plus qu'elle ne nie la raison. L'antithèse est

1. Descartes, *Œuvres complètes*, Édition Adam-Tannery (AT), Méditations I, IX, 18.
2. Alain, tome II. Paris, Gallimard, « La Pléiade », 1973, p. 583.
3. Hippocrate, *Sur le rire et la folie*, trad. Y. Hersant, Paris, Rivages, 1989.

devenue banale : une anthropologie de l'animal rapproche-t-elle le congénère humain plutôt du loup ou plutôt du dieu ?

Un dieu, en effet, (fût-ce seulement au titre d'un modèle idéal) n'étant jamais très loin, philosophe et animal forment donc un curieux ménage à trois. Selon que le philosophe s'en suppose le maître, le cousin ou l'ami, selon qu'il y voit un semblable ou un étranger, la bête est bien avant Pascal le lieu d'une dialectique[1]... où le matérialisme et l'idéalisme se disputent, peut-être même avant toute confrontation, la valeur et le sens d'une topique animalière.

Activité d'insecte

Ainsi on se demande quel philosophe n'a pas, peu ou prou, trouvé dans son monde quelque lieu pour un animal. Si nous examinons la doctrine bergsonienne d'un point de vue iconographique et, pour ainsi dire, plastique, nous voyons que, sous le système apparemment stable de concepts familiers aux oreilles du philosophe, l'œuvre fourmille d'images insolites et improbables comme d'organes vivants de l'effort intellectuel, fantaisies qui en travaillent et retravaillent sans cesse l'organisation, c'est-à-dire la vie ; et les concepts essaiment de brefs récits quasi hallucinatoires, comme des fables, dans le bourdonnement inquiétant desquels la langue des concepts usuels butine de quoi retrouver la fécondité d'une pensée créatrice. Il s'agit toujours ainsi, pour Bergson, d'approcher le sens propre de ses intuitions majeures, c'est-à-dire en les suggérant le plus directement et le plus simplement.

Le plus déroutant est d'apercevoir, si l'on nous suit, que cette activité d'insecte ne doit pas être comprise métaphoriquement. C'est d'abord proprement et sciemment que le langage imagé de Bergson grouille d'insectes. L'animal bergsonien est l'insecte, ou plutôt, car l'insecte en question vit toujours en colonie, les insectes sont les animaux privilégiés de la rhétorique bergsonienne.

1. Pensons, entre autres, à la dialectique de Plutarque dans les *Trois traités pour les animaux*, trad. Amyot, Paris, POL, 1992.

La présence de ces insectes, qui culmine dans *Les Deux Sources de la morale et de la religion*, est rhétorique à plus d'un titre. D'abord parce que leur valeur paradigmatique résulte d'une invention qui, combinant des faits entomologiques réels et la pure fiction, permet à Bergson d'induire et de prouver par analogie, selon une disposition qui non seulement instruit, mais vise aussi à émouvoir et charmer le lecteur. Le schéma de cette disposition est à peu près toujours le même. Quelques mots d'exorde annoncent une amusante digression, une prosopopée de l'animal ou quelque figure littéraire de même nature. Ainsi dans ce passage exemplaire :

> « Pensons donc à une fourmi que traverserait une lueur de réflexion et qui jugerait alors[1]… »

Ou cet autre, encore à propos d'une fourmi :

> « Supposez qu'elle devienne brusquement intelligente : elle raisonnera sur ce qu'elle fait, se demandera pourquoi elle le fait, se dira[2]… »

Ou encore :

> « Quand un hyménoptère paralyseur va frapper sa victime aux points précis où se trouvent des centres nerveux, de manière à l'immobiliser sans la tuer, il procède comme ferait un savant entomologiste, doublé d'un chirurgien habile[3]. »

Mais la présence de l'insecte est aussi rhétorique en ceci que, comme on vient de le voir, il arrive littéralement que l'animal se mette à parler. Or, s'il parle, ce n'est pas pour communiquer avec ses congénères en usant des signes de son langage naturel. Ce que dit l'insecte lorsqu'il parle – et c'est pourquoi Bergson n'en donne qu'occasionnellement la formulation en style direct –, c'est en solitaire toujours, à lui-même et en lui-même qu'il se le dit. Bref, Bergson fait comme si l'insecte réfléchissait.

1. H. Bergson, *Œuvres*, Paris, PUF, 1991, *Les Deux Sources de la morale et de la religion*, I, p. 995.
2. *Ibid.*, I, p. 1054.
3. H. Bergson, *Œuvres*, *op. cit.*, *L'Évolution créatrice*, II, p. 619.

Or c'est aux hommes, et plus polémiquement aux théoriciens rationalistes du lien social et de l'obligation morale, que Bergson adresse ce discours tout intérieur. En cela, le discours de l'insecte se montre plus rhétorique encore. La réflexion de l'insecte a pour fonction argumentative de représenter la nature sous la figure d'une conscience se consultant elle-même à haute et intelligible voix sur ses choix ; conscience elle-même consultée par Bergson contre les interprétations qui, parce qu'elles ont trop rationalisé et stylisé « l'intention de la nature », ont conduit à penser, comme Kant, que la raison ne peut se rendre effectivement pratique qu'en faisant indiscutablement tort à la nature, voire en lui prêtant l'intention contradictoire de contraindre les hommes à s'en affranchir. Il s'agit par suite de ramener le *logos* à la destination naturelle qui l'anime. Aussi bien ce savant « état d'âme d'une fourmi réfléchissant sur sa conduite »[1] dont Bergson veut nous instruire prend-il la forme d'un discours franchement délibératif. Comme tel, ce sur quoi porte ce discours concerne tout spécialement les hommes : ce que les insectes prouvent en effet, a principalement à voir avec l'utilité sociale, laquelle destine tout langage à s'accomplir dans le genre rhétorique de la délibération, comme fait éminemment le langage humain. Le langage que Bergson prête aux insectes n'est pas le leur, certes ; ce dont il les fait délibérer : l'organisation du travail et de la défense de la ruche ou de la fourmilière et qui concerne leur intérêt propre, cela, toutefois, s'accorde avec la fin naturelle du langage quel qu'il soit. Homme et animal, nous pouvons donc tous nous entendre si nous laissons parler en nous et écoutons, simplement, la voix qui énonce, pour parler comme Lucrèce, les pactes de la nature, c'est-à-dire une certaine unité d'action de la nature, invariable et commune mesure de toutes les différences :

> « L'homme est organisé pour la cité comme la fourmi pour la fourmilière, avec cette différence pourtant que la fourmi possède les moyens

1. H. Bergson, *Œuvres*, *op. cit.*, *Les Deux Sources de la morale et de la religion*, I, p. 1006.

> tout faits d'atteindre le but, tandis que nous apportons ce qu'il faut pour les réinventer et par conséquent pour en varier la forme. Chaque mot de notre langue a donc beau être une convention, le langage n'est pas une convention, et il est aussi naturel à l'homme de parler que de marcher. Or quelle est la fonction primitive du langage ? C'est d'établir une communication en vue d'une coopération. Le langage transmet des ordres ou des avertissements. Il prescrit ou il décrit. Dans le premier cas, c'est l'appel à l'action immédiate ; dans le second, c'est le signalement de la chose ou de quelqu'une de ses propriétés, en vue de l'action future. Mais dans un cas comme dans l'autre, la fonction est industrielle, commerciale, militaire, toujours sociale[1]. »

L'habitude humaine de parler est donc naturelle, comme sont toutes les formes de nécessités requises par la vie coopérative. Aussi bien les signes naturels du langage des insectes sociaux, si nous savons les réfléchir adéquatement, peuvent-ils nous instruire :

> « [Ils] représentent ce qu'*eût été* notre langage si la nature, en nous octroyant la faculté de parler, n'y eût joint cette fonction [...] inventive [...] qu'est l'intelligence[2]. »

Les arguments des insectes sociaux portant sur les principes du travail et de l'échange sont donc pour ainsi dire doublement *ad hominem*. Ils sont en effet destinés à détromper les hommes de lieux politiques qu'à cause d'un rationalisme jugé abstrait la philosophie cultive trop communément et qui encombrent la réflexion sur le fondement de la société humaine, sur la fonction de la Raison, sur la fonction même du langage dont Descartes a fait le privilège de l'humanité raisonnable. Si une conscience originelle est, pour Bergson, coextensive à la vie tout entière, une telle conscience, multiplicité indistincte et sans *ego*, ne l'est pas à la conscience individualisée des hommes, et encore moins à ce degré de conscience restreinte et assoupie, la raison, où l'intelligence, du fait des sciences, semble avoir culminé en l'homme. Au point de vue du rationalisme classique et du rationalisme critique, l'intelligence humaine paraît disposer d'un

1. H. Bergson, *Œuvres*, *op. cit.*, *La Pensée et le mouvant*, Introd. (deuxième partie), p. 1320-1321.
2. H. Bergson, *Œuvres*, *op. cit.*, *Les Deux Sources de la morale et de la religion*, I, p. 998.

pouvoir de soustraire le corps organique aux nécessités de la nature ; mais cette apparence n'est, en vérité, que la contrefaçon mécaniste de l'intention savante, et par suite de la part contingente, qui originellement anime de telles nécessités. Les justifications souvent « catégoriques » de la raison ne font qu'exprimer de manière artificieuse et appauvrie des solutions et des choix antérieurs de la vie, lesquels sont autrement plus fondamentaux que les impératifs juridiques et les impératifs moraux dont ces justifications découlent logiquement. Bergson cherche donc l'origine des sociétés humaines, non pas dans ce qu'il tient pour rodomontade idéaliste ou avilissement matérialiste de l'homme civilisé, mais dans la réalité primitive d'une exigence sociale pré-rationnelle et même pré-intellectuelle.

Pour autant, et quoi qu'il en soit des critiques dirigées par Bergson contre Descartes et Kant, la différence entre l'homme et l'insecte (comme entre l'homme et tout autre animal) n'est pas une différence de degrés. La divergence des voies empruntées par chacun dans l'évolution biologique est pour Bergson le fait d'une dissociation essentielle et irréversible. Mais il y a primordialement une « communauté d'élan » qui n'est pas moins essentielle. Elle apparaît inévitablement si, acceptant de supposer que les animaux pensent, nous nous demandons : que savent les insectes ? Que nous apprendraient-ils s'ils y réfléchissaient ?

Ressemblance

À quoi ressemblent les insectes bergsoniens ? Nous l'avons déjà entrevu, ce sont, plus précisément, certaines abeilles, et surtout des fourmis. Qu'il y ait de sérieuses raisons de penser qu'ils nous ressemblent, cela peut sembler douteux.

Hormis Plutarque peut-être, les philosophes n'ont guère trouvé chez ces insectes matière à ample spéculation : la bête a surtout une fonction diacritique, elle sert à penser un propre de l'homme, aussi bien pour l'affirmer (ce qui est le plus fréquent, même chez un penseur matérialiste comme Marx[1]) que pour le nier (ainsi Montaigne). Aristote lui-même ne consacre aux fourmis que quelques lignes assez accessoires dans l'*Histoire des animaux*, et lorsqu'il mentionne les abeilles au livre I de *La Politique*, ce n'est pas pour en faire le modèle adéquat de la politicité humaine[2]. Kant, dans le paragraphe 34 de la *Critique du Jugement*, ne mentionne « les gâteaux de cire régulièrement construits » par les abeilles que pour écarter l'analogie avec l'art proprement dit, lequel – distinct de la nature comme le *facere* de l'*agere*, l'*opus* de l'*effectus* – n'appartient rigoureusement qu'à l'homme. Les insectes sociaux fascinent le fabuliste (Ésope, Aristophane, Mandeville, La Fontaine, etc.), et avec lui le sens commun, l'entomologiste (Fabre), beaucoup plus rarement le philosophe.

Mais surtout, l'intérêt d'une comparaison entre les lois d'organisation des fourmis et celles de l'homme ne paraît pas faire grand cas des faits paléontologiques sur lesquels ont cherché à prendre appui les savants fondateurs d'une systématique qu'ils voulaient expérimentale (Linné, Jussieu, Cuvier, Blainville, etc., il faut aussi compter l'apport de Darwin[3]). Toutefois la présence précoce et répétée des insectes sociaux dans l'argumentation bergsonienne[4] n'est pas un affront fait aux sciences de son temps. Elle n'est pas indice d'ignorance ni de

1. Cf. K. Marx, *Le Capital*, la comparaison de l'abeille et de l'architecte : livre I, 3e section, chapitre VII.

2. Aristote, *Histoire des animaux*, Livre I, 488a *sq. La Politique*, Livre I, 2, 1253a 5-10.

3. Le cas des fourmis et des abeilles, que Darwin a étudié de près, a constitué une difficulté pour l'hypothèse de la sélection naturelle. La théorie de l'évolution des espèces l'a résolue partiellement en complétant le concept de sélection individuelle par le concept de sélection familiale. Ce dernier servira ultérieurement de point de départ à la sociobiologie.

4. Dès 1882, par exemple le 3 août 1882 dans son discours de distribution des prix au Lycée d'Angers où il est Professeur (*Mélange*, Paris, PUF, 1972, p. 263-264). L'importance accordée aux abeilles et aux fourmis est tout à fait déterminée dans « La conscience et la vie » (*L'Énergie spirituelle*, Paris, PUF, 1911, p. 829 et 834-835). Dans l'intervalle, en 1892-93, devant la khâgne du Lycée Henri IV, le cours de psychologie consacré à l'instinct témoigne d'une connaissance très fouillée du comportement des abeilles (*Cours II*, partie IV, leçon 11, p. 273-281, Paris, PUF « Épiméthée »). C'est en 1907 dans *L'Évolution créatrice* (chapitre II) et en 1932 dans *Les Deux Sources de la morale et de la religion* (chap. I et II, surtout, chap. III aussi) que la référence aux insectes hyménoptères devient récurrente et décisive dans l'argumentation.

spéculations arbitraires. Bergson est un lecteur très attentif des *Souvenirs entomologiques* (1870-1889) de Jean-Henri Fabre et *L'Évolution créatrice* témoigne d'une culture scientifique solide eu égard aux avancées et débats biologiques les plus récents, à l'époque. Les insectes sociaux sont bien imaginés à partir d'une *épistémè* avec quoi Bergson s'est très tôt familiarisé, laquelle relie l'entomologie, la taxinomie (classification naturelle des êtres vivants), les sciences de l'organisation (morphologie, anatomie, physiologie génétique, et surtout ce que Bergson dénomme « psychologie comparée », c'est-à-dire l'éthologie) ainsi que les sciences de l'évolution : science de l'hérédité, embryologie, anatomie comparée, tératologie, paléontologie. Mais à l'unité méthodologique qui constitue l'objet général de ces sciences en un système des individuations successives, Bergson donne une explication ontologique dans laquelle la différenciation n'estompe pas la ressemblance et rend seulement invisible ou moins visible la proximité réelle de tous les vivants sans exception.

Mais comment saisir alors une telle proximité ? Il faut passer de l'analyse à l'analogie. Si l'on s'en tient strictement au point de vue analytique d'une taxinomie positive, les abeilles et les fourmis comme tous les insectes paraissent très éloignés de l'homme. Le raisonnement par analogie, qui a la faveur de Bergson parce qu'il est le raisonnement heuristique par excellence, présuppose

> « qu'il y a dans la nature une certaine unité de plan qui fait que là où certaines parties du plan sont réalisées, je puis conclure vraisemblablement à l'existence des autres parties, bien que je ne les constate pas »[1].

Bergson sans doute a trouvé, dans les signes extérieurs de la ruche ou de la fourmilière, un cas semblable à la société humaine, mais jusqu'où peut-il vraiment pousser la ressemblance et conclure que non seulement la ressemblance constatée existe objectivement mais qu'il en existe d'autres encore qu'il ne saurait en effet constater ?

1. H. Bergson, *Cours I*, *op. cit.*, 33e leçon : Le raisonnement, p. 210.

Commençons par déterminer, au seul point de vue analytique de la science, quelles sont les ressemblances. N'était-ce leur appartenance archaïque et très générale au même règne, il semble qu'entre les hommes et les insectes sociaux, on constate plutôt l'impossibilité de la plupart des ressemblances. La descendance commune remonte à un passé très antérieur à leur apparition respective, laquelle est, de surcroît, rien moins que simultanée.

Pour les assimiler, il faut remonter en extension jusqu'au sous-règne des métazoaires (pluricellulaires) au-delà de l'ère primaire, au précambrien[1], il y a environ 600 à 700 millions d'années, leur embranchement commun étant celui par lequel les cœlomates se séparent des acœlomates.[2] Peu après quoi, la différenciation des cœlomates en deutérostomiens et en prostomiens sépare définitivement leur lignée commune en deux voies divergentes. D'un côté, une nouvelle voie qui conduit jusqu'aux premiers vertébrés (ère secondaire[3]), puis à l'essor des mammifères (ère tertiaire[4]) pour se terminer avec l'apparition des premiers hommes (ère quaternaire[5], il y a un à deux millions d'années). De l'autre côté, la branche qui conduit jusqu'aux premiers arthropodes (ère secondaire), parmi lesquels les insectes, pour se terminer avec l'apparition des hyménoptères. Or, si les premiers vertébrés et les premiers arthropodes apparaissent à peu près à la même époque (ce qui autoriserait une sorte de parallélisme évolutif), les

1. Le primaire est l'ère géologique (environ 300 millions d'années) ayant succédé au précambrien (période la plus ancienne des temps géologiques). Il comprend le cambrien, le silurien, le dévonien, le carbonifère et le permien.
2. Les vers sont des acœlomates, par exemple les ténias.
3. Ère (environ 130 millions d'années) ayant succédé à l'ère primaire. Elle comprend le trias, le jurassique et le crétacé, caractérisés par le calme orogénique en Europe, les sédimentations, l'apogée des reptiles, l'apparition des oiseaux et des mammifères (jurassique).
4. Ère (environ 70 millions d'années) ayant succédé à l'ère secondaire. La faune tertiaire se caractérise entre autres par l'épanouissement des mammifères.
5. Ère géologique la plus récente comprenant l'époque actuelle, d'une durée approximative de deux à quatre millions d'années. L'ère quaternaire est caractérisée par une succession de grandes glaciations et par l'apparition de l'homme.

rythmes de leur évolution ne paraissent plus guère isochrones par la suite. S'il est seulement probable que des fourmis existaient dès l'ère secondaire, il y a environ 200 millions d'années, les traces fossilisées attestent tout à fait que les fourmis prospèrent à l'aube du tertiaire, il y a environ 80 millions d'années.

On mesure donc l'ampleur des différences. Les fourmis que nous connaissons aujourd'hui reproduisent, sans variations décisives, celles qui ont existé depuis un temps près de cent fois supérieur au temps écoulé depuis l'apparition des premiers hommes, et près de mille fois supérieur au temps écoulé depuis l'apparition de l'*homo Sapiens* (il y a 100 000 ans). Le fait d'un si grand intervalle conduit à exclure bon nombre de rapprochements relatifs à la morphologie, l'anatomie et la physiologie, à la génétique, à l'évolution : la fourmi ou l'abeille sont, comme on dit négativement, des invertébrés. Bergson ne l'ignore pas. Issues de l'embranchement des arthropodes ou articulés[1], comprises dans la classe des insectes[2], elles appartiennent, dans l'ordre des hyménoptères[3], à deux grandes familles : les apidés et les formicidés. En regardant d'un peu plus près que d'ordinaire, on aperçoit donc des milliers d'espèces caractérisées, de surcroît, par leur polymorphisme. Sous cet angle, l'unité spécifique de l'homme et l'ampleur des mutations (tant par leur rythme que par leur nombre) dans l'évolution des hominidés ne peuvent guère être comparées au cas de ces unités familiales qui ont connu peu de transformations (certaines fourmis, comme la *Formica Fusca* n'ont pas évolué du tout) et ont présenté presque concomitamment, dès l'époque de leur apparition, beaucoup de différences spécifiques. Quant à la principale transformation, l'avènement du polymorphisme il y a environ 60-50 millions d'années, qui est solidaire d'une différenciation entre insectes parasites et insectes coopératifs, elle n'a rien d'équivalent chez l'homme. D'une part, la socialité de l'homme n'est pas un critère distinctif de son ascendance ;

1. Invertébrés comprenant les animaux dont le corps, recouvert de chitine, est formé de pièces articulées. Les crustacés et les arachnides en font aussi partie.
2. Articulés à six pattes, respirant par des trachées et subissant des métamorphoses.
3. Insectes ayant quatre ailes membraneuses transparentes.

d'autre part, la division-spécialisation du travail qu'enveloppe la socialité ne se manifeste jamais dans l'espèce humaine par des différenciations physiologiques ou génétiques, ni même morphologiques. Or, chez la plupart des abeilles et chez les fourmis, la répartition des rôles sociaux englobe la reproduction et par là même une différenciation entre des individus reproducteurs et d'autres, non-reproducteurs, assurant approvisionnement, nourrissage, construction, entretien et défense. Bergson le sait puisque, dans les années 1892-94 au Lycée Henri IV, dans une leçon de khâgne à propos du concept darwinien de sélection naturelle, il fait état de la distinction des instincts parmi abeilles et fourmis entre « insectes neutres » et « insectes féconds »[1].

Analogies métaphysiques

Passons maintenant du point de vue analytique au point de vue analogique. Bergson prétend voir une unité de plan à l'œuvre dans la nature entre les hommes et les hyménoptères. Il faut comprendre que se référer aux hyménoptères sociaux, c'est pour lui renvoyer immédiatement à un type biologique bien réel. Ce type n'est pas seulement une image générique faisant le compte des ressemblances observées entre plusieurs échantillons familiaux d'hyménoptères. Il est censé exprimer, directement et complètement, outre leurs lois naturelles respectives d'organisation, en toute leur permanence, le principe simple de toute loi d'organisation, et indirectement le principe de toute loi généalogique dans un ordre qui soit réel et progresse réellement. D'où vient en effet le sentiment de la ressemblance ? Pas plus que l'identité n'est une ressemblance complète, les ressemblances entre les vivants ne sont tenues par Bergson pour des identités partielles. Tandis que les identités sont du domaine du mathématique, les ressemblances ressortissent au vital seul :

1. H. Bergson, *Cours II*, *op. cit.*, 11e leçon : L'instinct, p. 277.

« [Elles] tiennent à ce que la vie travaille *comme si* elle avait elle-même des idées générales, celles de genre et d'espèce, *comme si* elle suivait des plans de structure en nombre limité, *comme si* elle avait institué des propriétés générales de la vie, enfin et surtout *comme si* elle avait voulu, par le double effet de la transmission héréditaire [pour ce qui est *inné*] et de la transformation plus ou moins lente, disposer les vivants en série hiérarchique, le long d'une échelle où les ressemblances entre individus sont de plus en plus nombreuses à mesure qu'on s'élève plus haut. »

Si le finalisme ne va pas de soi pour Bergson, du moins est-il certain que

« toujours c'est dans la réalité même [...] que se trouveront fondées nos subdivisions en espèces, genres, etc. – généralités que nous traduisons en idées générales. Et tout aussi fondées en droit seront celles qui correspondent à des organes, tissus, cellules, "comportements" même des êtres vivants »[1].

Au point de vue scientifique, à chaque niveau de la classification des vivants dans un schéma arborescent qui établit leurs relations, les taxons biologiques représentent des unités formelles par des groupements d'organismes (par espèces avec leurs variétés, par genres, par familles, par ordres). Tout le problème épistémologique consiste à savoir si les procédés taxonomiques sont des abstractions arbitraires ou, au contraire, s'ils présupposent un ordre réel de la nature que la systématique ne fait que reproduire plus ou moins artificiellement. Or, c'est principalement grâce au concept de parenté que les relations entre taxons sont scientifiquement pensées (filiation, cousinage). Mais à ce point de vue, pré-génétique, le compte des ressemblances procède strictement d'une comparaison des structures ; il est par suite trop abstrait. Aussi, contrairement à l'idée de Buffon ou à celle de Lamarck, Bergson exige-t-il de la classification bien comprise qu'elle ne relève pas d'un nominalisme arbitraire et statique. C'est de la réalité tout entière des êtres vivants que doivent être dégagés leurs rapports de ressemblance et de génération, par

1. H. Bergson, *La Pensée et le mouvant, op. cit.*, p. 1298.

observations et comparaisons empiriques. De sorte que dans un tableau systématique et généalogique des vivants, l'extension des taxons les plus généraux doit représenter le principe d'organisation simple qui se retrouve, différencié et compliqué mais toujours analogue, dans les taxons ayant la compréhension la plus restreinte. Ainsi, implicitement en accord avec la maxime méthodologique de Jussieu, le réalisme de Bergson fait qu'il se propose de peser les ressemblances au lieu de les dénombrer, ce qui revient à subordonner toujours l'analogie des structures à l'univocité des fonctions qui les expliquent. Dans le tableau systématique sous-tendant la pensée bergsonienne, le schéma des filiations et des différenciations est toujours supposé manifester le plus adéquatement possible l'intuition du « plan de la nature » et du sens de « l'élan vital » que se donne l'esprit organisateur de la matière.

Si, dès lors, la comparaison entre les hommes et les hyménoptères sociaux vaut la peine d'être approfondie, c'est que le succès adaptatif est aussi complet pour les uns que pour les autres. Aux yeux de Bergson, *mutatis mutandis*, le niveau de socialité des hyménoptères sociaux est autant sinon plus avancé que le nôtre, du point de vue de l'évolution biologique, et leur impact écologique n'est pas moins énorme que le nôtre. Malgré la dissociation, malgré l'indépendance des voies empruntées, il y a dans ces deux succès quelque chose de l'élan primitif qui se continue. Ou plutôt, si la comparaison est éclairante, c'est bien parce que (et non pas bien que), ces deux lignes d'évolution divergeant fortement, il est du même coup improbable que l'influence accidentelle du milieu extérieur et/ou de petites variations individuelles ont pu déterminer par hasard sur chacune d'elles la création d'organismes collectifs similaires. La comparaison avec les insectes sociaux permet à Bergson de réfuter l'explication darwinienne en établissant que la vie, aboutissant à des résultats similaires par des moyens dissemblables sur des lignes d'évolution divergentes, obéit nécessairement à un type de causalité psychologique. Mais la similitude entre le cerveau d'un singe et celui de l'homme ne serait-elle pas la preuve contraire de la vérité du darwinisme ? Comment en effet refuser d'admettre que, dans ce cas comme dans l'ensemble, des organismes très similaires sont plus proches parents que des organismes très différents ?

Bergson doit dès lors supposer que les rapports de similitude et les rapports de parenté, même s'ils peuvent coïncider, sont de nature foncièrement différente. S'il y a une ressemblance entre la structure cérébrale d'un singe et celle d'un homme, par contre les fonctions mentales correspondantes ne sont pas commensurables. L'organe cérébral humain met en œuvre des facultés intellectuelles qui ne sont pas seulement plus grandes, mais manifestent une différence de nature :

> « Le nombre des mécanismes qu'il peut monter, et par conséquent le nombre des déclics entre lesquels il donne le choix, est indéfini. Or du limité à l'illimité, il y a toute la distance du fermé à l'ouvert[1]. »

En revanche, la force probante des fourmis ou des abeilles est d'autant plus grande que, corrélativement, la ligne d'évolution de ces insectes s'écarte grandement de celle des hommes et que les structures sociales semblables que l'on trouve, sur l'une comme sur l'autre, sont portées au plus haut degré de complexité fonctionnelle. Sans doute Bergson n'affirme pas que les structures organiques sont indifférentes aux fonctions qu'elles accomplissent. Il n'empêche qu'une même communauté d'élan peut créer des structures organiques très variées : c'est cette ressemblance fonctionnelle, saisie au seul point de vue infini de l'élan vital, qui permet à Bergson de rapprocher ce qu'au contraire la science sépare. L'instinct social et l'intelligence mettent en œuvre des structures organiques très différentes mais ce sont deux instruments aussi efficaces ou deux solutions également élégantes d'un seul et même problème posé au vivant : comment dominer durablement la matière en la portant et maintenant au plus haut degré d'organisation ? Dans *Les Deux Sources de la morale et de la religion*, on peut ainsi lire :

1. H. Bergson, *L'Évolution créatrice*, *op. cit.*, III, p. 718-720.

« La sociabilité, nous la trouvons sous sa forme achevée aux deux points culminants de l'évolution, chez les insectes hyménoptères tels que la fourmi ou l'abeille et chez l'homme[1]. »
« Les sociétés humaines, à l'extrémité d'une des grandes lignes de l'évolution biologique, font pendant aux sociétés animales les plus parfaites, situées à l'extrémité de l'autre grande ligne[2]. »

Déjà dans *L'Évolution créatrice*, il soulignait :

« Le gros de l'impulsion [à la vie sociale] s'est porté le long de la ligne d'évolution qui aboutit à l'homme et [...] le reste a été recueilli sur la voie conduisant à l'Hyménoptère : les sociétés de Fourmis et d'Abeilles présenteraient ainsi l'aspect complémentaire des nôtres[3]. »

Et plus loin :

« Derrière ce qu'on voit il y a maintenant ce qu'on devine, deux puissances immanentes à la vie et d'abord confondues, qui ont dû se dissocier en grandissant.
Pour définir ces puissances, il faut considérer, dans l'évolution des Arthropodes et dans celle des Vertébrés, les espèces qui marquent, de part et d'autre, le point culminant. Comment déterminer ce point ? Ici encore on fera fausse route si l'on vise à la précision géométrique. Il n'existe pas de signe unique et simple auquel on puisse reconnaître qu'une espèce est plus avancée qu'une autre sur une même ligne d'évolution. Il y a des caractères multiples, qu'il faut comparer entre eux et peser dans chaque cas particulier, pour savoir jusqu'à quel point ils sont essentiels ou accidentels, et dans quelle mesure il convient d'en tenir compte.
Il n'est pas contestable, par exemple, que le succès soit le critérium le plus général de la supériorité, les deux termes étant, jusqu'à un certain point, synonymes l'un de l'autre. Par succès il faut entendre, quand il s'agit de l'être vivant, une aptitude à se développer dans les milieux les plus divers, à travers la plus grande variété possible d'obstacles, de manière à couvrir la plus vaste étendue possible de terre. Une espèce qui revendique pour domaine la terre entière est véritablement une espèce dominatrice et par conséquent supérieure. Telle est l'espèce humaine qui représentera le point culminant de l'évolution des vertébrés. Mais

1. H. Bergson, *Les Deux Sources de la morale et de la religion*, *op. cit.*, II, p. 1073-1074.
2. *Ibid.*, II, p. 1151.
3. H. Bergson, *L'Évolution créatrice*, *op. cit.*, II, p. 580-581.

tels sont aussi, dans la série des Articulés, les Insectes et en particulier certains Hyménoptères. On a dit que les Fourmis étaient maîtresses du sous-sol de la terre, comme l'homme est maître du sol[1]. »

La sociobiologie contemporaine confirme ce que là-dessus Bergson pouvait voir ou imaginer dans la première moitié de ce siècle. Cette discipline récente distingue dans l'évolution différents stades d'intégration (les « coopérons ») entre des individualités complémentaires et mutualistes antérieurement autonomes. En allant du moins au plus complexe, et sans aller jusqu'à supposer une auto-organisation, elle tient qu'une unité fondamentale du social et du vital est manifeste en chacun des stades d'intégration : le coopéron cellulaire, le coopéron multicellulaire, le coopéron social réunissant en communauté stable et organisée des individus multicellulaires de même espèce se partageant et coordonnant l'accomplissement des fonctions ; enfin le coopéron supra-social (« éosocial ») où la division des tâches est extrême et dans lequel se superposent plusieurs générations. Or la sociobiologie situe les hyménoptères sociaux, en compagnie de l'espèce humaine, au niveau le plus avancé d'intégration, le niveau *éosocial.* Elle a multiplié les faits d'observation et pu calculer en effet que les insectes éosociaux ont sur toute la planète un poids écologique si considérable que leur biomasse est près de quatre fois supérieure à celle des vertébrés terrestres dans leur ensemble[2].

Ainsi, c'est du point de vue du comportement social et eu égard à l'égale vitalité de leurs comportements respectifs, que les hommes et les hyménoptères sociaux sont comparables. Tous deux, aussi parfaitement quoique différemment, rendent manifeste que « le social est au fond du vital »[3]. Si donc l'hyménoptère bergsonien est imaginé à partir des concepts de base des sciences biologiques positives, son image n'en découle pas pour autant. Elle exprime en vérité les intuitions métaphysiques supérieures dont elle dérive. Le rapport de

1. H. Bergson, *L'Évolution créatrice*, *op. cit.*, II, p. 608.
2. P. Jaisson, *La Fourmi et le sociobiologiste*, Paris, Odile Jacob, 1993.
3. H. Bergson, *Les Deux Sources de la morale et de la religion*, *op. cit.*, II, p. 1075.

la métaphysique bergsonienne des mœurs (recherche intuitive des fondements biologiques de la socialité et de la moralité) à l'éthologie des insectes hyménoptères, l'une des disciplines en plein essor scientifique à son époque, n'est pas constitutif d'une épistémologie historique qui étudierait spécialement une région biologique. « Derrière ce qu'on voit, il y a maintenant ce qu'on devine... » : ce rapport obéit à un besoin de l'esprit humain prenant la forme d'une aspiration vers une « métaphysique positive »[1], il a pour fonction de donner vigueur à l'appel d'un nouveau génie, qui soit aux sciences de l'esprit, les sciences morales (c'est-à-dire les sciences de la vie parvenues tout à fait à la connaissance du plus concret), ce que Newton fut aux sciences de la matière[2].

Une fourmi anormalement intelligente

S'il n'est pas permis de passer sans solution de continuité, par degrés, de l'animal à l'homme, une fourmi qui se met à parler, qui se parle à elle-même, tient lieu au titre d'une fiction théorique, de l'émergence biologique qui a dû se produire par une rupture brusque lorsque l'homme est apparu. L'image de la fourmi réfléchissant sur sa conduite nous donne comme une vision directe de l'émergence de l'intelligence *prima facie* dans l'évolution du vivant :

> « Une société humaine dont les membres seraient liés entre eux comme [...] les fourmis d'une fourmilière n'a jamais existé, mais les groupements de l'humanité primitive s'en rapprochaient certainement plus que les nôtres[3]. »

1. En 1901, devant la Société française de philosophie (séance du 2 mai 1901 « Le parallélisme psychophysique et la métaphysique positive », *Mélanges, op. cit.*, p. 463-502) Bergson prétend que la métaphysique peut devenir aussi scientifique que le sont les sciences positives, c'est-à-dire aussi rigoureusement et même plus intégralement expérimentale (cf. H. Bergson, *Œuvres, op. cit.*, *Introduction à la Métaphysique*, essai de 1903, p. 1432). L'intuition qui doit lui servir de méthode étant réputée n'être en aucun cas une intuition intellectuelle non-sensible.
2. « Les sciences psychologiques, pédagogiques, morales et sociales [...] attendent leur Galilée, leur Descartes, leur Newton » (*Mélanges, op. cit.*, lettre au journal *Le Temps*, 19 janvier 1915, p. 1138).
3. H. Bergson, *Les Deux Sources de la morale et de la religion, op. cit.*, I, p. 1044.

La méthode n'est pas sans évoquer secrètement une autre fiction théorique dont l'ambition ne semble pas très éloignée du projet bergsonien : l'image rousseauiste du sauvage, l'homme de l'état de nature. Il y a toutefois une différence remarquable entre ces deux images. Rousseau voulait penser le passage de la nature à la société en imaginant une humanité primitivement solitaire et dépourvue d'intelligence. Pour lui, il n'y a pas de société humaine sans qu'intervienne l'intelligence. Tout au plus y a-t-il une pitié naturelle qui rend la société possible mais ne la rend pas nécessaire. Pour Bergson, la robinsonnade n'est pas toujours un mythe bien éclairé :

> « En vain on essaie de se représenter un individu dégagé de toute vie sociale[1]. »

Mais que l'on entre en sympathie avec Robinson ou avec une fourmi, l'intelligence en émergeant, n'apparaîtra jamais comme cause du lien social. Au contraire, l'individu regimbe d'abord à la nécessité naturelle de son adhérence sociale parce qu'il est doué d'intelligence, et que primordialement, l'intelligence implique tout à la fois initiative et isolement individuels. Mais si son intelligence fait qu'il ne se sent pas encore dans la société, celle-ci toutefois est d'ores et déjà dans l'individu : se parler à soi-même, fût-ce pour refuser de se reconnaître dans autrui, avec la distance que cette division introduit entre le moi qui agit et le moi qui y réfléchit, c'est déjà une liaison que l'intelligence reconstitue autrement, c'est-à-dire qu'elle fabrique, entre le moi individuel et le moi social. La plupart des états psychiques morbides prouvent, selon Bergson, la destination sociale de l'individu :

> « [Ils] impliquent entre les membres d'une société, comme entre les abeilles de la ruche, une invisible anastomose : en dehors de la ruche l'abeille s'étiole et meurt ; isolé de la société ou ne participant pas assez à son effort, l'homme souffre d'un mal peut-être analogue bien peu étudié jusqu'à présent, qu'on appelle l'ennui ; quand l'isolement se prolonge, comme dans la réclusion pénale, des troubles mentaux caractéristiques se déclarent[2]. »

1. H. Bergson, *Les Deux Sources de la morale et de la religion*, *op. cit.*, I, p. 987.
2. *Ibid.*, II, p. 1064.

Lorsque l'intelligence apparaît, la sociabilité est donc déjà là, elle est un fait, en vertu d'une pure forme nécessaire donnée par la nature à tout ce qui vit, depuis la plus simple cellule organique jusqu'aux organisations les plus complexes. « La hantise de la forme sociale »[1] se trouve dans toute vie comme un vague idéal diversement réalisé. Quel que soit donc son mode de réalisation, de même qu'en la fourmi ou l'abeille, « le sens social est inné à l'homme normal »[2].

La fourmi bergsonienne et le sauvage rousseauiste relèvent donc de présupposés, sinon opposés, du moins nettement différents. Certes, chez Rousseau l'usage du concept de contrat, malgré l'homonymie, est résolument anti-contractualiste : déjà dans l'article encyclopédique consacré à l'« Économie politique », ce qui est appelé « pacte » apparaît plutôt comme une loi objective du fait social par quoi la nature des choses impose aux hommes l'alternative entre la tyrannie et la démocratie. Mais à l'inverse du mouvement imaginé par Rousseau, l'apparition de l'intelligence que donne à voir la fourmi bergsonienne, loin de coïncider avec une émergence du lien social, fût-ce seulement avec sa re-fondation, est cause caractéristique d'une résistance à la sociabilité naturelle. L'intelligence a primordialement un « pouvoir dissolvant » de la société. Elle n'entre pas dans une alternative d'emblée positive avec la sociabilité instinctive. Elle est d'abord plus dans ce qu'elle ne fait pas, ce qu'elle défait du fondement actuel du lien social, et moins dans ce qu'elle fait ou refait. C'est qu'elle est une faculté des moyens. Comme l'instinct, elle n'est pas une faculté des fins. Il n'est dans la nature ni de l'une ni de l'autre d'avoir à se déterminer sur des fins. La société ne relève pas d'une option. Cela ne veut pas dire que toute société humaine a sa raison d'être dans telle paléo-structure sociale du vivant ; mais cela implique que toute société, humaine ou non, trouve son ressort dans le principe explicatif – la forme de l'élan vital – d'une telle structure

1. H. Bergson, *Les Deux Sources de la morale et de la religion*, *op. cit.*, II, p. 1074.
2. *Ibid.*, II, p. 1065.

sociale naturelle. Par suite, l'intelligence a certes pour fonction de fabriquer du social ; mais sa fonction est aussi de le faire à sa façon. L'arrangement nouveau qu'elle produit, ce réarrangement social qu'elle porte en elle, se montre d'abord comme un dérangement de l'instinct le plus abouti, l'instinct qui parachève, dans son ordre propre, le travail organisateur de la nature, l'instinct social.

Une fourmi devenue cigale

On comprend dès lors ce que se dirait la fourmi si elle se mettait à parler :

> « Une fourmi que traverserait une lueur de réflexion [...] jugerait alors qu'elle a bien tort de travailler sans relâche pour les autres[1]. »
> « Elle raisonnera sur ce qu'elle fait, se demandera pourquoi elle le fait, se dira qu'elle est bien sotte de ne pas se donner du repos et du bon temps. "Assez de sacrifice ! Le moment est venu de penser à soi." Voilà l'ordre naturel bouleversé[2]. »

Le principe naturel de la parénétique intellectuelle (la morale ordinairement spécialisée dans les conseils de calcul simple qui portent sur les détails de la vie courante) peut ainsi s'énoncer sans ambiguïté :

> « La vérité est que l'intelligence conseillera d'abord l'égoïsme[3]. »

Ainsi l'intelligence telle que la fourmi nous en donne l'image, c'est-à-dire l'intelligence à l'état naissant de simple tendance, d'une direction nouvelle à peine amorcée dans le cours de l'évolution biologique, est d'abord à penser en termes négatifs. L'intelligence primitive, c'est d'abord le nom donné à un changement, un arrêt de l'épanouissement de l'instinct, à un déficit de l'instinct. Non pas qu'elle le supprime, mais elle le supplante et tend à l'éclipser. Comment comprendre cette primauté, cette antériorité de l'instinct sur l'intelligence, et par là même cette sociabilité naturelle largement

1. H. Bergson, *Les Deux Sources de la morale et de la religion*, *op. cit.*, I, p. 995.
2. *Ibid.*, I, p. 1054.
3. *Ibid.*, II, p. 1078.

antérieure à la tentative de re-fondation rationnelle de la sociabilité, puisque dans l'intervalle, l'humanité commence par détendre le lien social pour en réinvestir la forme dans une matière nouvelle ? Elle ne doit pas être mesurée dans le temps mathématique de la paléontologie positive : l'intelligence n'est pas le résultat d'une somme de petites variations insensibles et accidentelles de l'instinct : si elle est à penser analogiquement comme une anomalie de l'instinct, en terme d'instinct virtualisé, cela n'implique pas que les choses se soient effectivement passées ainsi par hasard. L'apparition de l'intelligence, sa dissociation d'avec l'instinct doit se comprendre comme une invention renvoyant à une intention de la vie. S'il a fallu inventer l'intelligence, c'est que la vie en a eu besoin, et si la vie en a eu besoin, comme d'un moyen nouveau, c'est par suite d'une insuffisance de l'instinct.

Quelle insuffisance ? Ce n'est pas une insuffisance absolue de l'instinct. Absolument parlant, l'instinct social est parfait. En fait, l'intelligence gît et surgit dans la possibilité du constat d'insuffisance, c'est-à-dire dans la possibilité pour l'instinct de s'arrêter en faisant retour sur lui-même pour se juger, pour s'évaluer, en sorte que se réveille la conscience originelle qui s'est appesantie en lui. L'intelligence n'a pas pour cause une insuffisance de l'instinct ni même l'obstacle que l'instinct a rencontré et qu'il n'est pas parvenu à contourner ou surmonter. L'intelligence a pour cause un choix positif de la conscience originelle qui s'est réveillée lorsque l'action a buté sur un obstacle instinctivement insurmontable. Or quel est cet obstacle ? Contrepartie inévitable de sa perfection, l'instinct privilégie l'ordre sur le progrès, la régularité sur l'innovation ; il manque à l'occasion de plasticité et cette raideur ou rigidité de l'instinct est une résistance à la dimension créatrice de l'évolution. C'est dans l'occasion où l'instinct éprouve négativement sa grande force conservatrice que la forme sociale inhérente à la conscience originelle se libère des dispositifs et matériaux instinctifs qui la mettent en œuvre invariablement, pour trouver désormais à s'encadrer dans une matière et des mécanismes laissés à l'initiative d'une conscience individuelle, une intelligence seule étant garante d'un progrès social. Si l'intelligence est supérieure à l'instinct, ce n'est pas en vertu de ses résultats, c'est uniquement en ceci qu'elle est un état supérieur de la normativité du vivant, et cela pour le meilleur comme pour le pire.

Le social ou l'individuel, l'instinctif ou l'intelligent, ces qualités se confondent avant l'apparition de l'homme. Il en va de la conscience sociale, similaire chez les hyménoptères et les hommes, et de la différenciation entre structure instinctive et structure intelligente comme de la couleur orange après la différenciation des deux couleurs, le rouge et le jaune[1]. Il y a là deux intensifications divergentes d'une seule et même conscience sociale originelle. La conscience sociale originelle immanente à tout vivant n'est pas une composition des deux structures mais ces deux structures sont deux voies d'intensification divergentes d'une seule et même conscience originelle. Et de même que la conscience de l'animal peut se réveiller, de même celle de l'homme peut s'endormir. Là n'est sans doute pas la direction la plus habituelle. Le plus habituel, c'est plutôt le mouvement inverse : l'instinct n'a pas vocation à défier l'adversité des choses. Bergson aperçoit ce qu'étudient de près aujourd'hui les ingénieurs en robotique : les fourmilières ne tombent jamais « en panne ». Avant que Canguilhem ne souligne combien le pouvoir et la tentation de se rendre malade sont essentiels à la physiologie humaine, Bergson montre déjà qu'il faut comprendre la destination de l'intelligence du côté du plus grand risque, du côté d'un luxe biologique :

> « Le déficit est l'état normal de l'intelligence. Subir des contrariétés est son essence même[2]. »

Or c'est le même déficit qui, étant anormal saisi du point de vue de l'instinct, est tout à fait normal saisi du point de vue de l'intelligence. Et quasi inversement, c'est la même compensation qui, étant normale du point de vue de l'instinct, est anormale du point de vue excessif de la logique intelligente :

1. H. Bergson, *Les Deux Sources de la morale et de la religion*, *op. cit.*, IV, p. 1225.
2. H. Bergson, *L'Évolution créatrice*, *op. cit.*, II, p. 618.

« Là où l'instrument à manier est organisé par la nature, le point d'application fourni par la nature, le résultat à obtenir voulu par la nature, une faible part est laissé au choix : la conscience inhérente à la représentation sera donc contrebalancée au fur et à mesure qu'elle tendrait à se dégager, par l'accomplissement de l'acte, identique à la représentation, qui lui fait contrepoids. Là où elle apparaît, elle éclaire moins l'instinct que les contrariétés auxquelles l'instinct est sujet[1]. »

Ainsi dans l'instinct social, la conscience n'est pas supprimée ou anéantie, mais elle est nulle. Plus exactement, elle est annulée, puisque l'action s'équilibre exactement avec la représentation. Sans rétrospection ni prospection, il n'y a pas d'écart entre l'activité réelle et l'activité possible. La mémoire et l'anticipation de la forme sociale sont perpétuellement agissantes, c'est-à-dire immédiatement et pleinement présentes dans l'accomplissement de l'action altruiste. La conscience sociale existe toujours dans l'instinct social, puisque l'on y trouve une série automatique de mouvements systématiquement coordonnés et hiérarchisés dont le dernier est déjà préformé comme fin dans et dès le premier.

Que faisiez-vous au temps chaud ?

Une fourmi devenue brusquement intelligente est donc une fourmi en qui la conscience s'est réveillée, intensifiée et vivifiée. Et c'est ainsi que Bergson nous fait imaginer l'apparition vraisemblable de l'homme sur terre. La conscience individuelle n'est pas née *ex nihilo*. Si l'instinct tend vers l'inconscient, encore convient-il de préciser que pour Bergson, l'inconscient n'est pas l'absence de conscience, mais son absence de mobilité, d'attention et de concentration, la présence de ses choix entièrement résorbée dans des actions accomplies sans obstacle et sans hésitation. La conscience individuelle est issue d'une dissociation de la conscience sociale originellement immanente au vivant. À l'état instinctif le plus développé, le plus pur,

1. H. Bergson, *L'Évolution créatrice*, *op. cit.*, II, p. 618.

la société des insectes est jouée comme serait joué un rêve éveillé, elle fonctionne à l'instar d'un sommeil agissant :

> « Une fourmi qui accomplit son rude labeur comme si elle ne pensait jamais à elle, comme si elle ne vivait que pour la fourmilière, est vraisemblablement en état somnambulique[1]. »

Pour nous apprendre ce qu'elle sait, Bergson dote, un très bref instant, d'intelligence sa fourmi imaginaire, de sorte qu'elle en a juste assez pour penser ce rêve où elle sert aveuglément l'intérêt de la communauté jusqu'à mourir pour elle, sans que pour autant ce rêve cesse d'être actuellement joué :

> « Elle se dirait sans doute alors, si elle était consciente, que c'est pour elle-même qu'elle le fait. [...] Elle sentirait que son activité est suspendue à quelque chose d'intermédiaire entre le bien de la fourmi et celui de la fourmilière[2]. »

Elle ferait donc état d'une parfaite immanence des parties au tout, celui-ci comme celles-là absorbés ensemble dans une même tâche de conservation tout uniment individuelle et sociale. Sa vision ferait un sentiment – une évidence sensible – de la sympathie cosmique des stoïciens. Elle ne sentirait même pas que son intérêt particulier s'accorde invariablement avec l'intérêt général, puisque cette distinction-là ne serait pas même sensible. C'est pourquoi, de même que Sénèque pouvait écrire que dans le monde stoïcien « tout est dans tout », de même la formule représentative la plus adéquate que la nécessité simplement vécue par la fourmi pourrait se donner, serait aux yeux de la raison mathématique une formule tautologique : « il faut parce qu'il faut ». Si la nécessité de la forme sociale originelle avait à se commander, c'est-à-dire à prendre l'aspect impérieux d'un devoir, elle ne pourrait que faire valoir son caractère absolu sur le mode rhétorique de la répétition (*épanalepse*). Autrement dit, au mouvement critique qu'impose la réflexion recherchant une évidence fondatrice, elle

1. H. Bergson, *Les Deux Sources de la morale et de la religion*, *op. cit.*, I, p. 1054.
2. *Ibid.*, I, 1006.

en opposerait la contrefaçon : le dédoublement/redoublement d'une pensée qui se répète dans un truisme pour ne pas s'oublier dans l'inaction. C'est bien ainsi que les choses se passent dans l'expérience imaginaire de la fourmi intelligente : la nécessité de la forme sociale se redouble purement et simplement pour référer à elle seule, comme puissance parfaitement spontanée et autonome, arrêter un appui définitif et clore, comme se referme un cercle immanquablement sur lui-même, la question du fondement à peine esquissée dans un trop bref éclair d'intelligence. La nécessité se montrant elle-même comme destin absolu se fait ainsi vertu. Alors la fourmi se rappelle, selon le double sens du mot rappel, en une seule image, un simple signal agissant comme un ressort, qu'elle n'a pas le choix entre égoïsme et altruisme, qu'il n'y a pas plus de distance séparant le tout et ses parties, la société et les individus qui y participent, qu'il n'y en a entre une action réussie et la représentation courageuse, confiante et vraie qui lui est parfaitement adéquate :

> « Au dernier de ces instants, alors que l'instinct reprenant le dessus, la ramènerait de vive force à sa tâche, l'intelligence que va résorber l'instinct dirait en guise d'adieu : il faut parce qu'il faut. Cet "il faut parce qu'il faut" ne serait que la conscience momentanément prise d'une traction subie – de la traction qu'exercerait en se tendant le fil momentanément détendu. Le même commandement retentirait à l'oreille du somnambule qui se préparerait, qui commencerait même à sortir du rêve qu'il joue : s'il retombait tout de suite en somnambulisme, un impératif catégorique exprimerait en mots, pour la réflexion qui aurait failli surgir et qui se serait aussitôt évanouie, l'inévitabilité du retour[1]. »

L'intelligence ne peut donc formuler la durée continue et hétérogène de l'élan porteur de la forme sociale inhérente à la conscience originelle qu'en la traduisant dans une tautologie. Cela est inévitable car l'intelligence ne peut en donner une expression qui ne se déroulerait pas dans un temps discontinu et homogène. L'intelligence ne peut diviser la pensée par la réflexion qu'en la décomposant en éléments

1. H. Bergson, *Les Deux Sources de la morale et de la religion*, *op. cit.*, I, p. 995-996.

ayant un commun dénominateur. Du moins dans sa forme primitive, au lieu d'une traction ou pression subie continûment mais de façon toujours variée, l'intelligence décrit la reprise d'une même traction dans un temps réversible, elle ramène toujours l'instant présent à l'instant précédent comme au même instant.

Bergson fait remarquer qu'un fait social qui, pour tout fondement, se réfère à l'expérience de sa nécessité passée, à sa simple répétition à l'identique, sa réitération routinière, son déroulement machinal ou automatique, s'appelle pour l'intelligence une habitude sociale. La fourmi brusquement et fugacement intelligente nous délivre donc l'intuition d'une modalité d'organisation politique propre à l'intelligence. Il n'y a pas, pour Bergson, de différence essentielle entre science empirique et science rationnelle, le rationalisme n'étant à ses yeux qu'une stylisation sophistiquée et souvent trompeuse de l'expérience. La distinction du droit et du fait n'est qu'un effet de la réflexion critique du fait. Elle ne soustrait strictement rien au fondement biologique de toute moralité. Le fait social enveloppe toujours avec lui une exigence sociale bien antérieure aux justifications faussement *a priori* de la raison :

> « On appelle couramment et peut-être imprudemment "raison" cette logique conservatrice qui régit la pensée en commun : conversation ressemble beaucoup à conservation. Elle est là chez elle. Et elle y exerce une autorité légitime[1]. »

L'obligation morale qui se prétendrait indépendante des mobiles de l'expérience sensible est donc en vérité, comme toute obligation sociale, seulement plus stylisée, le sentiment d'une habitude sociale et celle-ci, comme toute habitude, fonctionne bien chez l'être doué d'intelligence comme une seconde nature :

> « Ainsi, envisagée dans son acception la plus ordinaire, l'obligation est à la nécessité ce que l'habitude est à la nature »,

à savoir, s'agissant de la nécessité de la forme sociale de tout élan vital organisateur de la matière,

1. H. Bergson, *La Pensée et le mouvant*, *op. cit.*, p. 1322.

« le sentiment de cette nécessité accompagné de la conscience de pouvoir s'y soustraire »[1].

« Science de l'hyménoptère » et « métaphysique positive »

Comment Bergson passe-t-il d'une éthologie positive de l'hyménoptère à une métaphysique des mœurs ? Il faut, pour le comprendre, expliciter d'abord l'idée bergsonienne d'une « science de l'hyménoptère »[2]. En parlant d'une « science de l'hyménoptère », Bergson veut dire que l'hyménoptère met pratiquement en œuvre une connaissance non-intellectuelle de l'organisation qui n'est pas représentée et n'a pas à l'être pour s'exercer activement (elle est « innée »). L'organisation de l'hyménoptère est « savante » mais automatique ; ce que la fourmi et l'abeille savent dès lors, c'est-à-dire les formes prises par l'énergie spirituelle qui les anime et ordonne ainsi la matière dont elles sont individuellement et collectivement composées, tout cela leur est inconscient : la science de la fourmi est donc tout entière science en acte dans la constitution réelle de son organisme à la fois individuel et collectif (la fourmilière), elle ne se montre que comme technique parfaite, c'est-à-dire entièrement automatique, pensée inconsciemment constructrice et utilisatrice d'instruments (organes) dont les lois d'organisation (coordination et subordination) sont simplement vécues, senties comme des nécessités de la vie, jamais choisies ni réfléchies.

Par conséquent, se demander, avec Bergson, ce que diraient les fourmis ou les abeilles, si elles se mettaient à parler, s'interroger sur cette « science de l'hyménoptère », revient à préciser la perspective de « métaphysique positive » par une expérience parfaitement magistrale puisque son protocole est supposé vérifier l'équation analogique dont Bergson fait l'hypothèse : l'intuition est comme l'instinct à quoi, une fois dégagé des nécessités de l'action auxquelles il est restreint dans son

1. H. Bergson, *Les Deux Sources de la morale et de la religion*, *op. cit.*, I, p. 985-986.
2. H. Bergson, *L'Évolution créatrice*, *op. cit.*, II, p. 642.

usage naturel (du fait de l'intérêt pratique qui normalement le borne), auraient été ajoutées la conscience et la réflexion.

Au point de départ de cette équation non-mathématique, Bergson pose qu'une métaphysique non-transcendantale requiert, sous le nom d'intuition, la réinvention de l'expérience. Celle-ci, contre la limitation kantienne, doit être « intégrale », c'est-à-dire sans aucune restriction ni exclusion. Une telle expérience sera donc pleinement sensible, et devra inclure ce qui en est la stylisation réductrice requise par l'intérêt pratique, à savoir la perception externe et la connaissance discursive par concepts. De la sorte, « l'intelligence » y sera comprise au titre de l'abstraction statiquement réfléchie de son contenu : la durée, telle qu'elle est éprouvée, c'est-à-dire la vie avant qu'elle ne soit dirigée, chez l'homme, par l'intelligence. Dans *L'Évolution créatrice*, Bergson écrit :

> « L'instinct est sympathie. Si cette sympathie pouvait étendre son objet et aussi réfléchir sur elle-même, elle nous donnerait la clé des opérations vitales. [...] C'est à l'intérieur même de la vie que nous conduirait l'*intuition*, je veux dire l'instinct devenu désintéressé, conscient de lui-même, capable de réfléchir sur son objet et de l'élargir indéfiniment[1]. »

Malgré les précautions grammaticales du conditionnel, la formulation d'une telle hypothèse a pu prêter à une interprétation édulcorée de la méthode intuitive qui conduira Bergson, y revenant une trentaine d'années plus tard pour se relire, semble-t-il, à assortir ces quelques lignes de *L'Évolution créatrice* de précisions draconiennes en forme de prétérition qui la rendent plus drastique :

> « Nous répudions la facilité. Nous recommandons une certaine manière difficultueuse de penser. Nous prisons par-dessus tout l'effort. Comment quelques-uns ont-ils pu s'y tromper ? Nous ne dirons rien de celui qui voudrait que notre "intuition" fût instinct ou sentiment. Pas une ligne de ce que nous avons écrit ne se prête à une telle interprétation. Et dans tout ce que nous avons écrit, il y a l'affirmation du contraire : notre intuition est réflexion[2]. »

1. H. Bergson, *L'Évolution créatrice*, *op. cit.*, II, p. 645.
2. H. Bergson, *La Pensée et le mouvant*, *op. cit.*, p. 1328.

Le point de vue de la « science de l'hyménoptère » n'implique donc aucun relâchement : à la régression négative Bergson oppose une position nettement réflexive. Il ne s'agit pas de s'abandonner au vécu immédiat des abeilles ou des fourmis. Bergson n'est pas K. Von Frisch. Dès les années 1920, ce professeur de zoologie, spécialisé dans la communication animale à l'Université de Munich, a tenté expérimentalement de déterminer la signification des « danses » par lesquelles, dans la ruche, les abeilles se renseignent mutuellement sur le butin qu'elles ont trouvé. Mais, aussi capitale qu'ait été cette découverte pour l'éthologie, Von Frisch a d'abord été fasciné par ce qu'il observait au point de ne plus distinguer vraiment entre ressemblance et identité, et d'abolir la différence, radicale pour Bergson, entre communication et langage, entre instinct et intelligence. Il n'y a aucune effusion sentimentale dans la sympathie bergsonienne pour les insectes : ni anthropomorphisme, ni, pour ainsi dire, formicomorphisme.

Mais il ne s'agit pas davantage de rationaliser ou d'intellectualiser le vécu des insectes sociaux. Bergson n'est pas un précurseur de la sociobiologie, cette discipline scientifique que fondera Edward Wilson dans les années 1960-1970 en vue d'étudier systématiquement les bases biologiques du comportement social et de son évolution, chez tous les animaux sociaux, y compris l'homme. Bergson n'a bien sûr rien connu des travaux sociobiologiques mais il a mis d'avance en garde contre le réductionnisme dont Wilson, savant assez sulfureux, a été presque toujours accusé. Le présupposé majeur de la sociobiologie : l'existence de prédispositions génétiques, sélectionnées au cours de l'évolution et nécessaires à l'épigenèse des comportements sociaux, met à contribution la théorie de la parentèle, l'écologie et la génétique des populations. Ces cantons scientifiques sont chargés de traduire la question étiologique (c'est la question épineuse adressée au darwinisme par Darwin lui-même[1]) posée du

1. Cf. *supra*, note 2 p. 104, sur le concept darwinien de sélection familiale.

fait de la direction privilégiée que paraît avoir pris le cours de l'évolution. Dans ce cours, le fait social manifeste en effet une double domination : par une culmination sans fin de sa complexité et par l'assujettissement tendanciel des autres formes de vie qu'une telle complexité rend possible. Or ce type de traduction scientifique d'un problème, Bergson l'a connu, reconnu et rejeté. C'était en effet déjà la méthode de Zénon d'Élée : on pose le problème de façon à le rendre, comme tel, insoluble ; et on lui substitue du même coup une question formulée dans les termes mêmes de l'unique réponse qu'elle implique. Ainsi du problème posé par la domination toujours en progrès de la vie sociale en général, de la vie humaine en particulier. La science se demande comment la sélection naturelle a pu avoir pour effet de promouvoir des sociétés. Elle le fait en cherchant quel mécanisme a favorisé le développement et la pérennité de comportements individuels dits « altruistes » (ils accroissent la reproduction d'un parent), alors même que cela ne semble impliquer aucun bénéfice pour l'individu et quand bien même le patrimoine génétique de celui-ci ne se trouve pas directement transmis. Une véritable équation mathématique, la « règle de Hamilton » donne la solution de ce problème[1]. Elle permet de calculer le gain, en termes de propagation génétique, qu'un individu récupère indirectement du bonus de reproduction induit par son altruisme, bonus dont on suppose que son altruisme le prive.

Aux yeux de Bergson, il serait apparu qu'une telle équation nie la prodigalité naturelle de la vie en pensant la valeur adaptative globale d'un comportement (ce que Hamilton appelle *inclusive fitness*) en termes purement économiques : une condition, en effet, paraît requise afin que l'effet de la sélection naturelle soit d'accroître la propagation des gènes prédisposant à l'altruisme ; et cette condition sert de critère unique de sélection : le coût de l'altruisme doit être inférieur au gain de propagation génétique qui en résulte. Mais, pour

1. P. Jaisson, *La Fourmi et le sociobiologiste*, *op. cit.*, p. 54.

Bergson, l'opposition entre égoïsme et altruisme est une division très artificielle, artificieuse même tant elle est abstraite. C'est à tort qu'elle est appliquée à la compréhension de la « sélection naturelle » : de la sorte, on suppose des choix, en un sens excessivement figuré, où la contrainte l'emporte sur l'intention autonome, comme lorsque l'intelligence détermine mathématiquement la solution qui s'impose. On prête faussement à la nature les règles d'un calcul qui ne vaut qu'au point de vue, tout relatif et restreint, de l'intelligence humaine, c'est-à-dire d'une conscience individuelle (fût-elle scientifique) à qui échappe d'abord l'intention globale de la nature.

Or, dans les esquisses d'expérience intégrale à quoi Bergson les fait participer, abeilles et fourmis ne font pas de la figuration abstraite, ne sont pas la doublure des concepts usuels du commerce humain. En effet, qu'ils soient ceux de la connaissance vulgaire ou ceux du savant entomologiste, ce sont bien plutôt les concepts usuels qui miment la pensée vivante, c'est-à-dire, en la transposant, perdent de vue la durée qu'éprouvent immédiatement les insectes et qu'il s'agit malgré tout de réfléchir. Aussi bien les images de fourmis que nous rencontrons dans le discours bergsonien ne sont-elles, à la lettre, nullement métaphoriques. Ce sont les concepts de l'intelligence, quel que soit son degré de sophistication, qui font que le « langage abstrait », souvent, presque toujours, « parle inconsciemment au figuré »[1]. Parlant d'une « science de l'hyménoptère » afin de lui donner la parole (la lui faire dire), Bergson témoigne donc de la « manière difficultueuse de penser » qu'il recommande. La fourmi ne s'exprime pas dans le langage des « signes adhérents » qui est ordinairement le sien. Et pourtant, il ne faut surtout pas traduire ce qu'elle sait en employant les « signes mobiles »[2] du langage humain. Voilà pour la facilité répudiée.

1. H. Bergson, *La Pensée et le mouvant*, *op. cit.*, p. 1285

2. H. Bergson, *L'Évolution créatrice*, *op. cit.*, II, p. 628-629. « Cette tendance du signe à se transporter d'un objet à un autre est caractéristique du langage humain [...]. Ce qui caractérise les signes du langage humain, ce n'est pas tant leur généralité que leur mobilité. »

Il faut dès lors distinguer en vérité deux difficultés. Si la difficulté d'entrer en « sympathie » avec l'insecte social s'avère avantageuse à un nouvel esprit métaphysique, et possède pour ainsi dire une vertu anagogique, c'est pour autant qu'une difficulté d'un autre ordre aura été au préalable, ou plutôt ce faisant, abolie, à savoir : l'obstacle sur lequel autrement le langage pourrait buter sans fin si nous assimilons et réduisons ce que suggère l'insecte à ce qu'en dit l'entomologiste avec ses observations scientifiques. Au lieu de traduire la science de l'hyménoptère en termes d'intelligence, Bergson se propose d'en suggérer le sens intuitif par une « procession » d'« images médiatrices »[1]. Ainsi, l'effort participant à l'intuition ressortit primordialement à l'imagination. Mais quel est le statut exact de cette faculté ?

PROCESSION D'« IMAGES MÉDIATRICES »

C'est dans la conférence sur « L'intuition philosophique »[2], prononcée en 1911, devant le Congrès de Philosophie de Bologne, que Bergson explicite le sens et la valeur médiatrice des images. Elles sont censées mettre en rapport intelligence et intuition sous plusieurs aspects. D'abord elles permettent d'aller de la complexité vers la simplicité, de la généralité abstraite vers le concret particulier, du discours à la vue, de la matière vers la forme. Mais aussi elles offrent du donné intangible de l'intuition une dimension sensible. L'image intermédiaire est

> « une image qui est presque matière en ce qu'elle se laisse encore voir, et presque esprit en ce qu'elle ne se laisse plus toucher »[3].

La médiation de l'image est ascendante, l'intuition étant pour Bergson le nom donné à une faculté ou plutôt à un acte (un « geste ») supérieur aux états de l'intelligence. L'intuition est dite « supra-intellectuelle » ou « supra-rationnelle ». Le mouvement imaginatif qui

1. H. Bergson, *La Pensée et le mouvant*, *op. cit.*, IV, « L'intuition philosophique », p. 1355.
2. *Ibid.*, p. 1345-1365.
3. *Ibid.*, p. 1355.

l'accomplit consiste à parcourir en sens inverse, comme en remontant une pente, le mouvement originel d'une conscience pure, durée originellement contractée, vers le « centre de force » d'où est partie une « impulsion » simple, indifférenciée, source d'un « élan » organisateur de la matière et qui, tendant par là même vers l'inerte et l'épars en traversant la matière, s'est détendu et se trouve représenté par l'intelligence en termes d'extension matérielle. L'activité de l'imagination est donc intensive à plus d'un titre : d'abord parce que l'image médiatrice, à l'instar de la durée pure qu'elle vise à expérimenter, est l'objet d'un effort soutenu, intense, qui resserre le langage de la science, en contracte les concepts, qui euphémise pour ainsi dire les symboles de l'intelligence, en vue de restituer l'intensité de ladite durée. Mais aussi, et par suite, en ce qu'elle renforce ou tonifie ce que l'intelligence déprime et finalement tend à faire dépérir. L'imagination est une activité foncièrement rhétorique : hyperbolique, elle amplifie, non dans l'absolu, mais relativement à la pesanteur extensive des concepts qui inhibe le mouvement au profit de l'état, résorbe symboliquement le processus mouvant dans son résultat, c'est-à-dire son arrêt. *Quid dicam amplius...* Ce que les fourmis nous disent est bien au-delà des signes du langage humain. Elles n'expriment pas directement la durée pure mais l'impuissance des hommes à l'exprimer telle qu'ils l'éprouvent sensiblement.

Enfin, il est possible de distinguer les images selon des degrés d'intensité, au sens où l'on parle de grandeurs intensives distinctes : les images ont un « poids ». Ce poids n'est pas toujours le même, mais la façon dont elles pèsent sur le discours ne peut ni se mesurer par un nombre, ni se représenter par une étendue. En cela l'imagination est bien de l'ordre de la sensation. La sensation est la grandeur intensive par excellence, et, parce qu'elle est l'évidence même, elle l'emporte immédiatement sur toute construction rationnelle. De cela Bergson est convaincu : de là sans doute, son intérêt, étant encore tout jeune professeur, pour la poésie philosophique de Lucrèce. Dans l'introduction de son édition des extraits du *De Natura rerum*, il affirme que l'originalité exemplaire de Lucrèce tient en grande partie à la sensualité dont témoigne son observation de la nature :

> « Lucrèce est un observateur passionné de la nature ; il excelle à en saisir le côté pittoresque, les nuances mobiles et changeantes. Chose admirable ! [...] Sa géométrie n'est point sèche, parce qu'elle est vivante comme la nature, parce que le poète ne se représente pas les composés d'atomes dans leur nudité froide, ainsi que faisait Démocrite, mais revêt tout de suite, et malgré lui, des couleurs que son imagination reconnaît ou prête à la réalité[1]. »

Est-ce en lisant Lucrèce que Bergson a conçu la valeur probante et décisive des images ? La voix de la fourmi est-elle à entendre comme un « aboiement de la nature »[2] ? Est-ce l'alternative épicurienne au mathématisme platonicien qui se retrouve et se retourne dans le bergsonisme à l'encontre des dérives « intellectualistes » de l'idéalisme ? On pense ici à la thèse développée dans l'avant-propos de la septième édition de *Matière et mémoire* :

> « L'objet existe en lui-même et, d'autre part, l'objet est en lui-même, pittoresque comme nous l'apercevons : c'est une image, mais une image qui existe en soi[3]. »

Quoi qu'il en soit, aux yeux de Bergson, l'imagination pèse en dernier lieu toujours plus dans la décision, le jugement et l'action qui l'accomplit, que le raisonnement le plus complexe. Aussi bien « la science de l'hyménoptère » apparaît-elle comme un ensemble de variations sur un « leitmotiv » (un terme favori de Bergson) dont les images constituent une puissance négative de contrepoint, ou, pour employer la terminologie qui hante la pensée de Bergson, une puissance de contrepoids. Elle contrebalance le poids de la parole humaine, et plus polémiquement celui du discours débilitant de l'*Homo loquax*[4]. L'*Homo loquax*, c'est celui qui, ratiocinant sans fin, présuppose que l'intelligence remplit une fonction positive lors

1. H. Bergson, *Mélanges*, *op. cit.*, p. 285-286.
2. Lucrèce, *De Natura rerum*, II, v. 17.
3. H. Bergson, *Matière et mémoire*, *op. cit.*, p. 162.
4. H. Bergson, *La Pensée et le mouvant*, Introduction (deuxième partie), *op. cit.*, p. 1325.

même, paradoxalement, qu'en étendant sans cesse la prétention de la raison à rendre compte extensivement et exhaustivement de l'expérience, il est conduit à restreindre la portée intensive de son contenu sensible, allant en définitive jusqu'à la réduire à la portion congrue. Qui trop embrasse mal étreint : c'était, dès *Le Rire*, le reproche lancinant adressé au rationalisme et au positivisme.

L'*Homo loquax*, c'est, s'agissant en particulier de philosophie sociale et morale, celui que Bergson appelle « le philosophe de la fourmilière »[1]. C'est assurément et principalement la caricature de Kant. Mais le « philosophe de la fourmilière » est aussi le nom parodique qui, dans *Les Deux Sources de la morale et de la religion*, convient tour à tour, à des degrés divers, à Stuart Mill, Durkheim ou même à « l'ami » Lévy-Bruhl. L'image d'une fourmi qui se met à parler laconiquement intervient pour leur opposer une résistance, elle accomplit pleinement la fonction de l'image médiatrice qui est d'opposer une résistance pro-intuitive à la résistance intellectuelle. Comparant l'expression imagée-imaginaire de l'intuition au procédé du démon de Socrate, Bergson écrit :

> « Devant des idées couramment acceptées, des thèses qui paraissent évidentes, des affirmations qui avaient passé jusque-là pour scientifiques, elle souffle à l'oreille du philosophe le mot : *Impossible*. Impossible, quand bien même les faits et les raisons sembleraient t'inviter à croire que cela est possible et réel et certain. Impossible parce qu'une certaine expérience, confuse peut-être mais décisive, te parle par ma voix, qu'elle est incompatible avec les faits qu'on allègue et les raisons qu'on donne, et que dès lors ces faits doivent être mal observés, ces raisonnements faux. Singulière force que cette puissance intuitive de négation[2] ! »

Mais plus encore que l'aporétique de Socrate, c'est peut-être la canonique épicurienne de Lucrèce qui n'est pas loin (la doctrine de la *prolepsis* comme critère sensible de validation des hypothèses[3]). Si ce que la fourmi sent simplement, qui a valeur de *prolepsis*, ne confirme pas les raisonnements du philosophe de la fourmilière, c'est que ces

1. H. Bergson, *Les Deux Sources de la morale et de la religion*, *op. cit.*, I, p. 1054.
2. H. Bergson, *La Pensée et le mouvant*, *op. cit.*, « L'intuition philosophique », p. 1348.
3. Cf. Sextus Empiricus, *Contre les mathématiciens*, VII, 203-216.

raisonnements sont faux. Si l'image intermédiaire entre, d'une part, sa conscience qui est assoupie mais dont le champ temporel est large, et, d'autre part, notre conscience qui est éveillée mais dont le champ temporel est par là même restreint, si cette image tout incertaine que nous formons de ce que la fourmi sait n'est pas infirmée par les évidences que le philosophe intellectualiste trouve dans l'expérience dont il a pourtant restreint et appauvri la portée ontologique, c'est qu'elle est plus vraisemblable que ce que le philosophe s'en est abstraitement figuré, c'est-à-dire plus semblable à la vérité intuitive, plus proche de l'évidence pleine.

Ainsi l'imagination créatrice du langage des hyménoptères est une activité à la fois sensible et réflexive. Activité infra-intellectuelle en ce qu'elle tend à faire retour dans l'évolution du vivant vers « l'instinct » ; mais aussi imagination supra-intellectuelle en ceci que, réfléchissant la « sympathie » avec l'instinct social, elle tend à s'élever vers l'intuition de la durée sous la forme la plus proche de sa pureté initiale : la durée vivante. Remontant en amont de la différenciation de la conscience, à ce moment de l'évolution où instinct et intelligence étaient encore mutuellement enveloppés dans une unique impulsion, indifférenciés dans un même élan créateur, elle tend à élargir l'intelligence à tout ce que, suivant la fonction négative qui lui est propre, elle laisse nécessairement dans l'ombre.

Très tôt, dans *Le Rire*, Bergson avait souligné le grand mérite de l'homme d'esprit qui sait penser « *sub specie theatri* » :

> « Au lieu de manier ses idées comme des symboles indifférents, l'homme d'esprit les voit, les entend, et surtout les fait dialoguer entre elles comme des personnes. Il les met en scène, et lui-même un peu se met en scène aussi[1]. »

Dans *La Pensée et le mouvant*, à plusieurs reprises, il recommande au philosophe d'apprendre à penser « *sub specie durationis* », ce qui est le plus « difficultueux », mais Bergson lui donne l'imagination comme

1. H. Bergson, *Le Rire : essai sur la signification du comique*, *op. cit.*, p. 437.

méthode. Dans *Les Deux Sources de la morale et de la religion*, où l'analogie est grande entre l'ironie socratique et l'émotion du Christ, la « fabulation » religieuse et mieux qu'elle : la « vision » mystique, donne à voir la puissance anté-intuitive de l'imaginaire théologique. Nous dirions volontiers qu'avec l'imaginaire entomologique, l'image médiatrice des fourmis qui illustre la méthode conduisant à une « métaphysique positive » de l'âme antique, cette science psychologique qui prétend se passer de symboles, Bergson invite à penser *sub specie fabulæ*.

Morale de l'histoire ?

Nous avons suivi Bergson. Nous avons fait comme si abeilles et fourmis se mettaient à parler. Cette obligation langagière qui, en tout dernier lieu, nous est apparue quasi comique, nous la considérons comme formule exemplaire d'un appel bergsonien quasi prophétique, c'est-à-dire comme la formule par laquelle Bergson nous donne l'image d'une conscience qui, en s'élargissant, ouvrirait le cercle des « sociétés closes » – image annonciatrice de ce que pourrait être l'avenir humain si le Newton des sciences morales voyait le jour pour la propager. Cet appel, rebondissant sur l'intuition la plus pure : l'intuition de la pensée intuitive, même en sa spontanéité organisatrice, est celui que le penseur intuitif lance aux « sociétés closes » que peuplent les intellectuels, savants et philosophes qui, de son temps, poursuivent la tradition du rationalisme classique ; formule traduisant ce faisant une aspiration qui nous semble typique de la méthode par laquelle Bergson œuvre à son projet de « métaphysique positive ». Une méthode qui rend la pensée spirituelle, dramatique, analogique ; qui renverse les habitudes langagières les plus invétérées de la pensée des savants et des philosophes en contractant les habitudes nouvelles d'une « expérience intégrale ».

Les images de fourmis sortant de leur état somnambulique nous permettent de voir ce que les hommes et les sociétés humaines eussent été si l'intelligence, en se développant, n'était venue inhiber et contrarier non pas le « plan de la nature » mais l'indivisible simplicité de son « intention » et masquer la multiplicité indistincte d'autres « plans » possibles sous celui que, l'accomplissant malgré soi, elle se sent contrainte de justifier jusqu'à outrance. Elles nous montrent que le langage humain dont l'intelligence invente les signes mobiles procède d'un déficit d'actualité, déficit anormal s'il s'agit d'instinct où la conscience s'est trouvée annulée, le savoir et le vouloir s'étant entièrement résorbés dans l'acte ; déficit normal s'il s'agit d'intelligence, mais qu'aussitôt, sous la pression de l'instinct virtuel, l'intelligence s'empresse de stopper et résorber derechef dans une panoplie d'habitudes analogues aux nécessités de la Nature, et après coup plus ou moins rationalisée. Elles offrent comme un bref instantané d'actualité à un instinct qui, chez l'homme, s'est virtualisé, c'est-à-dire est devenu un centre de force indéterminé, encore capable toutefois assurément de peser. D'où l'appel quasi prophétique des *Deux Sources de la morale et de la religion* : à l'homme, à présent, d'imprimer sa direction à cette force, lui donner un nouvel élan, à lui de savoir dans quel sens il veut faire pencher la balance. Ces fourmis monstrueusement intelligentes nous permettent ce faisant de voir se dessiner en un bref éclair, au-delà de ce qui, en négatif, fait apparaître la fonction inhibitrice de l'intelligence dans sa structure actuelle, sa fonction positive virtuelle qui est de s'élever au-dessus d'elle-même, s'affranchir des habitudes qui la lestent, d'évoluer en intuition de sorte que, prenant une sorte de relève démiurgique dans « l'univers, qui est une machine à faire des dieux »[1], l'homme génial, à l'instar du mystique ou de l'artiste, invente pour la nature un second plan.

> « On pourrait dire, en détournant de leur sens les expressions spinozistes, que c'est pour revenir à la Nature naturante que nous nous détachons de la Nature naturée[2]. »

1. H. Bergson, *Les Deux Sources de la morale et de la religion*, *op. cit.*, IV, p. 1245.
2. *Ibid.*, I, p. 1024.

Si, comme Bergson l'affirme clairement dans *Les Deux Sources de la morale et de la religion*, il est impossible de fonder la morale sur le culte de la raison, il ne s'agit pas pour autant de valider une réduction empiriste, sociobiologique de la morale ; mais il s'agit de retrouver le ressort ou le moteur biologique des obligations de « morale close », qui n'en sont que le produit, pour déterminer librement les nouvelles exigences d'une « morale ouverte » qui donneront une nouvelle cause finale au premier moteur et en libéreront une seconde fois l'énergie. Bref, il s'agit de transformer une pesanteur en élévation, une pression en aspiration, une multiplicité d'automatismes en un pur et simple geste créateur. L'imaginaire bergsonien, peut-être comme tout imaginaire, est la trace d'un passé et l'ébauche d'un avenir.

5. Le « vrai » spinoziste de Brunschvicg à Bachelard[1]

COMMENT DÉMÊLER, dans les convergences que l'on ne peut manquer d'entrevoir entre Bachelard et Spinoza, ce qu'il y a de projections anachroniques ou d'inexplicables contingences, et ce qui peut être rendu plausible par un schéma de filiations, entremises ou influences nécessaires ?

Certes, rendant peut-être ce projet vain, il y a d'abord l'absence pure et simple de Spinoza dans l'œuvre bachelardienne. Et Georges Canguilhem, en 1963[2], a définitivement montré, en général, que Bachelard est foncièrement plus soucieux de s'autoriser des savants que des « philosophies de philosophes ».

En effet, Bachelard ne s'est jamais autorisé de Spinoza. Il n'a pas même salué la moindre bonne rencontre avec lui, comme il lui est arrivé de le faire avec le matérialisme marxiste, Nietzsche ou

1. Texte d'une communication présentée le 11 mars 1990, lors des journées d'études organisées sous la direction d'Olivier Bloch et consacrées à « Spinoza au XXe siècle ». Paru dans *Spinoza au XXe siècle*, PUF, 1993.
2. Il n'y a en effet pas de raison spéciale à l'*absence* de Spinoza dans l'œuvre bachelardienne. Georges Canguilhem, « Dialectique et philosophie du *non* chez G. Bachelard » (1963), in *Études d'histoire et de philosophie des sciences*, Paris, Vrin, 1968[1], 1983[5], p. 199, notamment.

Hamelin, par exemple. Il est certain que le système et la métaphysique spinozistes ne pouvaient que rebuter l'esprit non-systématique de celui qui jugeait périmées les traditionnelles discussions métaphysiques.

Mais il faut ajouter que Bachelard n'a pas non plus réglé son compte à Spinoza. Il y a, dans la « philosophie du *non* », un non-aristotélisme, une épistémologie non-cartésienne, un non-kantisme ; Comte, Hegel, Bergson, Meyerson et tous les autres sans doute innommables sont régulièrement pris à partie. En revanche, il n'y a rien qui paraisse ressembler à un non-spinozisme. Le silence n'en est que plus troublant. Et d'autant que plusieurs aspects de la doctrine bachelardienne paraissent bien évoquer secrètement la doctrine de Spinoza.

Fantômes de Spinoza ?

Principalement, comme Louis Althusser l'a entrevu et comme Pierre-François Moreau l'a souligné, la doctrine bachelardienne de la récurrence du vrai, conçu comme « erreur rectifiée », fait tout à fait écho à la conception spinoziste du vrai qui est sa propre norme et celle du faux. La recherche paraît commune aux deux philosophies, en son inspiration comme en son résultat, qui vise à dégager de l'analyse de l'erreur les caractères d'une production relative à un genre propre de connaissance[1], production en outre conçue comme nécessaire. C'est, au demeurant, par un même terme que Spinoza et Bachelard expriment ce genre propre de connaissance : l'imagination. Aucun d'eux n'y voit une puissance en elle-même trompeuse qu'il faudrait rejeter ou mépriser, tant s'en faut. De sorte que la question ne peut pas ne pas être posée de savoir si, au-delà du mot, c'est sous le même concept ou des concepts apparentés que l'un et l'autre ont à penser la nécessité des obstacles à la connaissance vraie.

1. G. Bachelard le dénomme « connaissance commune », et il entend bien par là un premier genre de connaissance, chronologiquement.

Lorsque Bachelard écrit :

> « erreur et vérité ne sont pas symétriques comme le donnerait à penser une philosophie purement logique et formelle [...]. Les vérités se groupent en système [...]. Autrement dit, [...] elles se lient apodictiquement, tandis que les erreurs s'amassent assertoriquement »[1],

faut-il être surtout attentif à la flèche décochée contre les excès du formalisme logique ? Ou encore à l'emprunt fait aux catégories kantiennes de la modalité des jugements ? Il est plutôt à souligner que pour Bachelard, à l'instar de Spinoza, l'erreur n'est pas le défaut de vérité, ni sa déchéance, ni sa dynamique inversée, que le doute est l'occurrence du faux plutôt qu'une méthode de découverte. Cette convergence silencieuse en laquelle images et concepts sont définis comme empruntant des axes opposés et conflictuels peut être approfondie. Il est alors éclairant de rapprocher le problème posé, dans le spinozisme, pour comprendre comment il est possible de rompre avec la nécessité externe mais tenace des idées inadéquates et, ce faisant, d'accéder à la nécessité interne des idées adéquates – et le problème posé, dans la pensée bachelardienne, pour expliquer le passage de la connaissance commune à la connaissance scientifique sans renoncer à la thèse de la rupture épistémologique.

Bachelard se place au point de contact, qu'il estime à cet égard décisif, entre expérience et mathématique. Il privilégie à dessein la position qu'occupent à cet endroit la physique et la chimie. Il accorde, ce faisant, dans le conflit entre images et concepts, une réelle valeur polémique et heuristique à la formation de *guides* expérimentaux que le savant rencontre et forme dans la multiplication des découvertes de laboratoire. Ces guides, qui servent à la formation des concepts et théories, n'ont bien entendu rien à voir avec des catégories abstraites inféconde (de genre, par exemple) Ce sont les aiguillons d'approximations successives. Les livres de Bachelard sont riches d'illustrations à cet égard. À l'envers de ce qu'il appelait « la fausse

1. G. Bachelard, *Le Rationalisme appliqué*, Paris, PUF, 1949[1], 1975[5], p. 58-59.

doctrine du général qui va d'Aristote à Bacon », Bachelard n'a pas cessé de dire qu'il n'y a de science que du spécial et d'unité des spécialités que dans un « pluralisme cohérent ».

On est évidemment tenté de supposer qu'à bien des égards, la pratique protocolaire du laboratoire scientifique, telle que la décrit Bachelard, paraît codifier, rendre plus rigoureuse et plus décisive encore, la rencontre ordinaire, par le corps humain, de ce que Spinoza appelle les « notions communes » ; et, ce faisant, qu'elle assure, par leur intermédiaire, le passage des images premières à des concepts d'essences toujours plus spéciales[1].

Il reste à ajouter, pour clore cet aperçu de convergences, qu'aux yeux de Bachelard, l'ordre logique d'un tel passage suppose corrélativement, dans l'ordre de la genèse réelle de la science, qu'on ait « rendu *l'imagination heureuse* »[2], comme il dit. Le savant n'est efficace que s'il s'est libéré (par une « psychanalyse » appropriée) du joug par lequel les conditions naturelles de la connaissance usuelle condamnent le profane aux images premières. Il faut accorder à ces images toute leur exubérance dans la poésie. Car la joie esthétique de la contemplation et du rêve est aussi une condition de la joie de la découverte scientifique ; et les joies de l'aventure en laboratoire sont aussi, pour le théoricien, une condition du contentement intellectuel propre à la conceptualisation. Cette prise en considération de l'obstacle épistémologique n'était, comme on sait, pas moins lucide dans la doctrine de Spinoza :

> « Aussi longtemps que nous ne sommes pas dominés par des affects contraires à notre nature [qui sont] mauvais dans la mesure où ils empêchent l'esprit de connaître, il n'y a pas d'obstacle à la puissance de l'esprit par où il s'efforce de connaître, et il a donc aussi longtemps le pouvoir de former des idées claires et distinctes et de les déduire les unes des autres[3]. »

1. Ce rapprochement avec la doctrine des notions communes mériterait une étude à part entière. Pour deux illustrations en la matière, voir notamment : G. Bachelard, *Le Nouvel Esprit scientifique*, Paris, PUF, 1934[1], 1978[14], p. 158-160 (dans le domaine de la spectroscopie) et *Le Rationalisme appliqué*, *op. cit.*, p. 105 (la critique de la taxinomie dans le problème de la combustion).

2. G. Bachelard, *Le Matérialisme rationnel*, Paris, PUF, 1953[1], 1980[4], p. 18.

3. Spinoza, *Éthique*, V, 10.

Que la connaissance vraie suppose la joie autant qu'elle l'engendre, voilà qui n'est pas la moindre des convergences possibles entre celui qui revendiquait une liberté de rêver et celui qui, à défaut de pouvoir l'admettre sans contradiction, avait émis l'hypothèse d'une imagination qui fût libre, c'est-à-dire qui fût créative d'un imaginaire sans leurre... Et non pas productrice d'idéologie asservissante :

> « Si l'Esprit, durant qu'il imagine comme lui étant présentes des choses n'existant pas, savait en même temps que ces choses n'existent pas en réalité, il attribuerait cette puissance d'imaginer non à un vice mais à une vertu de sa nature ; surtout si cette faculté qu'a l'âme d'imaginer était libre[1]. »

Mais ces rapprochements, s'ils ne sont pas absurdes, sont-ils pour autant légitimes ? Rien dans l'œuvre bachelardienne ne paraît pouvoir démêler à cet égard le vraisemblable de l'invraisemblable. Rien en effet, excepté l'œuvre de Léon Brunschvicg. Celui-ci, de quinze ans l'aîné de Bachelard, professeur réputé que Bachelard aimait et respectait, fut l'un de ses patrons de thèse en 1927.

Brunschvicg et « l'enseignement admirable de Spinoza »

Or Brunschvicg parle au nom de Spinoza. Serait-ce par Brunschvicg qu'au tournant du siècle Spinoza fût enfin *nommable* ? Les écrits, ceux qui portent sur Spinoza et les autres qui passent par ceux-ci, témoignent d'une minutie et d'une volonté d'approfondissement tout à fait bienveillantes. Et, ce faisant, ils justifient que l'on rende hommage, quand bien même il ne serait pas unique, à celui dont, dès 1891[2], la connaissance de Spinoza doit d'être affranchie du triste *premier genre* de lecture, lequel, aux XVIIIe et XIXe siècles, a pu raréfier la rencontre avec le texte spinozien en recouvrant le nom de son auteur par

1. Spinoza, *Éthique*, II, 17.

2. C'est la date à laquelle Brunschvicg, alors âgé de 22 ans, a rédigé le *Mémoire*, récompensé par l'Académie des sciences morales et politiques (Prix Bordin), d'après lequel il publiera, en 1894, la première édition du *Spinoza*. Le sujet en était : « La morale de Spinoza, examen de ses principes et de l'influence qu'elle a exercée dans les temps modernes ».

l'insulte ou en le traitant par la dénégation la plus malveillante. Pour le moins, ces écrits manifestent une joie de lire Spinoza[1].

C'est qu'il s'en dégage un ostensible spinozisme. Entendons d'abord une profonde admiration : de celles qui naissent de la considération d'une irréductible différence et qui commandent d'en promouvoir et d'en faire proliférer les effets singuliers par un acte d'adhésion, un engagement actuel. Sobre dans sa jeunesse, cette admiration ne cesse de gagner en éloquence : *Les Étapes de la philosophie mathématique* soulignent

> « l'originalité radicale de Spinoza, non seulement par rapport aux penseurs qui l'ont précédé, mais encore par rapport à ceux qui devaient le suivre, jusqu'à nos jours même »[2],

entachée tout au plus d'une « limitation technique »[3]. *Les Âges de l'intelligence*, petit ouvrage reprenant les leçons professées par Brunschvicg en 1932-1933, tirent explicitement partie de « l'enseignement admirable »[4] de Spinoza. Loué d'avoir « heureusement insisté » là même où le cartésianisme souffre du poids de la tradition (Aristote, la scolastique), ainsi porteur d'une « opposition victorieuse », *via* Leibniz il est vrai (quant au résultat scientifique effectif), Spinoza

1. Le rapport sur le *Concours pour le prix Bordin* de 1891, rédigé par Ch. Waddington (membre de l'Institut), témoigne d'ailleurs d'un embarras considérable : si Spinoza est « réhabilité avec éclat » après avoir été méconnu, tenu pour un métaphysicien panthéiste, ou « pris pour chef par les esprits forts du XVIIIe siècle », c'est qu'il est « essentiellement un moraliste » comme Damiron l'a montré en 1842 (p. 397). Mais il défend l'Académie d'avoir voulu provoquer un panégyrique de Spinoza (p. 413). Aussi bien, si le mémoire de Brunschvicg (n° 3), pourtant qualifié d'« intempérante apologie du spinozisme » (p. 411) et de commentaire fervent, est primé – convient-il d'émettre d'expresses réserves : « ... Couronner des Mémoires favorables au spinozisme est autre chose qu'adhérer à une doctrine qui d'abord confond l'Être parfait avec l'abstraction de l'Être en soi ou de la substance, et réduit l'âme humaine à n'être que l'idée d'un corps, – qui ensuite nous assigne pour idéal l'amour d'un Dieu sans amour lui-même, sans bonté, sans justice, – et en même temps refuse à l'homme la possibilité de s'appliquer librement à la recherche de son souverain bien » (p. 414). En clair, le spiritualisme ne peut que rejeter Spinoza (Séances et Travaux de l'Académie des Sciences Morales et Politiques, vol. 136 [nouvelle série, vol. 36], juillet-décembre 1891).
2. L. Brunschvicg, *Les Étapes de la philosophie mathématique*, Paris, PUF, 1912[1], 1947[3], p. 142.
3. *Ibid.*, p. 148. Spinoza « n'arrive pas à faire descendre l'infini du ciel sur la terre » (*ibid.*, p. 150) parce qu'il lui manque la ressource scientifique du calcul infinitésimal.
4. L. Brunschvicg, *Les Âges de l'intelligence*, Paris, Alcan, 1937, p. 12.

mène à la « philosophie moderne » dont Brunschvicg, quelques lignes plus loin, fait de Bachelard le porte-parole rien moins qu'inattendu[1]. Tels sont les termes remarquables de la bonne rencontre entre Brunschvicg et Spinoza.

Que faut-il fonder sur cet éloge ? Il n'est qu'à lire comment Brunschvicg traite Aristote, Comte ou Hegel, c'est-à-dire évalue leur niveau intellectuel. Celui du Stagirite « est, devant la psychologie contemporaine, celui d'un enfant de huit à neuf ans »[2]. Chien crevé ou arroseur arrosé de l'histoire des sciences, Comte n'est pas mieux loti : par son « positivisme d'Église » crypto-romantique[3], il s'est condamné « à parcourir, mais en sens inverse, *en marche arrière*, tous les âges de l'histoire, jusqu'à ce que, de paradoxe en paradoxe, de préjugé en préjugé, il ressuscite l'état théologique sous la forme la plus grossière du fétichisme »[4]. Hegel, enfin, est accusé de porter la « confusion verbale » à son comble. Ironisant sur la versatilité de la dialectique hégélienne – rationaliste ou irrationaliste ? *ni ceci, ni cela* – Brunschvicg écrit :

> « Nous savons trop bien de quel lointain, plus théologique encore que métaphysique, procède la fusion magique des contraires[5]. »

Ces ratures, consternantes de férocité, dans l'histoire de la philosophie ne sont nullement anecdotiques. Par contraste, elles éclairent sur l'essentiel : c'est l'intelligence de Spinoza, sublime – l'intelligence l'est toujours disait Kant[6] – c'est-à-dire sa maturité intellectuelle dans l'histoire, qui inspire le respect. Certes, par là même, le prestige de Spinoza est celui d'une époque, le XVIIe siècle, qui a « consacré l'âge de l'intelligence véritable »[7] ; mais Descartes, notamment, qui avait été la

1. L. Brunschvicg, *Les Âges de l'intelligence*, *op. cit.*, p. 139-141.
2. *Ibid.*, p. 62 ; voir aussi p. 14.
3. *Ibid.*, p. 5.
4. *Ibid.*, p. 8 ; voir toute l'introduction.
5. *Ibid.*, p. 115-116. S'il faut croire Althusser, Hegel était selon Brunschvicg « un demeuré (« 12 ans d'âge mental ») » (Louis Althusser, *Philosophie et philosophie spontanée des savants [1967]*, Paris, Maspéro, 1974, p. 88).
6. Kant, *Observations sur le sentiment du Beau et du Sublime (1764)*, 2e section, Paris, Vrin, 1988, p. 21.
7. L. Brunschvicg, *Les Âges de l'intelligence*, *op. cit.*, p. 92.

douteuse coqueluche éclectique du libéralisme cousinien ; qui, tel un héros « maître de liberté »[1], est porté au pinacle par Alain (le rationaliste frère ennemi de Brunschvicg)[2] ; Descartes n'est, comparé à Spinoza, qu'un bel esprit. Il incline à une plus sereine considération, dans un genre moins épidictique aussi.

Aux origines de « l'épistémologie non-cartésienne »

En 1923, la troisième édition du *Spinoza*[3] s'enrichit d'une série d'articles parus entre 1904 et 1906, consacrés aux contemporains de Spinoza et destinés à situer, selon le titre de celui qui clôt l'ouvrage, « la place du spinozisme dans l'histoire ». Or, si la considération d'un héritage cartésien paraît inévitable, le chapitre IX qui, outre cette tâche, a valeur d'introduction générale à cette seconde partie de l'ouvrage, commence par un argument d'autorité fort significatif : s'appuyant sur la distinction spinoziste entre *nécessité externe* et *nécessité interne*, Brunschvicg écrit :

> « Pour exprimer, sous la forme la moins infidèle qui se puisse, la pensée spinoziste, il faut donc se placer tout d'abord au point de vue de l'*adéquation interne*, qui est celui de l'*Éthique*. »

C'est exactement ce à quoi s'efforce la première partie du *Spinoza*. Aussi bien, comme pour devancer l'objection selon laquelle une approche historique soumettrait la pensée spinoziste à des conditions extérieures, ajoute-t-il :

> « Ce qui ne veut nullement dire qu'un semblable procédé d'interprétation [saisir la nécessité interne du spinozisme] ne comporte une contrepartie, qu'il n'appelle une confirmation, celle que pourra fournir l'examen des circonstances locales et temporelles auxquelles est liée l'apparition de toute œuvre humaine[4]. »

1. Alain, *Histoire de mes pensées*, « Matérialisme », Paris, Gallimard, Pléiade, 1958, p. 184-89.
2. Sur la brouille doctrinale entre Brunschvicg et Alain, après 1918, voir A. Sernin, *Alain, un sage dans la Cité*, Paris, R. Laffont, 1985, notamment, p. 97, p. 256 et 268.
3. Sous le titre *Spinoza et ses contemporains*.
4. L. Brunschvicg, *Spinoza et ses contemporains*, Paris, PUF, 1951 4, p. 153.

Il n'y a donc aucun paradoxe : l'approche historique n'est rien moins qu'un recours à une expérience « auxiliaire » qui en elle-même n'est pas intelligible. Envisager le rapport historique au cartésianisme, c'est bien plutôt l'envisager suivant la vérité qui le fonde *sub specie æternitatis*[1]. L'expérience historique du cartésianisme au XVIIe siècle n'est pas une preuve de la vérité *pour toujours* du spinozisme. Mais, à l'inverse, selon une perspective d'histoire « récurrente » comme dira Bachelard[2], c'est la nécessité interne du spinozisme qui permet de vérifier théoriquement le contexte historique. Or ce que laisse se profiler, à l'état d'ébauche, une telle perspective, c'est ce que Bachelard déploiera et radicalisera sous le nom d'« épistémologie non-cartésienne ». Pour Brunschvicg, l'épistémologie contemporaine trouve son point de départ, certes, avec Descartes. Mais

> « en définitive la logique de la science nouvelle est plus forte que les intentions systématiques de Descartes [...]. Le retour aux subtilités et aux complications de la scolastique marque la limite de la philosophie cartésienne ; il en souligne aux yeux des contemporains l'impuissance devant les problèmes nouveaux que cette philosophie même a suscités par le progrès scientifique dont elle procède [...]. Or ce progrès, d'où la philosophie moderne est sortie tout entière, dont aujourd'hui encore la fécondité ne semble pas épuisée, est pour Descartes même [...] la source d'un inextricable embarras »[3].

Or, quel est ce progrès scientifique dont témoigne seulement la pensée cartésienne, en son impuissance même à s'y dérober, et qui la conduit seulement à imaginer[4] ce qui, par contre, se trouve exprimé et expliqué dans et par la puissance du système spinoziste ?

C'est l'avènement du « rationalisme intégral »[5] : « ou la science n'a point de fondement, ou la vérité intégrale est accessible à

1. Spinoza, *Éthique*, V, prop. XXIX.
2. G. Bachelard, *L'Activité rationaliste de la physique contemporaine*, Paris, PUF, 1951, chap. 1er.
3. L. Brunschvicg, *Spinoza et ses contemporains*, *op. cit.*, p. 162-163.
4. « Ce que Spinoza reproche à Descartes, c'est d'être resté fidèle à la superstition scolastique » (*ibid.*, p. 165).
5. *Ibid.*, p. 308.

l'homme[1]. » Descartes imagine que la vérité suppose la distinction de l'âme et du corps, celle de l'entendement et de la volonté et l'intervention d'un Dieu vérace. Or la pensée spinoziste a ceci de remarquable qu'en elle l'intelligence s'affirme majeure, qu'elle s'y trouve émancipée ; mais aussi qu'elle permet, par cette accession même à l'autonomie, de rendre compte de l'enfance de la raison, d'en éclairer ses survivances comme des erreurs, et même bien après Spinoza, comme des réquisits d'une intelligence primitive, divisée et limitée. La conception spinoziste du « vrai » vaut ainsi pour son propre avènement. Sa certitude, aux yeux de Brunschvicg, ne requiert aucune méthode ou signe extérieur qui vienne l'asseoir. Elle se voit par les « yeux de l'esprit » et de l'esprit seul, en pleine possession de son intelligence.

Le prestige du doute cartésien, prétendument fondateur de la science, s'évanouit déjà dans l'épistémologie brunschvicgienne ; plus tard, Bachelard en fera plus brutalement litière. Ainsi, parce que Descartes ne peut être vu qu'à la lumière de la vérité spinoziste, c'est l'examen de la vérité propre à la doctrine cartésienne de l'*intuition* et de l'*évidence* que Brunschvicg substitue à l'émerveillement pour le ténébreux doute :

> « Descartes avait pris conscience du caractère propre à l'intelligence [...] et qui consiste [suivant une formule mémorable, car elle est la clé de la science moderne et de notre civilisation] dans *le mouvement continu et nulle part interrompu de la pensée.* [...] Voici donc que s'ouvre l'âge d'humanité où l'intelligence est définitivement rétablie dans la jouissance pleine de son droit à la vérité [...]. Avec Descartes la sagesse humaine n'attend plus du dehors la lumière comme l'œil le fait pour le soleil. *Elle est elle-même le foyer de l'illumination*[2]. »

Mais cette vérité authentiquement fondatrice est seulement enveloppée négativement par la doctrine cartésienne de l'intuition ; il n'y a rien de positif en elle ; c'est seulement du point de vue du rationalisme intégral de Spinoza que l'erreur de cette doctrine se montre

1. L. Brunschvicg, *Spinoza et ses contemporains*, *op. cit.*, p. 165.
2. L. Brunschvicg, *Les Âges de l'intelligence*, *op. cit.*, p. 87-89.

comme vérité, mais vérité étroite et limitée[1], révolution *avortée* : la remise en cause de l'hétéronomie paradoxale de l'intelligence cartésienne résume toute la critique brunschvicgienne.

> « Si nette qu'ait été au XVIIe siècle le sentiment d'une ligne décisive de partage entre les types d'intelligence, entre les âges de civilisation, cette ligne n'a pu être franchie sans que l'esprit éprouve la tentation de revenir en arrière, naturellement hanté par cette image d'un *au-delà* qui demeure inhérente à la représentation traditionnelle du monde intelligible. Descartes a été le premier à subir cette tyrannie. Entraîné par l'élan, et par le succès même de sa méthode, il en outrepasse les résultats, il en force les ressorts, opposant système à système comme si du premier coup il avait atteint les limites de la raison humaine, relié définitivement le point d'arrivée au point de départ[2]. »

La vérité du « vrai » spinoziste, en deçà de quoi les cartésiens vont régresser par là même, c'est qu'il n'y a aucune régularité absolue, externe au vrai lui-même (« *quid idea vera clarius et certius dari potest, quod norma sit veritatis*[3] *?* »). L'intelligence est autonome parce que l'esprit est *automate*, il progresse sans sortir de lui-même, par son seul travail. Aussi bien les règles qu'imagine Descartes peuvent-elles apparaître, saisies en leur vérité négative, comme les *règles de politesse* de l'esprit scientifique ; mais saisies en leur erreur, elles constituent des *obstacles* au progrès même de l'intelligence : ce que Bachelard en a ainsi dit, avec sa verve caustique[4], Brunschvicg l'avait déjà nettement dégagé :

> « La supériorité que Descartes s'attribue correspond-elle effectivement à un progrès de l'intelligence ? N'indiquerait-elle pas plutôt que la méthode d'analyse stricte revient sur elle-même et se contredit sous prétexte de se dépasser ? [...] Et de là va résulter, à travers tout le XVIIe siècle, une régression paradoxale vers les préjugés et les embarras de

1. Spinoza « a essayé d'établir le cartésianisme intégral à l'encontre de Descartes, qui n'aurait été qu'un demi-cartésien » (*Spinoza et ses contemporains*, *op. cit.*, p. 169).
2. *Ibid.*, p. 94-95.
3. Spinoza, *Éthique*, II, scholie prop. XLIII.
4. Sur ce point voir G. Bachelard, « Le problème philosophique des méthodes scientifiques » (1949), in *L'Engagement rationaliste*, Paris, PUF, 1972, p. 38-40 ; voir aussi *Le Nouvel Esprit scientifique* (1934), *op. cit.*, p. 150-151.

l'âge métaphysique, de l'âge théologique même [...]. Dès les premiers principes de son système, Descartes se trouve prisonnier d'un postulat d'évidence qu'il surajoute arbitrairement au double processus par lequel se caractérise la méthode d'analyse et qu'il ne peut formuler que d'une façon négative : *ne comprendre rien de plus en mes jugements que ce qui se présentait si clairement et si distinctement à mon esprit que je n'eusse aucune occasion de le mettre en doute*[1]. »

De là que Descartes imagine au fond de l'intelligence humaine quelque chose qui la dépasse absolument, seul remède à « l'obsession du malin génie » qui est crainte autant qu'aveu d'impuissance. Mais la conscience de l'impuissance à quoi se résume l'explicitation de la règle d'évidence, ne remédie nullement à l'impuissance ; elle la redouble dans le sentiment de sécurité et d'orgueil, fautes que Brunschvicg, à mots couverts, reproche à Descartes, sans l'accabler – on ne raille pas celui qui pâtit de la tyrannie théologique.

Le « vrai » spinoziste de Platon à Kant

Régressions multiples. Malebranche et Arnauld pourront bien accuser Spinoza d'athéisme, ils ne feront derechef que témoigner de cette même impuissance de l'intelligence sous la figure du ressentiment :

> « Arnauld et Malebranche useront leurs forces dans une controverse sans terme et sans issue qui aura pour conséquence immédiate d'affaiblir le crédit de la pensée catholique, avant même que la querelle de Fénelon et de Bossuet mette aux prises l'élan mystique de la religion et la discipline orthodoxe du culte[2]. »

La philosophie leibnizienne (indépendamment de sa fécondité scientifique) est encore *philosophia ancilla theologiæ*. Les « scolastiques conceptuelles d'un Wolff ou d'un Hegel »[1] étoufferont encore la différence spinozienne. Seul Pascal, autre différence, a repoussé les armes que

1. L. Brunschvicg, *Les Âges de l'intelligence*, *op. cit.*, p. 98.
2. *Ibid.*, p. 99-100.
1. *Ibid.*, p. 101.

Descartes semblait fournir à la cause de la religion en affirmant l'irrationalité de la foi. Seul, en ce sens, le sublime de la foi pascalienne soutient la comparaison avec le sublime de l'intelligence spinozienne :

> « La foi ne se reconnaît plus elle-même dès qu'elle s'autorise de la raison, la raison se renie dès qu'elle se soumet à la foi ; il est également impossible, en d'autres termes, que la raison soit à la base de l'édifice de la foi, que la foi soit au sommet de l'édifice de la raison. »

Mais, progression unique :

> « Spinoza mesure, de son côté, la portée de la foi, et il juge que la raison est capable de l'égaler ; la raison que l'intuition dépasse est une raison abstraite, étalée dans ses propres produits, détachée de l'activité radicale qui est sa réalité ; l'intuition, à son tour, si elle s'en tient à cette négation, se stérilise [...]. La fonction de la raison est donc de nier ce qui dans la foi même demeurait négation[1]. »

Ainsi l'intelligence avec Spinoza acquiert enfin « une puissance d'expansion infinie »[2] parce qu'elle est capable positivement de se dépasser par l'intuition, comme en atteste l'évidence mathématique. Les dernières lignes des *Étapes de la philosophie mathématique* rappellent, citation à l'appui[3], que Spinoza récuse la transcendance mystérieuse de Dieu en faisant luire la mathématique (*aliam veritatis normam*) :

> « L'œuvre libre et féconde de la pensée date de l'époque où la mathématique vint apporter à l'homme la norme véritable de la vérité[4]. »

La récurrence de cette vérité du « vrai » spinoziste s'étend à toute l'histoire de la philosophie ; à grands traits, de Platon à Kant et au néocriticisme intellectualiste que professait lui-même Brunschvicg : la *noésis* platonicienne (le « domaine de l'intelligence pure » dit Brunschvicg) est cette vérité, mais partielle et confuse (« le rêve que faisait Platon »), qui s'avère pleinement dans l'idée de la *connaissance du 3e genre* ; elle ne

1. L. Brunschvicg, *Spinoza et ses contemporains*, *op. cit.*, p. 308-309.
2. L. Brunschvicg, *Les Étapes de la philosophie mathématique*, *op. cit.*, p. 210.
3. Spinoza, *Éthique*, I, Appendice.
4. L. Brunschvicg, *Les Étapes de la philosophie mathématique*, *op. cit.*, p. 577.

dépasse plus les limites de la science positive[1]. Par la « dialectique des genres de connaissance »[2] (l'« imagination », la « raison » et la « Science intuitive »), la *dialectique* ascendante de l'allégorie de la caverne et de l'analogie de la ligne n'est plus « le privilège des âmes extraordinaires aux heures rares de l'enthousiasme et du ravissement »[3] ; elle n'est plus solidaire de la *pistis* méta-mathématique des pythagoriciens (et par conséquent l'exposition *more geometrico* refoule l'exposé allégorique). La vérité de la *noésis*, qui est aussi et surtout celle du passage de l'*eïkasia* et de la *pistis* à la *noésis* moyennant la *dianoïa* devient scientifiquement noétique. Ce retour à Platon ne déroge en rien au point de vue de l'*adéquation interne* du spinozisme : Brunschvicg le souligne nettement[4], c'est Platon qui préfigure Spinoza, quelle que soit l'influence néo-platonicienne, celle de la métaphysique médiévale des théologiens juifs, ou celle de la Renaissance italienne, si tant est que l'on puisse soupçonner en l'une comme en l'autre la méthode spinoziste. Spinoza n'est pas platonicien ; mais Platon est un prototype de Spinoza[5].

En outre, Brunschvicg admire Kant. Et la récurrence est encore plus flagrante dans ce qu'il faut bien appeler le spinozisme du Kant qu'admire Brunschvicg. Kant est un génie dont la critique, malgré son ambiguïté, affranchit *à nouveau* l'intelligence des régressions imputables à la révolution avortée du cartésianisme et fraie, *via* Fichte, la voie ouverte par Spinoza, malgré la franche régression du hégélianisme, jusqu'à l'épistémologie contemporaine :

> « La révolution kantienne ruine-t-elle la conception fondamentale de l'*Éthique* comme il nous a paru qu'elle ruinait dans son principe le système de la *Théodicée* ? Ou bien ne conviendrait-il pas de dire l'inverse ? Ce qui dans la lettre de la doctrine kantienne apparaît incompatible avec l'intellectualisme de Spinoza, c'est, peut-être, ce qui n'est pas

1. L. Brunschvicg, *Les Étapes de la philosophie mathématique*, *op. cit.*, p. 147-148.
2. L. Brunschvicg, *Spinoza et ses contemporains*, *op. cit.*, p. 303, notamment.
3. L. Brunschvicg, *Les Étapes de la philosophie mathématique*, *op. cit.*, p. 148.
4. Voir L. Brunschvicg, *Spinoza et ses contemporains*, *op. cit.*, p. 192-193.
5. Il arrive aussi à Brunschvicg d'exercer la récurrence de Spinoza « en considérant le stoïcisme qui à tant d'égards est le prototype du spinozisme » (*ibid.*, p. 291 *sq.*).

proprement d'inspiration critique, ce qui à travers la révolution opérée par Kant atteste la survivance du disciple de Leibniz et de Wolff. »

Or pour retrouver, recouvrer faudrait-il dire, la vérité du « vrai » spinoziste dans la critique kantienne, Brunschvicg n'hésite pas à faire fougueusement (est-ce un effet de son spinozisme ?) son deuil de tout resserrement de conscience ou de désir frustré :

> « Renoncer [*sic*] à la distinction dogmatique des deux plans de connaissance *[l'entendement et la raison]*, pour concentrer toute la connaissance positive sur le plan unique de la science, ce serait donc, en fin de compte, interpréter la révolution critique dans son sens authentique – et c'est du même coup retrouver la source profonde de l'inspiration spinoziste ». De la sorte, Fichte a été conduit « à développer l'interprétation que Spinoza donnait du *Cogito*. Ce n'est donc pas malgré Kant, c'est de Kant même, que surgissent, aux dernières années du XVIIIe siècle, le rajeunissement et le renouvellement du rationalisme de l'*Éthique*[1]. »

Quoiqu'elle puisse étonner, voire stupéfier, l'assomption de Platon, Descartes Kant et Fichte sous les auspices de Spinoza n'a rien de miraculeux ; et la consternation ne change rien à ce qu'Althusser a qualifié de « pillage » et de « maquillage » :

> « [...] Kant, il le lisait [Brunschvicg] à travers Spinoza, un singulier Spinoza, qui d'être lu comme un spiritualiste dut se retourner dans sa tombe ! [...] L'étonnant mélange qu'il faisait de Platon, de Descartes, de Spinoza et de Kant suffit à entendre où il *tendait*. Brunschvicg était un spiritualiste[2]... »

Il faut prolonger le rire de L. Althusser sur la singularité de ce Spinoza, *rara avis* de la doctrine brunschvicgienne de l'*intelligence*. Car, sous les contorsions qu'elle fait subir *in fine* à Spinoza, c'est sa propre caricature qu'elle donne à voir mais aussi, par là même, à corriger, pour en entrevoir la justesse[3].

1. L. Brunschvicg, *Spinoza et ses contemporains*, *op. cit.*, p. 305-307.
2. L. Althusser, *Philosophie et philosophie spontanée des savants*, *op. cit.*, p. 88-89.
3. Si, comme le disait Canguilhem (et déjà Bergson), une caricature livre mieux qu'une copie fidèle l'essence d'une forme, alors le spinozisme de Brunschvicg atteste qu'une entreprise de rénovation du spiritualisme par Spinoza est une entreprise monstrueuse : il n'est déjà pas si mal d'avérer ainsi la *singularité* de Spinoza, c'est-à-dire en nous livrant l'essence de la forme spiritualiste.

Brunschvicg exagère ; mais cette exagération a le mérite de soustraire Spinoza à la censure anti-matérialiste, d'en faire une source d'inspiration sans honte de la philosophie des sciences, et d'ouvrir une brèche, fût-elle limitée, dans le spiritualisme dominant (pouvait-on, sans encourir l'exclusion, à cette époque, prendre d'autre parti rationaliste que *néo*-spiritualiste ?[1]) : « procédé de la guerre »[2] sur plusieurs fronts ; *contre* tous ceux qui font le « *procès de l'intelligence* »[3] au nom de l'idéal spiritualiste de la *science concrète*. Que celle-ci soit cherchée dans la biologie et l'esthétique (Ravaisson), la biologie et la psychologie (Bergson), la théologie (Blondel), la sociologie et la morale (Comte), plus simplement dans la politique (Alain), ou de façon apparemment plus complexe dans la physique (Meyerson), ne change rien à ce qu'elle implique : tenter d'accéder à la connaissance dite supérieure du rapport intime (non-mécanique) qui avère immédiatement le Pouvoir irréductible de l'Esprit sur ou dans la matière[4] ; et, corrélativement à cette tâche de réconciliation, à la plus grande gloire de l'Esprit, entre la foi, la raison et l'expérience sensible, imaginer une hiérarchie des sciences afin de rejeter sur le plan

1. Bachelard ne sort pas d'une longue nuit spiritualiste mais de la lente aurore qui a suivi le regroupement de jeunes philosophes comme Élie Halévy, Xavier Léon, L. Brunschvicg autour de la fondation de la *Revue de métaphysique et de morale* en 1893, puis, avec André Lalande aussi, la création de la Société française de philosophie, à l'aube de ce siècle.
2. L'expression est de L. Althusser, *Philosophie et philosophie spontanée des savants*, *op. cit.*, p. 89.
3. « Le *procès de l'intelligence*, tel qu'on le voit encore s'instituer de nos jours, ne pourrait se soutenir si ceux qui s'improvisent procureurs avaient à produire l'état civil de la faculté qu'ils incriminent, son acte de naissance et aussi son acte de décès. Mais ils escomptent la pauvreté du langage philosophique, les préjugés et les confusions que favorise son perpétuel anachronisme ; et ils passent outre, en fonçant avec éloquence contre les abstractions conceptuelles dont l'élimination aurait dû être, en loyale justice, portée à l'actif de l'intelligence comprise charitablement et, pour tout dire, intelligemment » (L. Brunschvicg, *Les Âges de l'intelligence*, *op. cit.*, p. 133).
4. Le maquillage brunschvicgien n'avait d'ailleurs nullement laissé dupe l'Académie en 1891 : le Rapport de Waddington juge très inexacts tous les aperçus historiques du Mémoire de Brunschvicg, et spécialement ceux sur le spinozisme de Kant et Fichte. Mais c'était pour mettre gravement en garde contre toute idée du salut par la connaissance scientifique qui suppose qu'aucune *faculté* supérieure n'est requise par la morale, « comme si la science des corps avait qualité pour parler de l'âme » (*op. cit.*, p. 414). Or, écrit Waddington, la morale est « inintelligible et impraticable sans cette faculté » (*ibid.*).

des disciplines *inférieures* celles qui, au premier rang desquelles la mathématique, manquant à leur devoir de n'être que moyens (instrument ou méthode), exercent la « tyrannie matérialiste de l'*abstraction* » (Alain) sur les objets des disciplines supérieures.

Or, les catégories d'*intelligence* et de *connaissance intuitive* qui sont au centre du spinozisme de Brunschvicg sont les armes de la bataille qu'il mène, sur le terrain même du spiritualisme, contre ce qu'il appelle « la réaction au mathématisme »[1], les faux-procès de l'abstraction de la mathématique et de la physique mathématique et, s'ensuivant, d'une part les polémiques stériles qui divisent le spiritualisme sur la manière d'atteindre au plus près l'union de la matière et de l'esprit ; d'autre part les dualismes sans issue qui les alimentent : intuition sensible/intuition intellectuelle, imagination/entendement, concept/intuition, raison/foi, entendement/raison, sujet/objet...

Le monisme et le parallélisme spinozistes, la « dialectique des genres de connaissance », le rejet de la problématique des *facultés* et le modèle mathématique de la « *Science intuitive* » servent ainsi à Brunschvicg pour affirmer que l'unité de la matière et de l'esprit, ne se trouve jamais *déjà* constituée séparément ni dans l'une ni dans l'autre, ni encore dans un rapport abstrait d'extériorité de l'une et de l'autre, mais, bien plutôt, qu'elle est tout entière la production indivisible de l'intelligence humaine. Cette production indivisible est l'*intuition*, laquelle ne requiert aucune *faculté* distincte mais se définit comme la fonction propre de l'intelligence, celle qu'elle accomplit lorsqu'elle parvient à son maximum de puissance : l'auto-affirmation en l'homme de l'idée adéquate en Dieu. « *Verum, sive intellectus* »[2] est le *leitmotiv* de l'« intellectualisme mathématique » (dit aussi parfois « idéalisme mathématique ») ou « idéalisme dynamique » défendu par Brunschvicg ; c'est « la formule qui énonce le principe profond de la conception spinoziste, l'identité

1. L. Brunschvicg, *Les Étapes de la philosophie mathématique*, *op. cit.*, chapitre XXIV.
2. Spinoza, *Traité de la réforme de l'entendement*, § 40, Paris, G.-F., 1964, (traduction Ch. Appuhn).

de la vérité et de l'intelligence »[1] et qui revient régulièrement dans toute l'œuvre brunschvicgienne :

> « L'acte caractéristique de l'intelligence consiste dans l'affirmation de vérité[2]. »

Spinozisme de combat : l'arme absolue de « l'intelligence »

Antérieurement à l'indéniable fonction *ad hominem* qu'elle aura dans la polémique avec le spiritualisme bergsonien, la problématique de l'intelligence et de l'intuition se constitue dès la première rencontre avec Spinoza (fin des années 1880) pour le dégager des accusations que, depuis 1870, le « prétendu « spinozisme » de Taine »[3] avait induit très malencontreusement contre Spinoza (le « cartésianisme immodéré » que lui reprochaient les éclectiques) et contre la mathématique. En outre, elle avait visé d'emblée le « réalisme scolastique » d'origine aristotélicienne, que Ravaisson a remis à l'honneur, par lequel « la mathématique, science des relations en compréhension, a pu être confondue avec la faculté des concepts pris en extension »[4]. Enfin, comme on l'a deviné précédemment, elle a été une réaction contre cet autre pillage par quoi les spiritualistes, depuis l'éclectisme cousinien, n'ont pas cessé de s'approprier les grands noms de la philosophie – Platon, Descartes, Leibniz et Kant – en tournant à leur avantage l'ambivalence de leurs doctrines (l'intuition du « monde intelligible », celle des « idées innées », la transcendance de la théodicée, la foi dans un monde supra-sensible de « choses en soi »).

Si la notion d'intelligence, sous l'influence des travaux de Lévy-Bruhl, après 1910, permet de dénigrer très férocement l'inintelligence, c'est-à-dire la survivance de la « mentalité primitive » chez les philosophes contemporains ; si l'intellectualisme (comme on disait alors

1. L. Brunschvicg, *Spinoza et ses contemporains*, *op. cit.*, p. 23.
2. L. Brunschvicg, *Les Âges de l'intelligence*, *op. cit.*, p. 111.
3. L. Brunschvicg, *Les Étapes de la philosophie mathématique*, *op. cit.*, p. 564. Taine a publié en 1870 *De l'intelligence*.
4. *Ibid.*, p. 563.

de façon péjorative) qu'elle arme vaut aussi contre la psychologie des sentiments d'un Th. Ribot notamment, elle résulte *ab ovo* de la façon dont Brunschvicg *traduit* Spinoza. Il n'est pas indifférent en effet que le *Tractatus de Intellectus Emendatione* ait été traduit systématiquement – jusqu'à ce que Ch. Appuhn publie sa traduction (après 1902) – par *Traité de la Réforme de l'Intelligence ;* et qu'après la traduction de Ch. Appuhn, Brunschvicg traduise, indépendamment du titre, toujours *Intellectus* par *Intelligence*. Le motif est exactement à l'opposé de celui allégué par Appuhn dans son avertissement préliminaire[1].

C'est dans une page consacrée aux errances ante-spinoziennes de Kant que Brunschvicg s'en explique clairement :

> « Le concept, au lieu d'exprimer, dans le sens allemand du *Begriff*, la fonction unifiante du jugement, n'est plus qu'une partie de la proposition, un terme du jugement ; et le jugement à son tour est une partie du raisonnement. Le pis est que Kant trouvait dans la tradition scolastique le moyen de perpétuer l'équivoque et de cristalliser en quelque sorte la contradiction. Deux mots étaient à sa disposition *pour désigner l'intelligence humaine*[2] : entendement (*Verstand*) et raison (*Vernunft*) ; dédoublement qui a sa source dans la distinction platonicienne entre *dianoïa* et *noésis*, mais qui transpose les plans du dynamisme spirituel en un réalisme quasi matérialiste des facultés. [...] Lorsque Kant propose à la raison comme le lieu spécifique de son application l'ordre intelligible des *choses en soi*, il se condamne lui-même à ce paradoxe "que l'intelligible, c'est-à-dire le propre objet de notre intelligence, est précisément ce qui échappe à toutes les prises de notre intelligence"[3]. »

Or, c'est justement la dissolution spinozienne de ce paradoxe cristallisé qui s'explique dans la catégorie d'intelligence. Celle-ci nie la séparation négative du *connaître* et du *comprendre*, de la *ratio*

1. Ch. Appuhn écrit : « J'ai cru devoir conserver le mot d'entendement par déférence pour l'usage établi et aussi parce que l'habitude, qui s'est introduite, de traduire par entendement le *Verstand* de Kant ne doit pas nous empêcher d'user du mot dans le sens cartésien, au moins quand nous l'employons au sujet d'auteurs du XVIIe siècle. *Intelligo* désigne proprement l'acte de *percevoir par l'entendement (intellectus)*, le fait d'avoir une *idée claire d'une chose* ou plus simplement le véritable *connaître*... » (*Traité de la réforme de l'entendement*, *op. cit.*, p. 177).

2. Souligné par nous.

3. L. Brunschvicg, *Les Âges de l'intelligence*, *op. cit.*, p. 112-113 (la citation est de J. Lachelier).

et de l'*intellectus*, de l'*entendement* et de la *volonté*. Elle traduit ce que Brunschvicg appelle « l'unité absolue de la pensée »[1] telle qu'elle s'avère dynamiquement « et non ontologiquement » par le développement « dialectique des genres de connaissance » qui conduit à la « Science intuitive ». Aussi trouve-t-on, souligne Brunschvicg,

> « dans le spinozisme le type, *unique peut-être pour la période moderne*, d'une philosophie *qui n'est pas subordonnée dès l'abord à une psychologie des facultés* »[2].

L'intelligence n'y est soumise à aucun critère de vérité, ni externe (*adæquatio rei et intellectus*) ni même interne : le « vrai » ne s'y impose pas comme une *Présence* (en elle-même inintelligible) mais comme son *produit*. Que la libre volonté cartésienne ne soit pas indifférente à l'évidence des vérités éternelles présuppose la juridiction extrinsèque d'un Dieu de l'imagination capable d'adapter les facultés de l'homme à l'univers, ou celle, dans le malebranchisme, d'une justification divine, non moins extrinsèque à l'intelligence humaine, de la dualité irréductible entre la science des essences intelligibles et la science de l'univers réel. Or,

> « la science intuitive [de Spinoza] se suffit à elle-même ; elle est le développement du dynamisme interne qui fait la nature de la pensée [...]. L'intelligence est une activité coextensive à la vie de l'homme [...]. Dans l'adéquation externe de la chose à l'idée il faut voir le corollaire de cette adéquation interne qui égale aux produits idéaux l'activité déployée pour les produire [...]. Il n'y a pas de *faculté*, au sens réaliste du mot, qui soit capable de limiter du dehors l'action de l'intelligence »[3].

C'est ainsi que Brunschvicg, à partir de l'identité du « *verum, sive intellectus* », peut dire qu'avec Spinoza « le progrès de la science est adéquat au progrès de l'esprit »[4].

Dès lors, toutes les conditions semblent apparemment réunies pour satisfaire les exigences du spiritualisme et en même temps briser

1. L. Brunschvicg, *Spinoza et ses contemporains*, *op. cit.*, p. 307.
2. *Ibid.*, p. 304.
3. L. Brunschvicg, *Les Étapes de la philosophie mathématique*, p. 141-143.
4. L. Brunschvicg, *Spinoza et ses contemporains*, p. 34.

sa stratégie : la *science concrète* ne saurait être recherchée dans l'exploitation de sciences inchoatives qui s'en tiennent encore à un genre de connaissance par imagination ; ni dans celle de sciences que le spiritualisme lui-même voudrait river dédaigneusement à l'*abstraction*[1] (au sens où Brunschvicg a tendance à confondre les fictions logiques ainsi que l'abstraction des nombres et des êtres géométriques avec les notions communes qui, quoique adéquates, dégagent des lois abstraites n'enveloppant pas nécessairement l'existence de ce qu'elles rendent intelligible[2]).

La science intuitive de Spinoza, c'est-à-dire la connaissance mathématique par suite fortement constituée sur cette base de rationalisme intégral (l'essence implique la réalité puisque le monde n'est pas seulement rendu intelligible, l'essence *produit sa compréhensibilité*), s'avère comme la plus concrète de toutes les sciences :

> « La connaissance du troisième genre, connaissance intuitive qui marque le degré le plus élevé de la science [...] n'est pas une science toute formelle, qui tourne autour des choses, pour en décrire les propriétés générales, sans pénétrer dans l'intimité d'une essence spéciale ; *elle est une science concrète* [...]. *Dans l'intuition, la pensée est intimement unie à l'être, elle est l'être même*[3] ; l'âme n'est pas sujet, elle n'a pas d'objet, car sujet et objet ne font plus qu'un, elle est exactement ce qu'elle connaît[4]. »

Dès lors, si l'on suit la « dialectique des trois genres de connaissance » en respectant (apparemment) le monisme et le parallélisme spinozistes, on voit peu à peu se transformer et se resserrer dans l'esprit intelligent l'opposition vulgaire de la matière et de l'esprit. Par la connaissance imaginative, l'esprit paraît extrinsèquement

1. Voir, par exemple, la critique du formalisme mathématique par Alain, *op. cit.*
2. Cette confusion est solidaire du *mathématisme* de Brunschvicg (voir plus loin) : Bachelard, par contre, comme on l'a dit en introduction, se place au point de contact entre expérience et mathématiques ; il voit dans la physique et la chimie une mentalité *abstraite-concrète*, et il accorde, ce faisant, dans le *conflit* entre les images et les concepts, une réelle valeur polémique et heuristique aux *notions communes* (il n'emploie bien sûr pas ce terme spinoziste).
3. Souligné par nous.
4. L. Brunschvicg, *Spinoza et ses contemporains*, *op. cit.*, p. 117-118.

matérialisé ; par la connaissance du troisième genre, la matière est intrinsèquement spiritualisée :

> « Le corps de l'intuition intellectuelle est spiritualisé [...]. Ce que le vulgaire traduit par l'opposition de la matière et de l'esprit, c'est donc le progrès dialectique qui s'accomplit en même temps, et suivant un parallélisme sans lacune, à travers les différentes notions du corps et à travers les différentes notions de l'âme ; c'est le passage de l'extériorité à l'intériorité[1]. »

Mais s'agit-il encore d'un « parallélisme sans lacune », dès lors que Brunchvicg tire abusivement argument du « privilège » (Deleuze) qu'a l'*intellectus* humain de s'expliquer comme partie intégrante de l'*intellectus* infini (c'est-à-dire sa capacité de *comprendre* par ses intuitions, tout uniment dans leur connexion, sa propre essence, celle de Dieu et les essences singulières des autres choses) pour asseoir le spiritualisme ?

Que cette corroboration spinoziste du spiritualisme pût (non sans quelque réticence) être appréciée, le Prix Bordin qu'en obtint Brunschvicg des membres de l'Institut en est un indice tangible ; quelques pages de L. Lavelle parues dans les années 1930 confirment qu'il fallait aussi beaucoup d'œcuménisme et le talentueux prêchi-prêcha de leur auteur pour l'assumer[2].

En effet, si telle est la *tendance* spiritualiste du spinozisme brunschvicgien, elle était sans doute trop monstrueuse pour se survivre comme un événement d'exégèse ou comme une révolution épistémologique ; mais, inversement, par les anomalies qu'il introduisait, si l'on peut ainsi dire, dans son patrimoine génétique, et lorsque, techniquement, la redoutable matérialité des intuitions de la physique mathématique a éclaté à la face du monde, l'infléchissement spinoziste

1. L. Brunschvicg, *Spinoza et ses contemporains*, *op. cit.*, p. 130-131.

2. L. Lavelle, *La Philosophie française entre les deux guerres*, Paris, Aubier Montaigne, 1942 : « Dès que M. Brunschvicg consent à dépouiller la religion de la terreur, de la superstition et du mythe, il parle lui-même le langage de l'*homo religiosus*. Il n'accepterait point de soutenir que la loi d'amour a attendu la constitution de la physique mathématique pour s'imposer à notre conscience, ni que le savant est incapable de la repousser et l'ignorant de l'entendre » (p. 190). Voir aussi, plus édifiant encore, p. 199.

du spiritualisme ne pouvait pas ne pas engendrer, cette fois, une mutation décisive : délesté, au moins en partie, des réquisits d'un spiritualisme qui concentrait et épuisait ses dernières forces dans un combat politique (Alain, Sartre), Bachelard a pu déployer sans fard (comme on a pu parfois le deviner précédemment) les « tremblements de concepts »[1] qu'enveloppait l'incursion de Spinoza par Brunschvicg sur le terrain du spiritualisme. Le silence sur Spinoza de l'œuvre bachelardienne est pour ainsi dire un silence de métonymie ; il éclaire par ses origines la doctrine de Bachelard et il ne peut, comme tel, être entendu qu'en étudiant le truchement de Brunschvicg.

Or l'étude de ce truchement ne permet pas tout à fait de rendre à Brunschvicg ce qui est de Brunschvicg, parmi ce qu'on en retrouve sous la plume de Bachelard. Entre Bachelard et Spinoza, c'est une collusion nécessaire qu'il s'agit d'apercevoir, par-delà l'entremise non moins nécessaire de Brunschvicg. Car la convergence passe indéniablement par le spinozisme de Brunschvicg ; mais aussi, elle se fait finalement et subrepticement aux dépens de celui par l'intermédiaire de qui elle a pu se produire.

De cette collusion, les indices multiples sont convergents. Le matérialisme problématique de Bachelard a fait couler beaucoup d'encre. Or le couplage « dialectique » du « rationalisme appliqué » et du « matérialisme rationnel » peut apparaître, à bien des égards, comme l'effet d'un monisme et d'un parallélisme (certes jamais explicités comme tels) autrement moins lacunaires qu'ils ne sont dans l'intellectualisme de Brunschvicg.

Bachelard et les « doublets brunschvicgiens »

De fait, Bachelard n'insiste pas moins sur la réalité objective (technique et sociale) de la pensée scientifique (la reconstruction expérimentale du réel, les « théories matérialisées », « l'objectivation de la

1. L'expression est de Bachelard à propos de la révolution introduite en physique par la relativité einsteinienne.

pensée », « la valeur inductive des mathématiques ») qu'il ne fait valoir le caractère « surrationnel » de concepts scientifiques aptes à dépasser les conditions kantiennes de l'accord entre concept et intuition sensible (le « surobjet », la « nouménologie » comme organisation d'« objets de pensée »[1]). Le « non-kantisme » de Bachelard consiste à promouvoir un nouveau schématisme qui résout le problème de l'accord entre Idée et noumène par la synthèse du noumène et de la chose en soi[2], et à montrer qu'un tel dépassement est la marque de l'accession de l'homme dans une *culture* scientifique : la transformation corrélative de l'homme et des choses par les pratiques scientifiques (théorétique et technique), c'est la production univoque d'un homme « surrationaliste » et d'un monde « surempirique »[3].

Que l'on ne voie aucune opposition entre la nature spinoziste et la culture bachelardienne[4] : le nouveau monde, cet « univers de la science, l'univers que crée la science » (que Bachelard rattache directement à Brunschvicg : « *l'univers de l'intelligence* »)[5], n'est rien moins qu'un monde intelligible indépendant de l'intérêt théorique de la raison ; c'est un monde « surempirique » où la liberté reçoit une détermination pratique, dans des lois qui ne lui donnent plus seulement, comme condition de réalisation, des postulats métaphysiques et problématiques mais dont la forme est en tous points celle d'axiomes mathématiques effectivement applicables. L'homme devient pour ainsi dire la « cause morale du monde »[6] (Kant). C'est que, sous les catégo-

1. Voir notamment G. Bachelard, *L'Activité rationaliste de la physique contemporaine*, Paris, PUF, 1951, coll. 10/18, 1977, p. 112.
2. Voir G. Bachelard, *L'Activité rationaliste de la physique contemporaine*, *op. cit.*, p. 25 ou encore *Le Nouvel Esprit scientifique*, *op. cit.*, p. 16, où Bachelard parle d'une « réalisation effective du noumène ».
3. Voir notamment G. Bachelard, « Le surrationalisme » (1936), in *L'Engagement rationaliste*, Paris, PUF, 1972.
4. Dans *Le Matérialisme rationnel*, *op. cit.*, p. 33, Bachelard écrit : « La Nature voulant vraiment faire de la chimie a finalement créé le chimiste. »
5. G. Bachelard, « La philosophie de L. Brunschvicg » (1945), in *L'Engagement rationaliste*, *op. cit.*, p. 175.
6. Dans « Valeur morale de la culture scientifique », Bachelard parle d'une « *mathématique morale* » et il explique : « Dès qu'on arrive à raisonner une activité morale, en considérant la

ries d'effort et de travail scientifiques, Bachelard conçoit un formidable accroissement de la puissance d'agir naturelle. Il n'y a pas de transcendance qui sépare le laboratoire culturel du « *laboratoire de la nature* »[1] ; déjà, « la vie institue un premier ordre de facticité »[2], c'est une même puissance de *naturation* qui est à l'œuvre ; seulement avec le travail scientifique, elle est portée à son comble :

> « En suivant les enseignements de la physique mathématique, nous nous trouvons, sans doute pour la première fois, en présence d'une métaphysique qui est positive puisqu'elle s'expérimente. C'est la métatechnique d'une nature artificielle [...]. La physique mathématique est plus qu'une pensée abstraite, c'est une pensée naturée[3]. »

Dire que l'éthique bachelardienne est une philosophie (laïque et humaniste) du salut par la connaissance, c'est tout à la fois en dire trop et trop peu. Trop, car ses dehors renvoient explicitement à Kant et non à Spinoza (même si l'écho souvent fait à Nietzsche pourrait pondérer cette immodération). Trop peu, car le « non-kantisme » (à la fois épistémologique et éthique) procède de Brunschvicg : de sa lecture spinoziste de Kant, ainsi que de son rejet, au nom de la critique

moralité comme la base raisonnable de la sociabilité, on se rend bien vite compte qu'on ne raisonne pas différemment que dans une activité scientifique. La théorétique morale relève donc d'une activité rationnelle. » Et, parallèlement : « Il n'y a pas plus de réalité toute faite en science qu'en morale. La réalité scientifique n'est pas aussi loin qu'il semblerait d'une réalisation morale. Le problème change de face quand on considère la valeur réalisante de la science et de la technique » (in *VIe Congrès international d'éducation morale*, résumés des communications présentées au congrès, Cracovie, 1934, I, Thème général – Bydgoszcz, « Bibljoteka Polska », 1934). Reproduit dans mon petit livre *Bachelard et la culture scientifique*, Paris PUF, 1993.

1. G. Bachelard, *Le Matérialisme rationnel*, *op. cit.*, p. 32.
2. *Ibid.*, p. 33.
3. G. Bachelard, « Noumène et microphysique » (1932), in *Études*, Paris, Vrin, 1970, p. 24. De là aussi la polémique avec la survivance du spiritualisme anti-scientifique propre à l'existentialisme sartrien. Qu'on médite le spinozisme de ces propos : « ...La pensée scientifique se désigne comme une évidente promotion d'existence [...] au lieu d'une existence à la racine de l'être, dans le repos d'une naturelle persévérance à l'être, la science nous propose un existentialisme à la pointe de l'être pensant. La pensée est une force, ce n'est pas une substance. Plus grande est la force et plus haute est la promotion d'être. C'est donc au moment où l'homme élargit son expérience et où il coordonne son savoir qu'il s'institue vraiment dans sa dynamique d'être pensant » (in « Le problème des méthodes scientifiques » [1949], *L'Engagement rationaliste*, *op. cit.*, p. 36).

spinozienne des abstractions, de la logique aristotélicienne. Mais cette lecture est corrigée. Cette correction porte bien sur le sens de l'*intuition* scientifique. Plus précisément, Bachelard corrige ce qu'il a baptisé les « *doublets brunschvicgiens* », « formés ou renouvelés par Brunschvcicg sur le modèle spinoziste de la *natura naturans* et de la *natura naturata* »[1], par l'éloge desquels il a explicité indirectement la place du spinozisme brunschvicgien dans sa propre doctrine.

Les doublets ont été conçus par Brunschvicg à partir de l'interprétation de la connaissance du 3e genre. Lorsque Spinoza affirme, dans la 1re partie de l'*Éthique*, « *Deus, sive Natura* », il présuppose l'univocité de la pensée et de l'être telle qu'elle s'avère dans la récurrence de la connaissance intuitive ; univocité par où, sous la même forme, pensée et être constituent l'essence de Dieu comme « puissance de production » ou « productivité » (dans quoi « le produit ne se distingue pas de ce qui produit »[2]), et contiennent les essences des modes comme des produits qui, représentés isolément (« abstraitement »), reçoivent extrinsèquement leur loi et leur être. Or, c'est en cristallisant les deux pôles de ce rapport d'immanence réciproque, en ignorant l'unité de la Nature naturante et de la Nature naturée, que la connaissance vulgaire en vient aux contradictions métaphysiques entre l'esprit et la matière. Par contre, cette unité est ce dont le mathématicien acquiert « dialectiquement » la jouissance, dans le passage au 3e genre de connaissance, puis dans son application à des problèmes d'abord formulés dans les termes d'une connaissance des 2e ou 1er genres (la « dialectique » brunschvicgienne) :

> « Par la substance de Spinoza il ne faudra rien entendre d'autre que la réalité même, prise dans son intégralité et son unité. L'unité de la substance garantit que nul obstacle ni dans la nature des choses ni dans la nature de l'esprit ne surgira pour arrêter l'essor de la science intellectuelle. L'univers tout entier est intérieur à chaque intelligence ; chaque intelligence porte en elle, comme la loi constitutive de son

1. G. Bachelard, *Le Rationalisme appliqué*, *op. cit.*, p. 10. Voir aussi « La philosophie scientifique de L. Brunschvicg », *L'Engagement rationaliste*, *op. cit.*, p. 173.
2. L. Brunschvicg, *Spinoza et ses contemporains*, *op. cit.*, p. 37.

activité, le principe de l'adéquation entre l'idée et l'*idéat* ; il suffit de réfléchir sur la vérité même de la connaissance pour apercevoir que la fécondité de la méthode s'étend à l'infini, que l'homme est capable de se joindre du dedans à la totalité de la nature, à l'unité de Dieu[1]. »

Brunschvicg aime illustrer cela en reprenant les deux exemples de Spinoza : le calcul de la quatrième proportionnelle à trois nombres donnés (1/2 = 3/6) ; et l'exemple (fût-il peu adéquat selon Spinoza) du calcul de la proportionnalité des segments tracés sur deux sécantes à l'intérieur d'un cercle (l'équivalence des rectangles construits sur leurs segments respectifs, *dd'= ee'*)[2]. Il veut y montrer que le principe de l'adéquation entre la théorie des proportions et le nombre, ou mieux entre l'équation algébrique et la sécante, c'est-à-dire entre l'idée et l'idéat (sa réalité dans l'ordre de l'étendue), pour ainsi dire *explique et implique la « productivité » de la Nature*. C'est pourquoi toutes les connaissances de la science ne sont rien ou demeurent inertes et infécondes si elles sont séparées, comme produits, du mouvement de leur production, tout uniment dans la pensée et l'être. Réciproquement, si l'intuition implique la « productivité », une réalité correspond nécessairement à ses idées. Ainsi par exemple, du nombre *nombré* dans son rapport au nombre *nombrant*, de l'espace *spatialisé* et de l'espace *spatialisant*[3]. *L'intelligence* elle-même est bloquée si elle ne se ressaisit pas comme raison *raisonnante* et *raisonnée*, dans ces doublets qui, selon Bachelard, « révèlent un logos unique, le logos de la réalité humaine, le logos humanisant, humanisé »[4].

Mais il faut un « trait d'union », dit Bachelard, entre chacun des deux termes d'un doublet brunschvicgien : parce qu'au niveau de l'intuition scientifique, ce n'est pas seulement le pouvoir d'objectivation de la pensée qui s'avère : c'est réciproquement, en impliquant et en

1. L. Brunschvicg, *Les Étapes de la philosophie mathématique*, *op. cit.*, p. 146.
2. Spinoza, *Éthique*, II, scholie 2, prop. 40, et scholie prop. 8.
3. Voir, pour illustration exemplaire des doublets brunschvicgiens : L. Brunschvicg, *L'Expérience humaine et la causalité physique*.
4. G. Bachelard, « La philosophie scientifique de L. Brunschvicg », *L'Engagement rationaliste*, *op. cit.*, p. 173.

expliquant tout à la fois la réalité rendue effectivement objective que l'idée enveloppe pleinement la puissance de compréhension de l'esprit, c'est-à-dire tout uniment s'explique par elle.

> « Dans l'acte d'intelligence tel que nous le fait vivre Brunschvicg, il y a une dialectique de la connaissance claire et de l'esprit lucide. L'expliqué s'éclaire, mais l'expliquant s'illumine [...]. On comprendra mal la philosophie du progrès intellectuel si l'on ne suit pas à la trace toutes ses récurrences de la clarté intime, si l'on ne se reconstruit pas dans le moment même où l'on s'instruit[1]. »

« Trait d'union » : le travail scientifique

C'est ici que Bachelard corrige Brunschvicg en faisant valoir une objectivité qui n'est pas homogène à la pensée. Il n'y a pas d'unité « primitive » de la substance que le savant aurait à *re*-trouver dans une « vision unitive » où sujet et objet se confondraient (« rétablir l'intelligence », dit Brunschvicg). Il appartient aux savants d'être théoricien *et* technicien, c'est-à-dire d'effectuer, sans jamais la présupposer, la correspondance biunivoque entre l'objectivation de la pensée et l'objectivité du réel, et, ce faisant, de construire un parallélisme sans lacune, sans aucun rapport d'éminence entre pensée et réalité correspondante (à l'accroissement de la force de pensée correspond une *promotion d'existence*[2]). Dans le logos-humanisant, pas de logos préexistant ; pas de logos sans des occasions de raisonner et ce faisant de construire la pensée humaine rationnelle. Parallèlement, dans le logos-humanisé, pas de réalité déjà prête à recevoir le logos : si le réel est rationnel, c'est qu'il est produit entièrement comme tel, de manière univoque, conjointement à l'activité d'auto-production du logos.

La doctrine bachelardienne du travail humain garde le rationalisme et le monisme ; mais elle se débarrasse de la métaphysique,

1. G. Bachelard, « La philosophie scientifique de L. Brunschvicg », *L'Engagement rationaliste*, *op. cit.*, p. 175.
2. Voir, plus haut, note 4, p. 161.

tant celle de Spinoza que celle de Brunschvicg. Seule, elle peut, aux yeux de Bachelard, rendre compte sans lacune du parallélisme entre la raison mathématicienne s'appliquant et l'expérience physique ou chimique par quoi se trouve produit le nouveau monde, le monde humain de la science. C'est pourquoi les doublets brunschvicgiens

> « doivent être encore plus *serrés* pour bien rendre compte du fort *couplage* des idées et des expériences qui se manifestent dans le développement de la physique et de la chimie contemporaines. Dans cette réalisation d'un fort couplage des idées et des expériences, la pensée scientifique se désigne comme une doctrine des *rapports sans supports* et *sans rapporteur* [...]. L'épistémologie devra donc pratiquer la philosophie dialoguée sur des doublets empruntés surtout à la physique et à la chimie, car ses doublets permettent de préciser la traditionnelle discussion sur la réalité du monde sensible »[1].

Éliminer le « rapporteur », c'est en clair évacuer le Sujet que le spiritualisme de Brunschvicg avait introduit dans le spinozisme. C'est éliminer le privilège d'un Sujet dans lequel serait déjà donnée la Raison. À cet égard, le refus d'une doctrine des facultés et d'une philosophie réflexive de la méthode est bien plus radical et cohérent dans la pensée bachelardienne qu'il n'est dans la doctrine de Brunschvicg :

> « Le rationalisme n'est nullement solidaire de l'impérialisme du sujet. »
> « Avant de savoir compter je ne savais guère ce qu'était la raison[2]. »

Mais cette évacuation du Sujet ne peut aller sans l'évacuation parallèle de la notion de « supports ». Celle-ci présuppose l'existence d'une étendue dématérialisée parfaitement homogène au système des équations mathématiques du Sujet. C'est l'objet auquel le sujet est censé s'unir dans l'intuition intellectuelle, c'est le « corps spiritualisé » par l'activité du sujet qui l'a fait passer de ses relations d'extériorité aux relations d'intériorité mathématiques. La présupposition d'un support est la conséquence d'une conception que Brunschvicg croit pouvoir rattacher à Spinoza d'une substance unique et indivisible, n'ayant

1. G. Bachelard, *Le Rationalisme appliqué*, *op. cit.*, p. 10.
2. *Ibid.*, p. 8 ; *La Philosophie du non*, Paris, PUF, 1940 1, 1981 8, p. 144.

qu'un ordre de relations et dont l'intériorité retrouvée par le sujet parvenu à la maturité de son intelligence justifie *a priori*, et la liaison nécessaire des propositions scientifiques dans la vérité infinie, et l'unité des variations sans nombre dans l'univers infini. C'est cette substance qui est, selon Brunschvicg, « tout enti[ère] en chaque intelligence ».

Ainsi le *mathématisme* de Brunschvicg recèle encore un « impérialisme du sujet » (mît-il fin, par son historicité, au préjugé de la Raison absolue et immuable) et une ontologie qui ont tendance à dématérialiser le domaine de l'étendue : c'est le prix à payer au spiritualisme. La « dialectique » attribuée à Spinoza est platonicienne : ascendante, à sens unique (même s'il y a d'énigmatiques régressions de l'intelligence dans la mentalité primitive). Le conflit entre imagination et intelligence est sans fécondité. La connaissance du 1er genre offre l'apparence d'un esprit matérialisé. La doctrine qui lui correspond est matérialiste, naïve, sensualiste et réaliste. Dans la connaissance du 3e genre, la matière *est* spiritualisée. Ce n'est pas une apparence, elle l'est intrinsèquement : « dans l'intuition, la pensée s'unit à l'être, elle est l'être même ». La doctrine correspondant à ce stade est celle de Brunschvicg. Doctrine néo-spiritualiste ; L. Lavelle n'a pas eu tout à fait tort d'y voir l'*homo sapiens* s'installer dans le monde comme l'homme religieux s'installe en Dieu ; doctrine à laquelle les spiritualistes de la vieille école, comme un Waddington, ont pu tendre une oreille bienveillante.

En outre, la « dialectique » brunschvicgienne des genres de connaissance débouche sur une *solution*, de sorte que la récurrence du vrai n'y est pas effectivement constitutive du vrai lui-même ; elle entraîne surtout une dévalorisation des images et des notions communes. Certes, selon Brunschvicg, vérité et erreur ne sont pas dans une opposition symétrique puisque « l'idée inadéquate est une partie de l'idée adéquate »[1] ; mais il y a un passage de l'erreur à la vérité qui

1. Voir L. Brunschvicg, *Les Âges de l'intelligence*, *op. cit.*, p. 12 : « C'est du point de vue d'une connaissance supérieure, à un degré plus haut de vérité que l'erreur, ainsi que l'a admirablement enseigné Spinoza, s'avère à titre d'erreur, en même temps qu'elle se justifie comme

demeure extérieur (la vérité comme « remède ») à l'erreur : l'erreur se vérifie en tant qu'erreur en se transformant en vérité.

Tout autre est la doctrine bachelardienne, plus proche de Spinoza, de la production nécessaire des erreurs et la dialectique corrélative du vrai comme « erreur rectifiée ». Brunschvicg infléchit la rupture entre imagination et raison en alléguant une déchéance de l'erreur (« disparition », « évanouissement ») rien moins que spinozienne. « La vérité est l'être et l'erreur est le non-être par rapport à la vérité »[1], écrit-il ; mais jamais il n'envisage de montrer comment la *vérification*[2] vient combler objectivement cette privation de connaissance ; comment, de manière toujours conflictuelle, la science vient comme remplir la privation d'être par la *matérialité* de ses objets scientifiques, en rectifiant les objets de la connaissance commune, en niant mais aussi en enveloppant ses images (les impliquant dans le conflit) ; comment elle vient repousser par une « psychanalyse chirurgicale »[3], et non pas éliminer, les images oniriques de la matière. À cet égard, les pages admirables du *Rationalisme appliqué* consacrées à la lampe électrique d'Edison ou à la preuve terrestre de la rotation de la terre par le pendule de Foucault, peuvent être lues comme des exemples d'une authentique didactique spinoziste.

À l'opposé du mathématisme à outrance, la dialectique de Bachelard pratique la philosophie dialoguée du rationalisme appliqué et du matérialisme technique, sur des doublets empruntés (ce n'est pas sans importance) à la physique et à la chimie. Cette dialectique va réciproquement, sans fin, et dans les deux sens, selon une solidarité qui se propage, de l'esprit aux choses. C'est pourquoi il est plausible de rapprocher la fonction des « notions communes » et celle

moment nécessaire dans le progrès de la raison humaine. À la lumière d'Einstein, nous comprenons Newton, ce en quoi il triomphait, ce par quoi il était arrêté… » Cette dialectique brunschvicgienne a indéniablement inspiré les pages de *La Philosophie du non* consacrées à la physique « non-newtonienne ».

1. L. Brunschvicg, *Spinoza et ses contemporains*, *op. cit.*, p. 24 *sq.*

2. Voir G. Bachelard, *Le Nouvel Esprit scientifique*, *op. cit.*, p. 15 : « *Le Monde scientifique est notre vérification* », et Introd., *passim.*

3. G. Bachelard, *Le Matérialisme rationnel*, *op. cit.*, p. 18.

des « guides » expérimentaux de la recherche. Il n'est pas moins nécessaire et fécond, dans cette dialectique, que l'esprit se matérialise et que la matière se spiritualise, pour parler comme Brunschvicg. Mais ces expressions prennent une tout autre signification. Bachelard dit que les phénomènes instrumentés de la phénoménotechnique sont des théories matérialisées de la nouménologie. Il n'y a ni esprit solitaire et oisif ni univers indifférent.

Enfin, tandis que l'imagination n'est pour Brunschvicg qu'un « joug », une liberté de rêver est revendiquée par Bachelard. La science n'est pas cet « exorcisme » (Alain) de la matière où le contentement intellectuel procéderait d'un triste renoncement :

> « Toute une psychanalyse matérielle peut nous aider à guérir de nos images, ou du moins à limiter l'emprise de nos images. On peut alors espérer – ce qui fut le but de nos recherches systématiques sur l'imagination des éléments – pouvoir *rendre l'imagination heureuse*, autrement dit, pouvoir donner bonne conscience à l'imagination [...]. Rendre heureuse l'imagination, lui accorder toute son exubérance[1]... »

Comme on l'a souligné d'emblée, Spinoza, de son côté, qui n'ignorait pas que la connaissance vraie suppose la joie autant qu'elle l'engendre, avait exprimé, au moins à titre d'hypothèse, le projet semblable de libérer l'imagination plutôt que de libérer l'homme de l'imagination.

Le complexe non-spinoziste de Bachelard

En conclusion : Bachelard, qui ne s'est jamais dit spinoziste, n'est en effet pas spinoziste. Brunschvicg qui s'est dit spinoziste ne l'a été qu'au prix d'une caricature du spiritualisme. Mais, c'est aussi ce spinozisme-ci qui a permis à Bachelard de se délester tant du dualisme que du monisme spiritualistes. Cela ne pouvait se faire qu'aux dépens de Brunschvicg. Il y a dans la pensée bachelardienne un « non-spinozisme » dans le style même où Bachelard a parlé de

1. G. Bachelard, *Le Matérialisme rationnel*, *op. cit.*, p. 18.

son « non-kantisme ». Dans le style ou plutôt dans le fond : car le non-kantisme de Brunschvicg résulte de la lecture spinoziste de Kant. Une manière, donc, de conserver Brunschvicg et Spinoza en les niant, parce qu'ils ont été utiles : la méta-technique de la culture au sens bachelardien enveloppe la métaphysique du *Deus sive Natura*, en même temps qu'elle la rejette.

Le monisme et le parallélisme bachelardiens, si ces expressions ont encore un sens, ne sauraient aucunement renvoyer à une unité préexistante de la Nature que la science n'aurait qu'à retrouver. Ils renvoient plutôt à une unité de la *Culture*. Celle-ci, qui serait l'unité de la réalité humaine (ce monde que fait la science), est tout entière à construire par le travail, l'effort spécifiquement humain. Elle n'est jamais définitivement achevée.

De la nature à la culture, Bachelard est, tout au plus, prêt à supposer une même puissance de *naturation* qui va du « laboratoire de la nature », où la chimie cosmique est encore très chaotique, au laboratoire culturel de la science qui ordonne et fait le monde.

6. Bachelard et Kant : nouménologie et phénoménotechnique[1]

LA « PHÉNOMÉNOTECHNIQUE » et, dans une moindre mesure, la « nouménologie » font deux néologismes qui parcourent quasiment tout l'Œuvre de Bachelard. Dans la pensée bachelardienne, ils condensent, et son « bachelardisme » le plus positif – c'est-à-dire son inventivité propre – et son non-kantisme, c'est-à-dire l'usage détourné de deux ou trois notions qui structurent la critique kantienne de la raison : le « noumène », le « phénomène » et la « chose en soi ». Je me propose d'examiner succinctement la thèse centrale – et son scolie – qu'enveloppent ces néologismes indissociables : la science contemporaine connaît positivement les choses en soi dont résulte la production des phénomènes que, ce faisant, elle déclenche et libère artificiellement – ce que l'on continue d'appeler trompeusement « découverte » scientifique. Cette thèse se décompose ainsi : premièrement, la science étudie à présent des noumènes ; deuxièmement, la technique scientifique produit aujourd'hui en laboratoire les phénomènes correspondant à ces noumènes.

1. L'introduction et la première partie de ce texte sont inédites. La suite a paru sous le titre « Bachelard : Phénoménotechnique » dans *Les Cahiers de Noesis*, n° 1, 1999, CRHI Nice, Vrin (*Vocabulaire de la philosophie contemporaine de langue française*, dir. Robert Sasso).

Conséquence de la mathématisation forte des recherches scientifiques qu'elle détermine, la nouménologie signifie l'activité nouvelle d'organisation théorique des sciences physiques (surtout la microphysique) et chimiques par laquelle les choses en soi sont positivement connues en tant qu'« objets de pensée » (« objets rationnels », ou « noumènes »). Ainsi, dépassant la description des seuls phénomènes naturellement donnés dans l'expérience sensible, la science contemporaine est capable de découvrir, avec une certitude apodictique, la soumission de choses en soi à la conception de pures formes mathématiques.

Dans *Le Nouvel Esprit scientifique*, on peut lire :

> « Entre le phénomène scientifique et le noumène scientifique, il ne s'agit plus d'une dialectique lointaine et oisive, mais d'un mouvement alternatif qui après quelques rectifications des projets, tend toujours à une réalisation effective du noumène[1]. »

La nouménologie est le nom donné à l'ouverture de la physique classique par la microphysique, c'est-à-dire à l'effet de la dialectisation du rationalisme classique (et *a fortiori* du positivisme). Ainsi,

> « de la pensée non-newtonienne à la pensée newtonienne, il n'y a pas contradiction, il y a seulement contraction. C'est cette contraction qui nous permet de trouver le phénomène restreint à l'intérieur du noumène qui l'enveloppe, le cas particulier dans le cas général, sans que jamais le particulier puisse évoquer le général. Désormais, l'étude du phénomène relève d'une activité nouménale »[2].

Près de vingt ans après, on lit encore dans, *L'Activité rationaliste de la physique contemporaine*, que

> « l'organisation de la microphysique est nouménale, la microphysique est un domaine de rationalité. L'atome est une touffe de raisons. La

1. G. Bachelard, *Le Nouvel Esprit scientifique*, Paris, PUF, 1934[1], 1978[14], p. 16-17.
2. *Ibid.*, p. 62.

microphysique rationnelle a ses propres principes d'organisation, comme par exemple le principe de Pauli. Le principe de Pauli n'affleure pas dans les phénomènes de la connaissance commune et cependant il rationalise tout un secteur de phénomènes chimiques. Il nous semble donc que la microphysique vienne soudain d'offrir une synthèse de la notion négative de chose en soi et de la notion positive de noumène »[1].

On doit donc se convaincre d'après Bachelard que le phénomène sensible de la phénoménographie usuelle impose des limites à la connaissance, qu'il ne saurait donner une représentation sensible du modèle nouménal dans lequel, cependant, il peut être assimilé comme cas limite. En substituant des noumènes aux phénomènes, les sciences physiques et chimiques contemporaines construisent des modèles théoriques susceptibles d'assimiler non seulement les données phénoménales, mais aussi tout ce possible qu'ensuite la *phénoménotechnique* a pour fonction de rendre expérimentable. Bachelard s'attache ainsi à montrer qu'une théorie générale n'est pas descriptive d'un donné mais la matrice de toutes les possibilités dont le donné primitif n'est qu'un cas particulier qui, pris en lui-même, souffre encore de contingence. C'est pourquoi

> « la révolution épistémologique qu'entraîne la microphysique conduit à remplacer la phénoménologie par une nouménologie, c'est-à-dire par une organisation d'*objets de pensée* [...]. Que de phénomènes directs qui doivent être écartés, barrés, retranchés pour travailler dans la physique de l'électron ! Que de pensées accumulées, coordonnées, discutées pour assurer les techniques de l'électron ! »[2]

1. G. Bachelard, *L'Activité rationaliste de la physique contemporaine*, Paris, PUF, 1951 1, « 10/18 », 1977, p. 25. Pauli était membre du groupe célèbre des « physiciens de vingt ans » qui conçurent la mécanique quantique. Le principe de Pauli est le principe dit d'exclusion (1925) selon lequel plusieurs électrons d'un cortège atomique ne peuvent jamais se trouver dans le même état de mouvement. C'est seulement en 1927 que Pauli parvint à réaliser phénoménotechniquement cette connaissance nouménale, en l'appliquant dans une théorie du paramagnétisme des métaux alcalins. Bachelard insiste souvent sur le fait que l'électron lui-même est tout sauf le concept d'un phénomène positif, c'est-à-dire d'un objet d'intuition sensible. On ne peut pas observer un électron comme on observe la lune.

2. *Ibid.*, p. 112-13.

Ainsi, grâce à ce que Bachelard appelle la valeur inductive des mathématiques, la science peut produire des objets qui échappent à la phénoménalité sensible. Le noumène scientifique qui permet de connaître la chose en soi comme substrat qui se cache derrière ou sous les phénomènes, n'est donc pas une illusion transcendantale qu'il y aurait à refouler. C'est au contraire la pauvreté de la perception du phénomène qui doit être refoulée. Le noumène est donc chose en soi connue ou plutôt chose en soi à connaître. Dès lors, le progrès de la connaissance scientifique n'est plus seulement limité à l'exercice d'un entendement légiférant *a priori* sur les phénomènes sensibles ; il est l'œuvre d'une raison *pure* qui ne renonce plus à ses prétentions ontologiques dans le domaine scientifique. Les axiomatiques sont des principes formels purs qui n'ont pas pour fonction de recevoir, comme des moules à raisonner, les produits de l'entendement, mais plutôt de leur donner réalité. Mais cette réalité donnée à ce que Kant appelait les Idées de la raison n'est pas donnée dans le sens d'une métaphysique négative, comme c'est le cas, par exemple, du point de vue du réalisme platonicien des Idées. Elle est celle d'une structure mathématique qui fonctionne en s'appliquant :

> « L'idée n'est pas de l'ordre de la réminiscence, elle est plutôt de l'ordre de la prescience. L'idée n'est pas un résumé, elle est plutôt un programme. L'âge d'or des idées n'est pas derrière l'homme, il est devant[1]. »

Bachelard ne propose nullement de revenir sur la « révolution copernicienne du sujet » qui fut la révolution du criticisme kantien. Il demeure que, lorsqu'il légifère sur ses objets, l'esprit trouve en lui-même sa propre loi et ne se règle jamais sur eux. La rupture épistémologique du rationalisme classique à l'égard de l'empirisme est une obligation scientifique à laquelle même le relativisme de l'état positif ne cherche pas à déroger. Mais, quant à la nature des objets de la connaissance, il en va tout autrement. Pour Bachelard, il n'est pas illogique d'affirmer que les objets de la science contemporaine sont

1. G. Bachelard, *Le Rationalisme appliqué*, Paris, PUF, 1949[1], 1975[5], p. 122.

des choses en soi. Celles-ci peuvent sans contradiction être soumises au nouvel esprit scientifique, se régler sur lui.

L'activité nouménale des sciences ne concerne pas seulement les corpuscules de la mécanique quantique. Elle est à l'œuvre dès Newton, comme le montre l'exemple de la loi de la chute des corps :

> « La rationalité de la loi de chute, pourvue d'une algèbre simple, est inscrite dans le mouvement de tous les corps à la surface de la terre. Il faut convertir l'immense variété de la phénoménologie de la chute des corps en l'absolue universalité de la nouménologie du mouvement de la chute des graves. Et ainsi le verbe *tomber* passe du langage empirique au langage rationnel ; la chute, dès qu'on a réduit les aspects phénoménaux, reçoit son noumène. Elle peut donner lieu à des problèmes rationnels, à des problèmes *mathématiques.* »

Soulignant ainsi « le travail d'extension des notions en dessous des apparences » Bachelard formule ce qu'il appelle « l'axiome de l'épistémologie » en des termes qui polémiquent implicitement avec l'idée kantienne qu'il n'y a de science (fût-elle *a priori*) que de ce qui est donné dans l'expérience, que la connaissance est d'essence représentative. Bachelard n'ignore pas que le réalisme empirique est en effet tout un aspect du criticisme et que le sujet kantien est à la fois sujet actif et sujet passif. L'axiome de l'épistémologie affirme donc que « *découvrir* est la seule manière active de *connaître* ». « Découvrir » et non pas soumettre des représentations au pouvoir *a priori* de la connaissance, car, explicite Bachelard, « *il n'y a de science que de ce qui est caché* »[1]. Les concepts scientifiques à l'époque du surrationalisme ne sont donc plus des représentations d'objets, même *a priori*. Ils sont la conception d'une pure *forme* d'organisation du réel à connaître (découvrir). D'où la dérive possible du rationalisme en formalisme ou en conventionnalisme. Mais, lorsque la mathématique est mathématisante, elle conçoit la loi scientifique par refoulement de toute matière quelle qu'elle soit, et il ne reste de cette « sublimation de l'expérience »[2] que la

1. G. Bachelard, *Le Rationalisme appliqué*, *op. cit.*, p. 38.
2. G. Bachelard, *Le Nouvel Esprit scientifique*, *op. cit.*, p. 36.

formule mathématique, laquelle est la forme pure de l'organisation universelle d'un domaine de réalité scientifique. C'est pourquoi, sur le terrain de Kant, Bachelard parle de « révolution copernicienne de l'objectivité » : « ce n'est pas l'objet que désigne la précision [scientifique], c'est la méthode »[1]. On le voit bien à propos de l'unification des lois de l'optique et de la mécanique par la mécanique ondulatoire. La liaison onde-corpuscule n'est pas une association phénoménale de deux phénomènes, elle est d'ordre mathématique. Onde et corpuscule, dit Bachelard, sont « des moments différents de la mathématisation de l'expérience ». Les ondes sont « des probabilités de présence pour les corpuscules » ; elles sont « une expression mathématique s'étendant normalement à des espaces de configuration dont le nombre de dimension dépasse le nombre trois, caractéristique de l'espace intuitif ». Il s'agit donc d'une complète « transmutation des valeurs réalistes » : les espaces à *n*-dimensions « offrent à la pensée mathématique le maximum de généralité » et « sont en quelque sorte plus réels que l'espace ordinaire ». Cette « sublimation de la matière » doit, selon Bachelard, nous habituer à « penser tout le réel dans son organisation mathématique » et même « à mesurer métaphysiquement le réel par le possible »[2].

Mais cette nouménologie n'a rien d'une connaissance immédiate, rien d'une évidence intellectuelle. Conformément aux principes de l'interrationalisme, c'est une activité entièrement discursive. Les concepts scientifiques de la microphysique sont des concepts discursifs de choses en soi, en ôtant au sens de chose en soi tout aspect négatif, limitatif et problématique pour la connaissance. La chose en soi appréhendée comme noumène n'est pas seulement non-sensible, elle a une réalité positive : ainsi le corps chimique nouménal est un « *corpus* de lois ». Elle ne restreint pas la connaissance aux phénomènes mais au contraire, elle *pousse* à approfondir *sous* les phénomènes le champ

1. G. Bachelard, *Le Rationalisme appliqué*, *op. cit.*, p. 53.
2. G. Bachelard, *Le Nouvel Esprit scientifique*, chapitres III et IV, « Matière et rayonnement », « Ondes et corpuscules ».

du possible et faire exister ce qui échappe à la perception. Enfin, la possibilité mathématique est plus qu'une supposition, c'est un principe apodictique, qui n'est pas le produit d'une formalisation logique indépendante (mathématique mathématisée) mais d'une information ontologique de l'expérience (mathématique mathématisante).

L'usage bachelardien de la notion de noumène scientifique doit être rattaché à la transgression bachelardienne de l'usage que Kant fait de la notion de noumène quand il est question du « sens transcendantal » des concepts de l'entendement scientifique[1].

Si le noumène est une connaissance, ce ne peut être le noumène dont parle Kant dans la *Critique de la raison pure*. Et pourtant, cet emprunt à Kant n'est pas simplement un emploi à contresens. L'inversion du rapport noumène/phénomène est enveloppée dans un véritable redressement culturel. Cet emprunt, dit Bachelard, « serait rejeté par un kantisme classique ; mais le non-kantisme dont le rôle est de dialectiser les fonctions du kantisme classique peut l'accepter »[2]. Le noumène corrobore donc l'idée d'une dépsychologisation du rationalisme classique par le rationalisme propre au nouvel esprit scientifique. Mais en quoi est-il non-kantien et non pas anti-kantien ?

Dans la *Critique de la raison pure*, Kant affirme que seule l'intuition sensible est susceptible de conférer aux concepts de l'entendement un contenu objectif. Il oppose l'indispensable « usage empirique » des concepts à un « usage transcendantal » qu'il juge, ce faisant, impossible – du moins en science. Kant admet toutefois qu'on puisse saisir le « sens transcendantal » des concepts de l'entendement, en les considérant en eux-mêmes, abstraction faite de leur usage empirique. Les concepts expriment alors « la pensée d'un objet en général ». En effet, le sens transcendantal des concepts purs est défini par Kant comme « la forme pure de l'usage de l'entendement relativement aux objets en

1. Kant, *Critique de la raison pure*, Analytique des principes, chap. III : Du principe de la distinction de tous les objets en général en phénomènes et en noumènes, trad. Trémesaygues et Pacaud, Paris, PUF, 1980, p. 216-232.
2 G. Bachelard, *La Philosophie du non*, Paris, PUF, 1940[1], 1981[8], p. 60.

général et à la pensée ». Le noumène kantien remplit donc hypothétiquement le vide du concept pris en lui-même ; il est la supposition de l'objet du « sens » transcendantal du concept. Portant exclusivement sur les intuitions sensibles, l'entendement est ainsi contraint, dans l'intérêt même de la connaissance, à supposer qu'il existe des choses en soi derrière les phénomènes, lesquelles ne peuvent être connues mais doivent être pensées par la raison au titre de fondement ontologique. C'est donc comme noumènes que les choses en soi sont pensées par la raison en tant que choses non-sensibles qui marquent la limite infranchissable de la connaissance scientifique en la cantonnant dans le domaine des intuitions sensibles.

Le noumène kantien est « problématique », la notion de chose en soi qu'il permet de penser est par là même une notion négative : le noumène « est pensée de quelque chose en général où je fais abstraction de toute forme de l'intuition sensible ». La notion de noumène est problématique parce qu'il ne saurait y avoir d'intuition intellectuelle capable de faire du noumène un objet positif ; un usage purement transcendantal des concepts ne saurait être permis car la raison ne peut pas par elle-même déterminer un objet nouménal. Dans le langage de Kant, le noumène ne correspond pas à un concept de l'entendement mais à une idée de la raison pure. Il ne peut être connu mais seulement pensé.

Ce caractère problématique du noumène présuppose donc la distinction dans l'esprit humain de deux facultés : l'entendement (scientifique, appliqué à des objets d'intuition sensible) et la raison, comme faculté des principes, s'exerçant logiquement sur les jugements et les concepts de l'entendement qu'elle unifie et dont elle impulse le développement dans le sens de sa propre tendance (son intérêt – moral, surtout – pour les choses en soi). Kant tient l'entendement pour une faculté d'objectivation plutôt que de véritable unification des phénomènes : la pluralité des phénomènes qu'il étudie n'est que relativement unifiée par ses concepts. Les principes de la raison interviennent donc pour fonder les concepts scientifiques, sans pour autant les déterminer. La raison n'a pas à proprement parler d'objet, elle n'unifie pas directement les phénomènes de l'expérience objective, mais elle unifie les connaissances de l'entendement[1].

Cet édifice kantien à deux niveaux et les domaines d'usage légitime des facultés qu'il définit sont étrangers à la perspective bachelardienne. Pour Bachelard, l'esprit ne se divise pas en facultés. La pensée pense sur des objets qu'elle connaît ou bien elle ne pense pas du tout : elle rêve, elle imagine. Or Bachelard, en parlant d'objectivité rationnelle de la nouménologie, donne au caractère hypothétique du noumène kantien un caractère apodictique. En niant que le noumène soit seulement de l'ordre de la pensée et non du domaine de la connaissance, il affirme que la chose en soi est scientifiquement connaissable. Si donc le nouvel esprit scientifique est amené à penser un noumène, ce noumène a une valeur objective. Bachelard n'est pas anti-kantien, il ne revient pas à une métaphysique négative, puisqu'il n'affirme pas que le savant est capable d'intuition intellectuelle. La notion d'« intuition dépassée »[2] n'est pas la notion d'intuition intellectuelle. Elle indique seulement qu'il est possible de connaître autre chose que des phénomènes, c'est-à-dire autre chose que ce qui apparaît dans une intuition naturelle sensible. Le nouvel esprit scientifique ne transgresse pas l'interdit kantien : mais l'interdit kantien correspond à l'état positif naissant de la science. L'agnosticisme a été une règle féconde pour l'esprit scientifique en ce qu'il a dûment inhibé un psychologisme d'allure théologique et morale, ou plus simplement d'allure superstitieuse. Mais à présent, il s'agit de le refouler comme obstacle, parce que, comme métaphysique de la nature sensible, le kantisme ne permet plus de marquer la rupture épistémologique entre le psychologisme de la connaissance commune et le non-psychologisme *en acte* du nouveau rationalisme de la science contemporaine. Ce sont donc bien les limites de la nature et, ce

1 Kant, *Critique de la raison pure*, L'Idéal de la raison pure. De l'usage régulateur de la raison pure, chap. III, Livre III, Dialectique de la raison pure, *op. cit.*

2. G. Bachelard, *Le Rationalisme appliqué*, *op. cit.*, p. 158.

faisant. les limites d'une connaissance sensible que le nouvel esprit scientifique refoule positivement. La nouménologie contemporaine dégage la raison des antinomies de la dialectique transcendantale parce qu'elle permet de fonder objectivement les phénomènes scientifiques non pas seulement de façon problématique dans la *négation* du phénomène, mais apodictiquement dans une *affirmation* constructive nécessaire de l'objet scientifique (à la réalisation nouménale du phénomène succède la réalisation technique de cette réalisation nouménale). L'antinomie s'efface dès qu'on considère l'objet de la science non pas comme un *donné* mais comme un objet construit.

Ainsi, la notion kantienne de noumène est conservée par la dialectique bachelardienne. Mais au lieu de marquer la limite *négative* entre science et non-science, elle marque, dans le rationalisme non-kantien que Bachelard appelle en 1936 « surrationalisme », la rupture épistémologique *positive* entre connaissance commune (de l'état positif de la science) et connaissance scientifique (du nouvel esprit scientifique)[1]. Dépsychologiser le kantisme, c'est, pour Bachelard, inhiber la « raison architectonique » par la « raison polémique », c'est « passer de la structure à la fonction »[2].

La phénoménotechnique

Principe de la découverte scientifique, la phénoménotechnique signifie l'activité expérimentale nouvelle des sciences physiques (surtout la microphysique) et chimiques par laquelle des machines de laboratoire produisent des artefacts phénoménaux, qui, dans les conditions naturelles de l'expérience, n'apparaissent pas à la sensibilité ; auxquels des instruments inventés *ad hoc* sont sensibles ; qui, ce faisant, donnent réalité à des « objets de pensée » (*noumènes*) conçus par des théories fortement mathématisées.

1. On lira dans cette perspective l'article de 1934 sur la « Critique préliminaire du concept de frontière épistémologique », G. Bachelard, *Études*, Paris, Vrin, 1970, p. 77-86.
2. G. Bachelard, « La psychologie de la raison », *L'Engagement rationaliste*, Paris, PUF, 1972, p. 27-28.

Le mot « phénomène » renvoie à des métaphysiques intuitives et immédiates, celles du « réalisme » et celles de « l'idéalisme »[1] qui ont fait fond sur une « phénoménologie » ou « phénoménographie » de première prise, c'est-à-dire sur une physique inchoative qui cherche à *décrire* ce qui *apparaît* aux sens[2]. Il semble que le mot ne convienne plus pour comprendre ni l'objet, ni la méthode, ni le projet de la physique après la révolution einsteinienne et même dès la *rupture épistémologique* engagée par Galilée et accomplie par Newton. Moins encore que le macrophénomène de la cinématique classique, le phénomène atomique de la microphysique n'est l'apparition immédiate d'un donné naturel dans les conditions naturelles de l'expérience sensible.

Ce que le phénomène naturel est à la phénoménologie préscientifique, c'est-à-dire un donné immédiat à décrire, le phénomène artificiel l'est à la phénoménotechnique scientifique : il est le résultat entièrement inédit d'un travail théorico-expérimental doublement transformateur du phénomène naturel *et* des conditions naturelles de la perception (« le microscope est un prolongement de l'esprit plutôt que de l'œil »[3]). C'est par le moyen de la phénoménotechnique que « des phénomènes nouveaux sont non pas simplement trouvés, mais inventés, mais construits de toutes pièces » ; « la science atomique contemporaine [...] est une production de phénomènes »[4]. Ainsi la science contemporaine ne procède pas seulement à la constitution de *faits*, elle procède à la prévision rationnelle et à la production technique d'*effets* originaux (effet photoélectrique par exemple) : l'expérimentation n'est plus du tout une observation mais une invention.

Le néologisme est très tôt constitué dans l'épistémologie bachelardienne, sa première occurrence se trouvant, semble-t-il, dans

1. G. Bachelard, *Le Rationalisme appliqué*, *op. cit.*, p. 5.
2. G. Bachelard, « Noumène et microphysique » (1931-32), *Études*, *op. cit.*, p. 19.
3. G. Bachelard, *La Formation de l'esprit scientifique*, Paris, Vrin, 1938 1, 1977, p. 242.
4. G. Bachelard, « Noumène et microphysique » (1931-32), *Études*, *op. cit.*, p. 19 et p. 24.

l'article publié en 1931-1932 : « Noumène et microphysique »[1], où il apparaît d'emblée solidaire, sinon d'autres néologismes, de torsions rhétoriques du langage philosophique. Tels sont les tropes bâtis à partir de la distinction traditionnelle, courante depuis Kant, entre noumène et chose en soi : la science théorico-expérimentale comme « nouménologie », « activité nouménale », « métamicrophysique », « métaphysique positive », « métatechnique d'une nature artificielle »[2]. En définitive, comme Bachelard va jusqu'à l'affirmer nettement en 1951, le statut du produit de la phénoménotechnique dans la typologie de la métaphysique correspondrait plus au concept de la chose en soi qu'au concept de phénomène[3]. Pour un « *Cogito* d'appareils » le produit de la phénoménotechnique donne en effet à expérimenter-mesurer indirectement une puissance de production latente *sous* ou *derrière* des phénomènes naturels, lesquels sont dès lors comme l'arbre qui cache la forêt. Ainsi, après que les mathématiques, procédant à la réalisation nouménale de phénomènes naturels, ont conçu des « objets de pensée » ou « objets rationnels », la phénoménotechnique procède à leur réalisation technique. Les objets de pensée deviennent les objets des expériences factices dont ils formulent pour ainsi dire le programme et le protocole.

Le terme même ou l'idée nouvelle du concept ancien qu'il désigne réapparaît régulièrement et tout au long de l'œuvre sous la plume de Bachelard. Ainsi, dans *Le Nouvel Esprit scientifique* où il sert à caractériser le « réalisme technique » de la physique mathématique, Bachelard répète : « la véritable phénoménologie scientifique est donc bien essentiellement une phénoménotechnique »[4]. Dans *La Formation de l'esprit scientifique*, il souligne que « la phénoménotechnique *étend* la phénoménologie »[5]. Dans *L'Activité rationaliste de la physique contemporaine*, où Bachelard insiste sur

1. G. Bachelard, *Études*, *op. cit.*, p. 11-24.
2. *Ibid.*, *passim.*
3. G. Bachelard, *L'Activité rationaliste de la physique contemporaine*, *op. cit.*, p. 25.
4. G. Bachelard, *Le Nouvel Esprit scientifique*, *op. cit.*, p. 17.
5. G. Bachelard, *La Formation de l'esprit scientifique*, *op. cit.*, p. 61.

« l'objectivité technique » des phénomènes scientifiques, on peut lire : « En suivant la physique contemporaine, nous avons quitté la nature pour entrer dans une *fabrique de phénomènes* »[1] qui ne découvre pas seulement le *comment* mais aussi le *pourquoi* des phénomènes. Dans *Le Matérialisme rationnel*, l'idée de la phénoménotechnique est au cœur de la définition du « matérialisme rationnel et technique » comme position épistémologique propre à la chimie contemporaine : « c'est par un abus de mot qu'on dit du phénomène chimique qu'il est un phénomène *naturel* »[2].

Démythification de l'épistémologie

On peut se demander pourquoi, comme l'exige souvent Bachelard, « le philosophe doit infléchir son langage »[3]. Le néologisme qu'il pratique part du principe que le langage à l'œuvre dans l'étude philosophique des sciences est celui par lequel et en lequel les rapports historiques majeurs entre les discours des philosophes et les discours des savants (ils furent longtemps parfois indissociables) se sont pour ainsi dire *mythifiés*. En ce sens, les métaphysiques philosophiques sont des métalangages eu égard aux langages des sciences. Les noms des grands concepts métaphysiques sont appropriés à des circonstances historiques que l'histoire normative et récurrente des sciences juge « périmées »[4] et il convient donc de les saisir comme *impropres* en des circonstances nouvelles.

Selon R. Barthes[5], c'est l'instabilité historique des concepts mythiques qui oblige le « sémiologue » à adapter une terminologie existante pour pouvoir les nommer. Le néologisme est donc l'invention de mots propres à nommer des « concepts éphémères, liés à des contingences limitées ». Il n'est d'aucun usage pour nommer des

1. G. Bachelard, *L'Activité rationaliste de la physique contemporaine*, *op. cit.*, p. 17 et 193.
2. G. Bachelard, *Le Matérialisme rationnel*, Paris, PUF, 1953 1, 1980 4, p. 22.
3. G. Bachelard, *Le Nouvel Esprit scientifique*, *op. cit.*, p. 7.
4. G. Bachelard, *L'Activité rationaliste de la physique contemporaine*, *op. cit.*, p. 37.
5. R. Barthes, *Mythologies*, Paris, Seuil, 1957[1], 1970[2] : « Le mythe, aujourd'hui », p. 191-247.

concepts dont l'histoire est oubliée et qui sont déjà entièrement lexicalisés (ce que permettent de faire les noms communs se trouvant dans un dictionnaire). Mais, dans une zone de la pensée (le mythe) dont le système singulier est métalangagier et qui requiert l'idiolecte si l'on veut pouvoir en parler, il permet de nommer *l'idée qu'on peut se faire d'un concept donné*, en un certain temps et en un certain lieu, et au demeurant usuellement dénommé. C'est ainsi que la *connaissance commune* des phénomènes est désignée par Bachelard comme phénoménographie.

Le mythe étant un « vol de langage »[1], c'est le principe fonctionnel d'appropriation métalangagière du mythe à une intention historiquement déterminée mais non-assumée comme telle, qui, en définitive, justifie le néologisme comme outil critique de *décryptage* de la « conscience purement imageante »[2]. D'où la stratégie de lecture-réécriture au second degré proposée par R. Barthes : « Puisque le mythe vole du langage, pourquoi ne pas voler le mythe[3] ? » Ainsi, pourrions-nous dire, le néologisme bachelardien se définit en somme par une posture contre-mythique qui fait resurgir, avec l'historicité critique assumée de sa propre intention rationnelle, l'historicité acritique de l'intention du mythe phénoménologique qu'il décrypte (d'où la « naïveté » qui marque régulièrement réalisme et idéalisme aux yeux de Bachelard).

Le mot « phénomène » et les mots de la même famille (du grec φαίνεσθαι : briller, se montrer, apparaître) désigneraient ainsi une conception mythique de l'*objet* que l'*intuition* (en latin, *intueri* : voir), manifeste sous la forme d'*images* (cf. la critique des images familières de « l'expérience première » comme *obstacle épistémologique*[4]). Objet, intuition, image sont des concepts traditionnels en métaphysique, fixés par des traditions et/ou des institutions (d'enseignement) philosophiques qui, peu à peu, en ont pérennisé l'intention. Celle-ci fût-elle en son temps parmi les plus critiques, une telle mythification du langage

1. R. Barthes, *Mythologies*, *op. cit.*, p. 222.
2. *Ibid.*, p. 208.
3. *Ibid.*, p. 222.
4. G. Bachelard, *La Formation de l'esprit scientifique*, *op. cit.*, chap. II.

scientifique ne manque pas de déboucher en définitive sur un risque de mystification épistémologique. L'histoire normative des sciences appelle alors un décryptage.

Par suite, comme néologisme, la phénoménotechnique n'a pas qu'une fonction lexicale : le terme a aussi une fonction éristique. Ainsi lorsqu'il permet de polémiquer sur le sens de la *découverte* scientifique, de l'*expérience* scientifique ou encore de la *réalité* de l'objet scientifique (la réalité objective du neutron comme produit de la phénoménotechnique : « on ne découvre pas le neutron comme si l'on enlevait le couvercle d'une petite boîte »[1] ; « il n'y a de science que de ce qui est caché »[2]) ; contre « le poncif de la contingence de la découverte » (la rationalité de la chimie contemporaine « est productrice de découvertes »[3]). Plus généralement, il est d'abord au cœur du « non-kantisme »[4] de Bachelard : la question de l'usage transcendantal des concepts scientifiques se trouve ainsi reposée ; mais il permet aussi d'alimenter la polémique avec l'expérience du morceau de cire par le *Cogito* cartésien[5] et, dans le prolongement, avec les *cogitata* de la phénoménologie husserlienne[6].

1. G. Bachelard, *L'Activité rationaliste de la physique contemporaine*, *op. cit.*, p. 158.
2. G. Bachelard, *Le Rationalisme appliqué*, *op. cit.*, p. 38.
3. G. Bachelard, *Le Matérialisme rationnel*, *op. cit.*, p. 7.
4. G. Bachelard, *La Philosophie du non*, *op. cit.*, *passim.*
5. G. Bachelard, *Le Nouvel Esprit scientifique*, *op. cit.*, chapitre VI.
6. G. Bachelard, *Le Rationalisme appliqué*, *op. cit.*, *passim.*

7. Bachelard et Comte : le non-naturalisme[1]

A MA CONNAISSANCE, et sauf erreur, le rapport entre la doctrine de Bachelard et celle de Comte n'a pas fait l'objet d'une étude spéciale. Canguilhem a sans doute raison d'écrire que « Bachelard est très éloigné du positivisme » parce que, précise-t-il, « il ne donne pas sa philosophie scientifique pour une science philosophique »[2]. Mais une remarque aussi brève (et d'ailleurs isolée) serait loin d'épuiser la question du degré et de la nature de l'éloignement entre Bachelard et Comte, c'est-à-dire, selon nous, de la distance que Bachelard prend à l'égard de Comte. Il est, d'autre part, non moins vrai que l'on n'a guère davantage étudié le rapport entre Bachelard et la tradition spiritualiste dont il est, sinon dogmatiquement du moins historiquement, un héritier, fût-il aussi atypique qu'on veuille le croire.

Car Bachelard ne sort pas d'une longue nuit spiritualiste. L'épistémologie historique française, qui a trouvé en Bachelard une figure

1. Texte paru dans les *Cahiers philosophiques*, CNDP, n° 73, déc. 1997.
2. G. Canguilhem, « Dialectique et philosophie du *non* chez G. Bachelard », *Études d'histoire et de philosophie des sciences*, Paris, Vrin, 1983, p. 200.

de proue, a procédé d'une lente aurore, laquelle a suivi, notamment, le regroupement de jeunes philosophes comme Élie Halévy, Xavier Léon et Léon Brunschvicg autour de la fondation, en 1893, de la *Revue de Métaphysique et de morale*, puis, avec André Lalande, la création de la Société française de philosophie, à l'aube de ce siècle. La doctrine épistémologique de Boutroux n'a, de surcroît, pas moins ouvert la voie à certains aspects de la doctrine bergsonienne de l'intelligence qu'à quelques thèses bachelardiennes. Mais cette lente aurore n'est-elle pas encore plus ancienne ? Ne pourrait-on pas la chercher dès la rupture qu'engage Ravaisson avec la philosophie cousinienne ? Est-il impossible de trouver à la pensée bachelardienne des racines plus profondes dans le projet spiritualiste de restauration d'une métaphysique ?

Lente aurore de l'épistémologie historique

D'abord, il n'est pas certain que le spiritualisme, à partir de Ravaisson, soit obscurément nocturne et réactionnaire à l'égard des sciences positives, même s'il est vrai que, jusqu'à Bergson et Alain, le projet spiritualiste se caractérise par un souci majeur de restaurer une métaphysique contre un scientisme d'allure matérialiste. Ensuite, il n'est pas sûr que ce spiritualisme n'ait pas, bon gré mal gré, laissé le positivisme se frayer un chemin et, par suite, il n'est pas impossible qu'un tel chemin, si nous le suivions, puisse nous conduire, certes entre autres chemins influents, jusqu'à Bachelard lui-même. Dès lors, l'aurore par laquelle aurait été peu à peu atténué le divorce entre science et philosophie (que Boutroux fut le premier à déplorer comme tel) commencerait peut-être dès l'époque de Ravaisson et Bachelard représenterait plutôt une sorte de zénith.

Il est vrai que globalement le positivisme de Comte, aux yeux du spiritualisme post-cousinien, est suspect parce qu'il incline au scientisme. Par suite, les œuvres qui précèdent le *Discours sur l'ensemble du positivisme* (1848) sont soupçonnées d'incliner vers le matérialisme. Mais, si l'on entre dans le détail du rejet du positivisme, on aperçoit combien fort paradoxal est l'accueil que ceux qui mettent un terme au cousinisme accordent à la doctrine de Comte. Ainsi, le mépris d'un Lachelier contraste avec l'estime d'un Alain. C'est Lachelier qui occupe la position la plus *anti*-positiviste lorsqu'il déclare, par exemple, devant la Société française de philosophie réunie le 25 février 1904, pour rejeter toute entreprise de conciliation avec la doctrine de Comte, que le positivisme a consisté « à ne donner, dans la formation du savoir, aucun rôle à l'esprit, ou du moins, à ne lui donner qu'un rôle passif et réceptif. C'était à peu près » – ajoute-t-il avec une pointe de mépris ironique – « comme si les faits avaient pu se constater et se savoir eux-mêmes »[1].

Certes, Alain prend le parti de Lachelier dans la polémique qui oppose ce dernier à Durkheim ; mais c'est parce qu'il voit dans la sociologie de Durkheim une contrefaçon du vrai positivisme comtien, dont la vérité est pour Alain rien moins que matérialiste. Aussi bien est-ce par Comte qu'Alain dit avoir compris que le matérialisme est une faute. L'« anarchie » de la tendance matérialiste que dénonce Comte sur le plan théorique est interprétée comme une « tyrannie » par Alain qui en envisage surtout les conséquences d'un point de vue politique. Désorganisation du supérieur par l'inférieur, tyrannie de l'inférieur sur le supérieur, de l'abstrait sur le concret. Contre l'idée qui domine depuis le rapport de Ravaisson de 1867, Alain maintient cependant fermement qu'il n'y a pas deux philosophies dans Comte, qu'il n'y a pas de contradiction, ou de renversement tardif en faveur du spiritualisme, entre le *Cours de philosophie positive* (1830-1842) et le *Système de politique positive* (1851-1854).

Mais l'hypothèse d'une lecture spiritualiste de Comte remonte à Ravaisson lui-même. C'est aux yeux de son premier grand critique que le positivisme a déjà trouvé quelque salut. Œcuménique, Ravaisson lui pardonne sa faute matérialiste moyennant une sorte

1. J. Lachelier, *Œuvres de Jules Lachelier*, Paris, Alcan, 1933, t. 2, p. 126.

de procédé cathartique : plutôt que de Comte lui-même, c'est en effet de Ravaisson que l'enseignement philosophique a hérité le pont aux ânes de l'anti-matérialisme selon lequel « le matérialisme est l'explication du supérieur par l'inférieur ». Mais c'est surtout de Ravaisson, et de nul autre, que notre enseignement a hérité aussi la « deuxième maxime » faussement attribuée à l'hypothétique « deuxième philosophie » de Comte ; maxime proprement spiritualiste en vérité, selon laquelle c'est le supérieur qui *doit* expliquer l'inférieur[1]. De là l'assomption par Ravaisson de la « métamorphose du positivisme »[2] en un « positivisme tout opposé »[3]. Ce dernier « approche beaucoup, conclut Ravaisson, de ce que nous avons appelé le positivisme spirituel ou métaphysique »[4]. Or c'est ce « positivisme métaphysique » qu'en 1867, il appelle de tous ses vœux.

Aussi paradoxal que soit l'accueil réservé au positivisme par le spiritualisme post-cousinien, il n'est cependant pas dans mon intention de montrer que Comte est un spiritualiste et que sa doctrine débouche, selon l'oxymore de Ravaisson, sur un « positivisme métaphysique » ou sur ce que Boutroux appelle, en s'inspirant de Leibniz, une « mathématique métaphysique »[5]. Une telle intention tournerait le dos au rejet comtien du spiritualisme qui n'est pas moins net et irrévocable que son rejet du matérialisme. Dans la page du *Discours sur l'ensemble du positivisme* que Ravaisson a rendu célèbre au prix d'une caricature, Comte écrit certes que le matérialisme est une « aberration scientifique », un « danger inhérent à l'initiation scientifique », un « mal profond et étendu ». Mais il prévient déjà contre toute restauration spiritualiste de la métaphysique :

> « Jusqu'ici le mal n'a été contenu que par la résistance de l'esprit théologico-métaphysique ; et cet office provisoire a constitué la destination, indispensable quoique insuffisante, du spiritualisme proprement dit. »

1. F. Ravaisson, *La Philosophie en France au XIXe* siècle, Paris, Fayard, 1984, chap. 9, p. 13.
2. *Ibid.*, p. 137.
3. *Ibid.*, p. 134.
4. *Ibid.*, p. 138.
5. É. Boutroux, *La Philosophie allemande au XVIIe siècle* (1887-88), Paris, Vrin, 1948, p. 75.

Et il précise nettement que si la métaphysique matérialiste est « anarchique », la métaphysique spiritualiste est encore moins acceptable en un sens, puisqu'il la juge, à la lettre, « rétrograde »[1]. On comprend ainsi que peu ou prou, le spiritualisme globalement n'ait pu occuper, même avec Alain, qu'une position rigoureusement *anti*-positiviste.

Avec Brunschvicg, cependant, le contempteur du spiritualisme rétrograde qu'est Comte trouve un adversaire qui, en appliquant à elle-même la loi des trois états, assume d'une façon qui n'est pas seulement sophistique et railleuse, la position du « penseur qui a le plus heureusement insisté sur l'importance de l'histoire des sciences pour interpréter légitimement l'évolution de l'humanité ». Brunschvicg, peu amène à l'égard du « soi-disant prophète », fustige le « *positivisme d'Église* » au nom même d'un juste « *positivisme de raison* ». Ce faisant, il change sensiblement l'angle d'attaque contre le positivisme comtien et il pose dans ses grandes lignes le problème devant lequel Bachelard va se trouver : celui d'un dépassement de l'esprit positif que celui-ci ne puisse rejeter ni comme anarchique ni comme rétrograde, ce qui suppose un authentique accomplissement ou achèvement du positivisme bien compris. Comte est accusé par Brunschvicg de

> « parcourir, mais en sens inverse, en *marche arrière*, tous les âges de l'histoire, jusqu'à ce que, de paradoxe en paradoxe, de préjugé en préjugé, il ressuscite l'état théologique sous la forme la plus grossière du fétichisme »[2].

Ce que la conception brunschvicgienne des « âges de l'intelligence » voue ainsi aux gémonies, c'est surtout l'idée d'une histoire *positive* de la raison : si, au mieux, Comte a l'intelligence de son âge (ce dont Brunschvicg, injustement, ne lui rend pas même grâce), cela ne suffit pas pour qu'il accède à celle des âges de l'intelligence et par conséquent, pour qu'il devine effectivement la mutation de l'esprit que la science positive du XIXe siècle ne fait qu'annoncer.

1. A. Comte, *Discours sur l'ensemble du positivisme* dans le *Système de politique positive*, tome 1, 1re partie, Librairie positiviste Georges Crès, 1912, p. 52.
2. L. Brunschvicg, *Les Âges de l'intelligence*, Paris, Alcan, 1937, p. 7-9.

Avec Bachelard, le problème, dès lors, ne change plus vraiment de face, mais la polémique massive cède le pas à une *dialectique* plus fine et plus féconde. « Dialectique » : le mot requiert d'emblée une définition, puisque c'est dans le sens où Bachelard emploie si souvent ce terme que nous voulons l'utiliser pour caractériser comment la philosophie bachelardienne du « non » permet de passer d'un *anti*-positivisme d'origine spiritualiste, encore assez vivement à l'œuvre quoique déjà sensiblement renversé chez Brunschvicg, à un *non*-positivisme. Comprendre cette négation dialectique du positivisme, c'est la comprendre comme une négation constitutive du nouvel esprit scientifique succédant à l'esprit positif de la science du XIXe siècle. C'est aussi la comprendre comme un élément fécondant de la doctrine bachelardienne (le rationalisme appliqué et le matérialisme rationnel et technique). Il s'agit de comprendre comment le rationalisme bachelardien constitue, comme philosophie de l'expérimentation, le dépassement de la philosophie positive ; dépassement par lequel il peut rendre compte adéquatement de la rupture épistémologique advenue avec la Relativité einsteinienne. En parlant d'une dialectique de positivisme et de non-positivisme à l'origine de la doctrine bachelardienne, nous voudrions ainsi rendre justice au positivisme en indiquant ce que doivent à l'esprit positif, tout uniment, et les sciences physico-chimiques en mutation, et l'épistémologie historique chargée de dégager la philosophie adéquate de cette nouvelle mutation d'un demi-siècle postérieure à Comte.

L'idée d'une dialectique féconde entre des positions épistémologiques antagoniques, en l'occurrence entre le positivisme et le formalisme (comme non-positivisme), du côté des épistémologies idéalistes et, du côté des épistémologies réalistes, entre l'empirisme et le positivisme (comme non-empirisme), n'est pas une dialectique antinomique de type kantien ni une dialectique historique de l'Idée de type hégélien. Elle a trouvé son inspiration dans les sciences, sur le modèle des géométries non-euclidiennes et des mécaniques non-newtoniennes, dans des sciences dont Bachelard souligne avant tout l'origine critique, polémique, des progrès qu'elles accomplissent. La contradiction n'en est pas le moteur. Le moment antithétique est d'emblée, par lui-même, s'il est bien compris, moment synthétique : ce qui fait le « dépassement » selon Bachelard, c'est la capacité d'enveloppement ou d'inclusion de ce qui est nié : l'affirmation nouvelle ne procède pas des négations ; elle est la somme organisée de ces négations, parce que négation veut d'emblée dire rectification critique. Il s'agit plutôt d'un dialogue éristique mais rationnel entre maîtres et disciples qui se contredisent d'abord en s'instruisant réciproquement, pour ensuite former un consensus rationnel, selon le principe que Bachelard appelle le « *Cogito* d'obligation mutuelle » :

> « Je pense que tu vas penser ce que je viens de penser, si je t'informe de l'événement de raison qui vient de m'obliger à penser en avant de ce que je pensais[1]. »

« L'esprit est école »[2], écrit Bachelard, c'est-à-dire : ce qui est capable de s'instruire en instruisant, l'esprit est division de soi en maître et en disciple. Et « la science est école » au plus haut degré ; c'est « une école permanente »[3] où sont cultivées les crises de la raison.

Par suite, « dialectique » signifie primordialement le mouvement de réorganisation, par élargissement, des bases de la science ; mouvement qui conduit, en les généralisant, à la « négation », c'est-à-dire plus clairement, à la variation ou transformation des concepts scientifiques et, corrélativement, à la réélaboration élargissante du champ de première approximation des phénomènes auxquels les concepts s'appliquent. Dans ce champ, le réel donné, le phénomène naturel, n'est plus qu'un cas particulier du possible mathématique. Ce mouvement de « généralisation par le *non* » suppose toujours un pôle primordial de concepts savants (pré-scientifiques ou scientifiques :

1. G. Bachelard, *Le Rationalisme appliqué* (1949), Paris, PUF, 1975, p. 58.
2. *Ibid.*, p. 68.
3. *Ibid.*, p. 16 et 29.

dans ce dernier cas, des concepts positifs) toujours indéfiniment entachés d'empirisme, c'est-à-dire encore rivés à la naturalité de l'expérience première et à la contingence de faits particuliers isolés. Cette généralisation présuppose des concepts, à quelque niveau du progrès du savoir que ce soit, dont la formation scientifique n'a jamais fini d'« inhiber », de « refouler positivement » les images générales premières, et par là même de « sublimer » ou « dépasser »[1], tout uniment, et les limites du champ perceptif de l'expérience naturelle, et les limites du champ où s'exerce la raison. Ce sont toujours de tels concepts *contre* lesquels, les nouveaux concepts savants se forment en élargissant aussi bien leur sphère d'extension que celle de leur compréhension. Cette généralisation n'est pas de l'ordre d'une simplification mais elle procède au contraire de la complexification croissante de l'expérience.

Ainsi, par exemple, le concept d'atome de la microphysique contemporaine est le type même du concept d'un non-objet euclidien, d'un non-corps newtonien :

> « L'atome est exactement la *somme des critiques* auxquelles on soumet son image première [...]. Par ses dialectiques et ses critiques, le surrationalisme détermine en quelque manière un *surobjet*. Le surobjet est le résultat d'une objectivation critique, d'une objectivité qui ne retient de l'objet que ce qu'elle a critiqué. Tel qu'il apparaît dans la microphysique contemporaine, l'atome est le type même du surobjet. Dans ses rapports avec les images, le surobjet est très exactement la non-image. Les intuitions sont très utiles. Elles servent à être détruites[2]. »

Transposée à la philosophie, cette dialectique du non conduit Bachelard à faire un usage qu'il dit « éclectique »[3] des catégories philosophiques, principalement des catégories des rationalismes cartésien et kantien : par exemple un usage non-cartésien de la notion

1. Ces notions qui reviennent régulièrement dans l'œuvre de Bachelard se trouvent notamment dans *La Psychanalyse du feu*, 10/18 (p. 164, par exemple) et dans *La Formation de l'esprit scientifique* (1938), Paris, Vrin, 1977 (p. 23, par exemple).
2. G. Bachelard, *La Philosophie du Non* (1940), Paris, PUF, 1981, p. 139.
3. *Ibid.*, p. 11-12.

d'*évidence*, en soulignant le caractère discursif et opératoire de la clarté des concepts scientifiques, c'est-à-dire, d'une clarté qui surgit de l'application variée des concepts à une expérience toujours rectifiée, à une intuition travaillée ; clarté qui, comme produit critique de cette application variée, est celle d'une « intuition dépassée »[1], résultat toujours provisoire d'une « sublimation »[2] que, grâce aux mathématiques, le savant exerce sur l'expérience primitive.

Autre exemple : Bachelard fait un usage non-kantien des notions de *phénomène*, de *noumène* et de *chose en soi*. C'est par ce non-kantisme que Bachelard est conduit à l'idée d'une « phénoménotechnique » capable de produire expérimentalement, comme choses en soi, des noumènes mathématiques. C'est selon un usage non-kantien que Bachelard peut ainsi écrire que le concept contemporain de l'électron est le concept d'un noumène mathématique qui contient schématiquement les conditions de sa production « phénoménotechnique », comme chose en soi cachée derrière ou sous certains microphénomènes naturels, dans l'expérimentation microphysique que permet une technique rationnelle fortement mathématisée. La notion de chose en soi ne désigne plus alors un problématique donné métaphysique qui serait contradictoirement fondé sur la négation logique du donné. Mais, la chose en soi désigne un produit fondé sur le travail de réélaboration du donné, sur son refoulement positif. C'est par la sublimation mathématique du donné naturel que d'anciens concepts scientifiques se trouvent soumis à variations, déformations (« négations ») s'élargissant à d'autres objets sans cesser de comprendre les objets de l'expérience naturelle ni de s'y étendre (« généralisation ») ; et corrélativement, c'est par la sublimation mathématique du donné naturel que les intuitions antérieures sont conservées dans les intuitions élargies qui les dépassent *positivement*, en donnant effectivement à observer, dans l'« expérimentation nouménale du phénomène »[3],

1. G. Bachelard, *Le Rationalisme appliqué*, *op. cit.*, p. 158.
2. G. Bachelard, *Le Nouvel Esprit scientifique* (1934), Paris, PUF, 1978, p. 36.
3. G. Bachelard, *Le Rationalisme appliqué*, *op. cit.*, p. 124.

la réalisation technique d'un « *objet* de pensée »[1] comme chose en soi. Nous verrons par la suite combien cet usage transcendantal des concepts scientifiques que Bachelard conçoit contre Kant vaudra aussi contre l'agnosticisme de Comte.

Lois et faits scientifiques

Il convient, à présent, de déterminer en quoi les dialectiques de positivisme et de non-positivisme apparaissent décisives pour l'émergence de la double philosophie bachelardienne. Autrement dit, comment la contradiction du positivisme avec les formes idéalistes du rationalisme philosophique favorise l'émergence du rationalisme expérimental dont Bachelard se fait le porte-parole sous le nom de rationalisme appliqué ; et, en même temps, comment la contradiction du positivisme avec les formes empiristes du matérialisme favorise l'émergence de ce que Bachelard appelle le matérialisme technique et rationnel. Après quoi, il faudra comprendre comment l'usage non-comtien de certaines catégories du vocabulaire comtien permet à la philosophie du nouvel esprit scientifique d'entériner et à la fois de dépasser la philosophie de l'esprit positif. Cet examen du non-comtisme suppose la plupart du temps une interprétation de l'implicite. Bachelard n'a pas en effet ouvertement déployé un non-comtisme, dans le sens où, notamment, il a développé tout un chapitre du *Nouvel Esprit scientifique* pour préciser le sens de son « épistémologie non-cartésienne ». Mais il apparaît difficilement contestable que Bachelard ait lu Comte avec attention et précision, ainsi qu'une assez grande honnêteté intellectuelle. Il apparaît aussi que l'usage qu'il fait de notions comme celles de *fait*, de *phénomène*, d'*expérimentation* ou de couples notionnels comme les couples *abstrait/concret*, *général/spécial*, *simple/complexe*, procède d'une dialectisation, le plus souvent implicite, de catégories essentielles de la philosophie positive.

1. G. Bachelard, *Le Rationalisme appliqué*, *op. cit.*, p. 168.

Le point d'orgue par lequel la doctrine bachelardienne peut être comprise à la fois comme un non-positivisme et un surpositivisme se situe sur l'idée de la *nature*. Ce qui fait la valeur d'instruction de la philosophie positive, c'est semble-t-il, aux yeux de Bachelard, qu'elle se constitue dans une dialectique de naturalisme et de non-naturalisme. Si un dépassement des limitations du positivisme est possible, ce n'est certainement pas en revenant sur la critique comtienne de l'idée abstraite de la nature et en restaurant une métaphysique, idéaliste ou réaliste, de la nature ; au contraire, il s'agit de généraliser cette critique. Bachelard assume donc la négation positive du « dernier grand terme du système métaphysique » qui consiste à concevoir « une seule grande entité générale, la *nature*, envisagée comme la source unique de tous les phénomènes »[1] Pour Bachelard comme pour Comte, la nature n'est pas la cause productrice des phénomènes. Bachelard, à sa manière, assume l'interprétation comtienne de la controverse médiévale entre le réalisme et le nominalisme comme une crise qui, en envisageant l'entité Nature comme une désignation du phénomène généralisé – désignation qui dit *non* au dieu spiritualisé qu'elle proroge – prédispose à la conception positive de la loi scientifique. Ce que dit Comte du non-réalisme caractéristique du nominalisme médiéval, Bachelard le montre aussi bien du conventionnalisme contemporain.

Mais la conception positiviste de la loi reste, aux yeux de Bachelard, encore entachée de naturalisme. Dans la mesure où, pour Comte, l'idée métaphysique de nature préfigure le « dogme général de l'invariabilité des lois naturelles »[2], elle garde un intérêt pour l'esprit positif qui admet une certaine régularité des faits. Pour Comte, le

> « type initial des lois naturelles se rapporte à des phénomènes immodifiables pour nous, ceux des mouvements célestes, qui nous rappelleront toujours une nécessité absolue ».

1. A. Comte, *Cours de philosophie positive*, 1re leçon.
2. A. Comte, *Discours sur l'esprit positif*, § 15.

Et il est net sur ce point :

> « Le dogme positiviste suppose partout une stricte invariabilité dans l'ordre fondamental, dont les variations, spontanées ou artificielles ne sont jamais que secondaires ou passagères. Les concevoir comme dépourvues de toutes limites équivaudrait en effet à l'entière négation des lois naturelles[1]. »

Or, c'est bien à cette entière négation des lois naturelles que procède la pensée bachelardienne. Bachelard veut conserver en quelque sorte la tendance critique et anarchique de l'esprit métaphysique dans son dépassement positif. L'idée comtienne selon laquelle les phénomènes naturels peuvent être suspendus, altérés, supprimés ou modifiés[2], l'idée que l'ordre naturel est une « fatalité modifiable » souffrent aux yeux de Bachelard d'une timidité qu'il s'agit de surmonter. Chez Comte, une telle modification n'est possible qu'au niveau des phénomènes qu'il classe parmi les plus complexes, les phénomènes vivants et surtout les phénomènes sociaux. Or, pour Bachelard, cette action encore limitée de l'homme sur la nature s'étend à tous les phénomènes, chimiques, physiques et même astronomiques (j'y reviendrai plus loin, à propos du pendule de Foucault), c'est-à-dire y compris à ces phénomènes célestes qui sont pour Comte ceux dont on ne peut modifier la phénoménalité (le mode d'apparition) et qui constituent, selon lui, le type même de l'idée de loi naturelle. De surcroît Comte, tout en admettant que le phénomène humain est celui sur lequel l'homme peut se montrer le plus transformateur, ne renonce jamais à l'idée que la loi des trois états soit une « grande loi fondamentale, à laquelle est assujetti par une nécessité invariable » « le développement total de l'intelligence humaine »[3]. Certes il s'agit d'une loi dynamique, de filiation ou d'évolution, mais elle admet un ordre qui est continu (sans rupture décisive), qui n'est qu'accidentellement réversible et qui débouche sur un état définitif du développement de l'intelligence : sur le plan collectif,

1. A. Comte, *Discours sur l'ensemble du positivisme*, *op. cit.*, 1re partie, p. 54-55.
2. A. Comte, *Cours de philosophie positive*, 35e leçon.
3. *Ibid.*, 1re leçon.

c'est l'état positif et, parallèlement, sur le plan individuel, c'est l'état de la « virilité », états qui ne connaîtront plus aucune véritable crise de croissance ultérieure.

Pour saisir cette généralisation du non-naturalisme comtien, il faut comprendre que la doctrine épistémologique de Bachelard est une doctrine de la *culture*. Par « doctrine de la culture et du travail », Bachelard entend : « une doctrine de la transformation corrélative de l'homme et des choses[1]. » L'homme est puissance de naturation, il a à exercer et accroître jusqu'au point de rupture la nature saisie comme puissance primitive de naturation.

> « L'homme est homme par sa puissance de culture. Sa nature c'est de pouvoir sortir de la nature par la culture, de pouvoir donner, en lui et hors de lui, la réalité à la facticité[2]. »

Il y a rupture lorsque l'homme assume pleinement son rôle de véritable principe œuvrant de la nature. Tout événement de la raison est un acte culturel marquant, parce que c'est un tel moment de rupture. Le nouvel esprit scientifique est à cet égard un événement culturel révolutionnaire. Célébrant en 1957 le « nouvel essor scientifique » comme une « émergence », Bachelard développe, concernant la mutation culturelle de l'homme, une thèse très nette :

> « L'esprit scientifique, sous sa forme évoluée, dans son activité vraiment assumée, est une *seconde nature*[3]. »

En 1951, lors d'une conférence au Palais de la Découverte, il dit déjà :

> « Je voudrais marquer, dans le style de l'anthropologie philosophique contemporaine, la puissance hominisante de la pensée scientifique[4]. »

Cette hominisation est encore plus frappante pour Bachelard lorsque, à l'automne de sa vie, il peut constater à quel point les

1. G. Bachelard, *L'Activité rationaliste de la physique contemporaine* (1951), Paris, 10/18, 1977, p. 8.
2. G. Bachelard, *Le Matérialisme rationnel* (1953), Paris, PUF, 1980, p. 32.
3. G. Bachelard, « Le Nouvel esprit scientifique et la création des valeurs rationnelles » (1957), *L'Engagement rationaliste*, Paris, PUF, 1972, p. 92.
4. G. Bachelard, « L'Actualité de l'histoire des sciences », *L'Engagement rationaliste*, *op. cit.*, p. 148.

possibles mathématiques, ces noumènes dont il parle dès 1931-1932, ont effectivement suscité des expériences non-naturelles de phénomènes non-naturels. Le dépassement de la nature hors de l'homme est corrélatif de la mutation de l'homme lui-même. C'est pourquoi, par exemple,

> « c'est par un abus de mots qu'on dit du phénomène chimique qu'il est un phénomène *naturel*. Le matérialisme factice, la chimie scientifique, le rationalisme des lois inter-matérielles ont jeté sur le "règne minéral" un réseau de relations qui ne se présentent pas *dans la nature*. L'homme a déterminé des *croisements minéraux* sans nombre. Le vieux concept de noces alchimiques, dûment débarrassé de son matérialisme inné [...], a scellé l'union de corps innombrables [...]. Ici l'activité humaine *augmente* l'ordre de la nature, crée l'ordre, efface le désordre naturel »[1].

Cette généralisation du non-naturalisme comtien conduit Bachelard à polémiquer à propos de la notion essentiellement positiviste de *fait*. Le *fait* est conçu par Comte comme l'indispensable matériau, le solide fondement, que la simple observation fournit, tel un donné primordial, à l'établissement des lois des phénomènes. Certes Bachelard fait sienne, à sa manière, la thèse comtienne selon laquelle l'esprit devenu scientifique est celui qui subordonne constamment l'imagination à l'observation, c'est-à-dire à une expérience déjà rationalisée et qui, sur cette base, découvre des lois qui sont nécessairement expérimentales. Mais, si Bachelard ne parle jamais d'observation scientifique, c'est qu'il se fait une idée plus foncièrement artificialiste de l'expérience scientifique. C'est aussi qu'il n'attribue pas à l'expérience le rôle et la position chronologique que Comte lui assigne. Dans l'*Étude sur l'évolution d'un problème de physique*, dans un passage consacré à l'examen comtien de l'expérience initiale de Fourier, c'est-à-dire le fait observable de l'influence mutuelle entre la température différente de deux corps, Bachelard écrit :

1. G. Bachelard, *Le Matérialisme rationnel*, *op. cit.*, p. 22.

> « Ce fait général reste, croyons-nous, un fait dans toute l'acception empirique du terme. Il ne tombe pas sous la critique souvent répétée que le physicien ne part pas du fait brut, mais d'un fait instrumentalisé. On pourrait en effet accentuer encore la traduction de l'expérience en termes de sensations. Nous touchons là vraiment l'expérience commune[1]. »

Mais, en même temps, il souligne combien déjà chez Comte la positivité du fait repose aussi sur l'adaptabilité de l'expérience aux mathématiques et combien reste valable son non-empirisme.

> « Comte a porté très haut la prise mathématique. Il semble avoir eu une intuition particulièrement profonde de la fonctionnalité physique et mathématique[2]. »

Et plus loin :

> « Quand on reprochera à la physique mathématique une certaine opacité à l'égard du mouvement expérimental, quand on objectera ses artifices, l'incorporation du possible, du vraisemblable, au milieu du réel et du vrai, on ne touchera pas réellement A. Comte, puisque bien au contraire le positivisme accepte délibérément tout intermédiaire[3]. »

Bachelard est d'accord, en 1927, avec Comte pour voir dans l'équation de propagation de Fourier un fait mathématique général. Il accorde ainsi que le positivisme n'est pas « une simple description des faits, mais une explication des faits par des faits d'un autre ordre, par de véritables schémas qui arrivent à rejoindre les faits mathématiques ». Il ajoute :

> « On méconnaît le sens du positivisme si l'on oublie le besoin d'organisation qui l'anime. Dans la cité savante, une stricte économie des efforts doit mettre l'expérience à sa juste place rationnelle. »

En 1927, cependant, Bachelard met déjà un bémol à cette assomption du positivisme : il objecte que dans le positivisme, « il s'agit d'une rationalité plus ou moins élaborée et non pas *a priori*. Il y a

1. G. Bachelard, *Études sur l'évolution d'un problème de physique, la propagation thermique dans les solides* (1927), Paris, Vrin, 1973, p. 58-59.
2. *Ibid.*
3. *Ibid.*

là, précise-t-il, un relativisme du fait à l'idée, fortement marqué par l'état historique de la science »[1].

Au lieu d'un simple bémol sur le sens du rapport entre mathématique et expérience, les œuvres ultérieures de Bachelard vont radicaliser la critique de la notion de fait positif. En voici deux exemples : l'un emprunté à l'étude de la chimie lavoisienne, l'autre à l'étude de l'astronomie pratiquée par Foucault. Au chapitre VI du *Rationalisme appliqué*[1], Bachelard écrit :

> « Tant qu'il s'agissait, dans un esprit positiviste, de déterminer les poids atomiques, la technique – sans doute très précise – de la balance suffisait. Mais quand au XXe siècle on trie et pèse les isotopes, il faut une technique *indirecte*. Le *spectroscope de masse*, indispensable pour cette technique, est fondé sur l'action des champs électriques et magnétiques [...]. La science de Lavoisier qui fonde le positivisme de la balance est en liaison continue avec les aspects immédiats de l'expérience usuelle. Il n'en va plus de même quand on adjoint un *électrisme* au *matérialisme*. Les phénomènes électriques des atomes sont *cachés* [souligne Bachelard contre Comte]. Il faut les instrumenter dans un appareillage qui n'a pas de signification directe dans la vie commune. Dans la chimie lavoisienne on pèse le chlorure de sodium comme dans la vie commune on pèse le sel de cuisine. Les conditions de précision scientifique, dans la chimie positiviste, ne font qu'accentuer les conditions de précision commerciale. »

De là cette formule que nous tenons pour franchement non-positiviste : « les *données*, écrit Bachelard, sont ici des *résultats* ». Bachelard insiste :

> « Les trajectoires qui permettent de séparer les isotopes n'*existent* pas dans la nature [...]. Ce que l'homme *fait* dans une technique scientifique [...] n'existe pas dans la nature et n'est même pas une suite *naturelle* des phénomènes *naturels*. »

Second exemple, plus polémique encore à l'égard de la notion comtienne de *fait*, puisqu'il porte sur un fait astronomique, le fait de la rotation terrestre. Bachelard écrit ceci :

1. G. Bachelard, *Études sur l'évolution d'un problème de physique, la propagation thermique dans les solides* (1927), Paris, Vrin, 1973, *op. cit.*, p. 68.
1. G. Bachelard, *Le Rationalisme appliqué*, *op. cit.*, p. 102-103.

« Les faits s'enchaînent d'autant plus solidement qu'ils sont impliqués dans un réseau de *raisons*. C'est par l'enchaînement conçu rationnellement, que les faits hétéroclites reçoivent leur statut de *faits scientifiques*. Que la terre tourne, c'est donc là une *idée* avant d'être un *fait*. Ce fait n'a primitivement aucun trait empirique [...]. Si Foucault cherche, avec le pendule du Panthéon, une preuve *terrestre* de ce fait *astronomique*, c'est parce qu'un long préambule de pensées scientifiques lui a donné l'idée de cette expérience. Et quand Poincaré dit que sur une terre couverte de nuages cachant les étoiles, les hommes auraient pu découvrir la rotation de la terre par l'expérience de Foucault, il ne fait que donner un exemple de *rationalisme récurrent* répondant à la formule : on *aurait pu*, on *aurait dû* prévoir[1]. »

Or cette formule prend le contre-pied de cette déclaration de Comte que l'on trouve dans la 58e leçon du *Cours de philosophie positive* : « tout prévoir sans avoir rien vu ne peut constituer qu'une absurde utopie métaphysique ». C'est ainsi que Bachelard renverse la formule comtienne du « voir pour prévoir » et du « prévoir pour agir ». S'« *il n'y a de science que de ce qui est caché* »[2], le nouvel esprit scientifique suggère plutôt deux destinations de la science contraires à celles que lui assigne Comte : en premier lieu, le nouvel esprit scientifique suggère qu'il faut prévoir *a priori* ce qui ne se voit pas pour agir ; et agir pour enfin faire apercevoir dans un montage technique ce qui est naturellement inobservable. En second lieu, contrairement à ce qu'affirme Comte dans la 40e leçon du *Cours de philosophie positive*, le nouvel esprit scientifique suggère que plus on peut prévoir *a priori* et plus on peut modifier les phénomènes (Comte dit, à l'opposé, que la faculté de modifier les phénomènes croît consécutivement et proportionnellement à l'imperfection croissante avec laquelle la science prévoit les phénomènes plus complexes). Ce double renversement suppose d'admettre une rupture épistémologique entre connaissance commune et connaissance scientifique. Pour Bachelard, le lien entre la connaissance commune et la connaissance positive n'a pas été assez nettement

1. G. Bachelard, *Le Rationalisme appliqué*, *op. cit.*, chap. VII, p. 123.
2. *Ibid.*, p. 38.

rompu dans la philosophie positive. Et la connaissance positive, comme la connaissance commune, demeure, à ce titre, encore trop souvent une connaissance naturelle de données naturelles. De là, le non-positivisme de la thèse soutenue dans *La Formation de l'esprit scientifique* :

> « L'esprit scientifique doit se former *contre* la Nature, contre ce qui est, en nous et hors de nous, l'impulsion et l'instruction de la Nature[1]. »

Cependant, lorsque Bachelard avance que « le véritable ordre de la Nature, c'est l'ordre que nous mettons techniquement dans la nature »[2], il faut se garder d'interpréter la formule en la réduisant à un idéalisme proche de l'idéalisme kantien. Il arrive sans doute que Bachelard parle, par exemple à propos des espaces géométriques à plus de trois dimensions, de « véritables formes *a priori* de la schématisation »[3]. Mais le schématisme dont il est dès lors question, n'a pas eu à être « arraché à la nature », comme un « art secret caché dans les profondeurs de l'âme humaine » (Kant). L'accord entre les concepts scientifiques et les objets relève de la technique discursive du laboratoire scientifique qui n'est pas un art caché dans la nature : il s'enseigne. Car il ne s'agit plus d'une connaissance naturelle et corrélativement, parce que l'objet connu n'est pas naturel non plus. Tout progrès culturel se définit, selon Bachelard, comme un travail de rupture à l'égard d'un imaginaire ordre naturel objectif, qui n'est jamais autre chose que le désordre subjectif naturel de l'imagination rêveuse par laquelle nous traduisons nos besoins naturels en pseudo-connaissances savantes. Il n'y a pas plus d'harmonie dans la nature qu'il n'y en a entre des facultés de connaître : la raison qui n'est pas innée se forme en refoulant les images premières que nous formons naturellement. La simple subordination de l'imagination à l'observation, que préconise Comte, ne suffit donc pas. Le fait primitivement observé ressortit, aux yeux de Bachelard, encore au domaine de cette pensée naturelle qu'est l'imagination.

1. G. Bachelard, *La Formation de l'esprit scientifique, op. cit.*, chap. II, p. 23.
2. G. Bachelard, *Le Nouvel Esprit scientifique, op. cit.*, p. 111.
3. *Ibid.*, p. 100.

Par suite, l'idée directrice de la science que Bachelard oppose à la destination que lui assigne Comte, ce n'est pas de connaître les lois des phénomènes, au sens positiviste de la notion de loi. Un tel projet de connaissance rive encore à la nature aussi bien l'esprit que ses objets de connaissance : c'est comme nature que l'esprit positif se propose de connaître les phénomènes. Et cela, même s'il s'efforce de se les soumettre, dans le sens où, depuis Kant, on parle de la révolution copernicienne du sujet. Même si, comme l'écrit Comte dans la 58e leçon du *Cours*,

> « l'esprit positif [...] tend toujours à agrandir le domaine rationnel aux dépens du domaine expérimental, en substituant de plus en plus la prévision des phénomènes à leur exploration immédiate ».

Le positivisme est certes un non-empirisme mais il n'accède pas encore à ce « surempirisme » dont Bachelard parle en 1936[1] ; surempirisme qu'il appelle, plus tard, matérialisme technique et rationnel pour désigner cette capacité de la raison à prévoir pour faire techniquement voir ce qui, dans les conditions naturelles de la perception, est toujours caché derrière nos phénomènes. Pour autant, l'idée directrice de la science n'est certes pas d'accéder à la connaissance purement intellectuelle des choses en soi supposées être à l'origine des phénomènes. Bien plutôt, la science vise, à l'instar de la microphysique fortement mathématisée, une « métaphysique qui est positive puisqu'elle s'expérimente ». La science s'affirme comme une « métatechnique d'une nature artificielle » ou encore comme « pensée naturée »[2]. Elle n'établit pas des relations phénoménales générales en utilisant le langage abstrait des mathématiques (les mathématiques ne sont pas pour Bachelard un langage ni un instrument). La science invente plutôt des lois de production de phénomènes dont les relations phénoménales générales (lois) dégagées à l'état positif ne sont plus que des cas particuliers, des cas-limites. D'où cette formule

1. G. Bachelard, « Le surrationalisme », *L'Engagement rationaliste, op. cit.*, p. 8.
2. G. Bachelard, « Noumène et microphysique », *Études*, Paris, Vrin, 1970, p. 24.
3. *Ibid.*, p. 17.

rhétorique, dès 1932, typiquement non-positiviste : « la Physique n'est plus une science de *faits*, elle est une technique d'*effets* (effet Zeeman, Stark...) »[3]. D'où cette autre formule plus tardive (1951) assez clairement polémique à l'égard des limitations positivistes :

> « L'énergétisme quantique n'est pas une simple description des phénomènes ; il met en lumière la *production* des phénomènes. Il ne nous donne pas seulement le *comment* des phénomènes, il nous donne le *pourquoi* des phénomènes[1]. »

Dans ces conditions, l'expérience n'est plus, comme chez Comte, un point de départ et une sanction de l'hypothèse prévisible : « l'expérience est un *but* »[2]. Ce but, c'est de déclencher indirectement l'activité génératrice des phénomènes que Bachelard attribue à la chose en soi cachée derrière ou sous nos phénomènes naturels. Ce faisant, le but visé par l'expérimentation est d'instituer un ordre et une hiérarchie culturels croissants en coefficientant les faits scientifiques de valeurs purement rationnelles qui ressortissent toutes à la valeur inductive que Bachelard accorde aux mathématiques. Comparé à l'ordre culturel croissant par lequel le savant d'aujourd'hui fabrique un monde factice, le domaine d'expérience du vivant naturel est plus monotone, son action est pauvre, son évolution est très lente et son existence est chaotique. En deçà du vivant, par lequel, dit Bachelard, déjà « la nature s'essaie à la facticité »[3], la chimie cosmique de la nature « inerte » n'est qu'une chimie « irrégulière »[4] :

> « L'énorme masse de la nature désordonnée devant le petit lot de phénomènes ordonnés par l'homme ne peut servir d'argument pour prouver la supériorité du naturel sur le culturel. Les minéraux naturels sont, si l'on ose dire, des fossiles de pensée scientifique[5]. »

1. G. Bachelard, *L'Activité rationaliste de la physique contemporaine*, *op. cit.*, chap. V, p. 193.
2. G. Bachelard, *Le Pluralisme cohérent de la chimie moderne* (1932), Paris, Vrin, 1973, p. 229.
3. G. Bachelard, *Le Matérialisme rationnel*, *op. cit.*, p. 32.
4. *Ibid.*, p. 32-39.
5. *Ibid.*, p. 32.

La culture est donc processus et produit d'un travail de rectification d'un esprit scientifique dont les pensées sont à la fois naturantes et naturées. Cependant, ainsi définie, la culture a un devenir qui lui est propre. Elle instruit un devenir historique, dont les « périodes » ou « états »[1] définissent les degrés de culture déterminés (Bachelard parle aussi de degrés de « facticité » de la nature). S'il y a donc une loi historique du développement culturel, ce ne peut en aucun cas être une loi naturelle d'évolution. Le travail de refoulement positif des images, saisi d'un point de vue historique, implique aussi une rectification de l'histoire, une inhibition de la culture dans ses formes primitives. De là que le discontinuisme historique de Bachelard s'oppose au continuisme comtien. Du point de vue de la culture, parce qu'elle engendre ses propres normes, il n'y a pas de nécessité qui lui soit finalement externe. La nature primitive n'est pas autre chose qu'une culture inchoative, une culture pré-hominienne très pauvre ; et la culture primitive est encore soumise aux conditions naturelles de la perception. Elle est une contingence du point de vue de l'histoire jugée. L'histoire de la culture est une « histoire récurrente ». D'où cette autre définition de la culture :

> « D'une manière générale, il y a *culture* dans la proportion où s'élimine la contingence du savoir ; mais cette élimination, jamais complète, n'est même jamais définitive. Elle doit être sans cesse réeffectuée[2]. »

Tant que le progrès culturel reste pris dans la temporalité de l'expérience naturelle, les faits de la pensée naissent et s'enchaînent dans l'ordre naturellement pauvre de la temporalité vécue. Ce qui est naturellement enchaîné est culturellement sans cohérence. Ce qui peut être nécessaire du point de vue de l'évolution naturelle, est culturellement un fait contingent. La culture enveloppe des *mutations* de

1. Ce sont les termes employés par Bachelard : *La Formation de l'esprit scientifique*, *op. cit.*, p. 7-8.
2. G. Bachelard, *Le Rationalisme appliqué*, *op. cit.*, p. 14.

l'espèce humaine. Autrement dit, la culture enveloppe l'accession à un régime de normativité bien supérieur au régime naturel du vivant. Ce nouveau régime de normativité est créateur de valeurs *sui generis* de culture. Dans ces conditions, l'exercice de la pensée n'est plus assujetti aux besoins naturels, à l'utilité, ni donc par suite à des conditions d'opportunité historiquement contingentes. Bachelard note que,

> « en se fondant sur des jugements d'utilité, le positivisme est déjà près de décliner vers le *pragmatisme*, vers cette poussière de recettes qu'est l'*empirisme* »[1].

Parce qu'ils sont prévisibles ou mieux : parce qu'ils peuvent être produits dans l'expérience, les jugements nécessaires de la raison pure deviennent des faits absolument nécessaires et les faits d'expériences cessent d'être *irrationnels*, ou pour le moins d'advenir « sans raison », « par hasard », au gré des rencontres fortuites auxquelles seule notre première nature, celle par laquelle l'esprit se contente de former des images, donne une nécessité naturelle ; nécessité de fait qui est externe à la nécessité de droit de la « seconde nature » par quoi Bachelard caractérise le véritable esprit scientifique pourvu d'une conscience de rationalité dont l'esprit positif est encore, pour l'essentiel, dépourvu.

Il y a culture, dit Bachelard, à mesure que l'*apodicticité* (« pensée consciente de la normativité de pensée ») prend le pas sur l'*assertoricité* (« pensée consciente du fait de pensée »). Bachelard reprend ici la terminologie adoptée par Kant à propos de la modalité des jugements[2]. Selon Kant, la proposition assertorique se montre déjà comme une proposition soumise aux lois de l'entendement. Mais, ajoute-t-il, ce qui est admis assertoriquement, c'est-à-dire comme réel, n'est proprement « affirmé comme inséparablement lié avec l'entendement », c'est-à-dire comme nécessaire en droit, que dans une proposition apodictique. Bachelard psychologise cette distinction, en en faisant un dédoublement réflexif de ce qu'il appelle la « psychologie normative »[3]. L'esprit

1. G. Bachelard, *Le Rationalisme appliqué*, *op. cit.*, p. 6.
2. Kant. Voir « Analytique transcendantale », *Critique de la raison pure*, Paris, PUF, 1980[9], p. 91-92.
3. G. Bachelard, *Le Nouvel Esprit scientifique*, *op. cit.*, p. 140.

scientifique est capable d'une surveillance intellectuelle de soi : le savoir apodictique, c'est le savoir du maître qui se surveille comme maître, qui juge ses jugements. Bachelard (contre Freud) croit en une sorte de Surmoi intellectuel parfaitement rationnel, caractéristique de la maturité de l'esprit scientifique.

> « Entre les pôles de ce dédoublement [réflexif], fonctionne une pensée éminemment active qui constitue précisément la prise de culture [...]. La conscience juge son jugement. Elle apporte une valeur au-dessus d'un fait [...]. La volonté de culture se donne par exemple une heure, une heure vide, où le temps perdra ses obligations vitales. La pensée rationnelle s'établira dans un temps de totale non-vie, refusant le vital. Que la vie, par ailleurs, se déroule et ramène ses nécessités, c'est sans doute une fatalité corporelle. Mais cela ne retranche pas la possibilité de *se retirer du temps vécu*, pour enchaîner des pensées dans un ordre d'une nouvelle temporalité [...]. Dans cette région du *temps suspendu*, où se constitue la normativité de certaines pensées rationnelles, la causalité psychologique tout assertorique de l'acquisition des idées est remplacée par la causalité d'une psychologie technique, d'une psychologie ayant *force d'enseignement*. Au lieu d'une chronologie de la pensée assertorique s'établit une chronotechnique de la pensée apodictique[1]. »

À ce titre, le devenir culturel est autre chose qu'une évolution naturelle de l'esprit. La « récurrence » de l'histoire de la culture signifie réflexion du passé au point de vue normatif de la finalité du présent. Il s'agit de refouler les contingences naturelles par des nécessités culturelles et, par là même, de nantir la culture de gages d'avenir. Des perspectives nécessaires lui étant ouvertes, et sans arrêt rouvertes, la culture se libère ainsi, par ruptures successives, de la contingence du savoir et engendre ses propres normes d'organisation et de développement : « La culture normalise sa propre histoire[2]. »

1. G. Bachelard, *Le Rationalisme appliqué*, *op. cit.*, p. 25-26. *La Dialectique de la durée* publiée en 1936 développe sous le nom de « superpositions temporelles » et de « rythmanalyse » toute une psychologie normative de la dépsychologisation de la connaissance du temps et du temps de la connaissance. C'est à cette psychologie que ce passage du *Rationalisme appliqué* fait directement écho.
2. G. Bachelard, *Le Rationalisme appliqué*, *op. cit.*, p. 137.

Or cette régularisation récurrente de son histoire peut conduire la culture devenue pleinement scientifique jusqu'à d'« heureuses inversions de l'ordre historique »[1]. L'expression est ouvertement dirigée contre la pédagogie de Comte. L'école, pour Bachelard, met ainsi l'esprit dans « une région du temps suspendu ». Et c'est pourquoi Bachelard fustige, dès qu'il en a l'occasion, les pédagogues qui préconisent qu'une leçon de science ne procède pas d'une rupture primordiale avec la connaissance commune, celle-ci fût-elle promue au rang d'une expérience positive, c'est-à-dire d'une judicieuse observation préliminaire.

Résumons : histoire de la culture ne signifie pas : fixer chronologiquement le sens des faits (déterminer des « faits de pensée ») ; mais : évaluer, hiérarchiser, totaliser le sens des faits (déterminer des « normes de pensée »). Fixer le sens des faits est œuvre d'une psychologie et d'une historiographie empiriques de la connaissance commune : c'est là, dans toute son insuffisance, le domaine d'étude des psychologies de première prise. Bachelard rejette, comme Husserl, le nivellement psychologiste de la différence entre pensée logique et pensée naturelle que de telles psychologies empiriques impliquent. C'est à cette erreur aussi que, pour Bachelard, le sociologisme comtien reste encore trop attaché. Mais, il y a psychologie et histoire de l'esprit scientifique, qui sont cette fois des disciplines *normatives*, intégrées dans le travail scientifique lui-même, si les vérités de fait sont ressaisies comme des nécessités propres ou internes de la rectification de l'esprit. C'est là l'objet spécial de la « psychologie normative » et d'un point de vue historique, l'objet d'une « *systématique du renouvellement de culture* »[2].

Périodisation non-comtienne des états historiques de l'esprit

Dans ces conditions, il paraît difficile de concevoir une filiation sans polémique entre l'épistémologie historique de Bachelard

1. G. Bachelard, *Le Rationalisme appliqué*, *op. cit.*, p. 137.
2. *Ibid.*, p. 157.

et l'histoire positive des sciences. Sans doute Comte est-il un pionnier lorsqu'il conçoit l'esprit à travers une histoire qui n'est autre qu'une histoire des sciences, dans laquelle une hiérarchie subordonne l'ordre empirique à un ordre dogmatique. C'est pourquoi Bachelard ne peut pas faire comme si son épistémologie historique était sans aucun antécédent. Dans plusieurs textes, il n'hésite pas à faire de la « loi des trois états » un moyen éclectique de sa propre doctrine ; en particulier dans le discours préliminaire de *La Formation de l'esprit scientifique* et dans quelques pages du *Rationalisme appliqué*. Mais toutes les fois que Bachelard croise Comte, c'est toujours pour s'opposer à son relativisme et à son historicisme.

Bachelard propose à deux reprises de formuler une « loi des trois états » assez parodique. D'abord une loi culturelle des trois états, puis une loi culturelle des *quatre* états. La première distingue « l'état préscientifique » qui couvre la période s'étendant de l'antiquité classique jusqu'aux XVIIe-XVIIIe siècles ; puis « l'état scientifique » qui va de la fin du XVIIIe siècle au début du XXe siècle et qui correspond à l'état positif de Comte ; enfin, « le nouvel esprit scientifique » dont Bachelard fixe exactement le commencement en 1905 (la relativité einsteinienne)[1]. Cette loi formulée en 1938 est revue en 1949 lorsqu'y est ajouté un quatrième état qui, cette fois, conduit à placer l'état positif de Comte en troisième position :

> « Nous croyons que du fait des révolutions scientifiques contemporaines on puisse parler, dans le style de la philosophie comtienne, d'une *quatrième période*, les trois premières correspondant à l'Antiquité, au Moyen Âge, aux Temps Modernes[2]. »

La référence à Comte est déjà explicite dès 1938. Mais aussi, dès 1938, Bachelard n'attache pas une grande valeur à ce découpage historique, qui n'est pas à ces yeux une loi mais une « clarté de premier aspect », un « triptyque » fait de « grossières étiquettes historiques ». Pure dérision de la loi comtienne ? Pas tout à fait. La référence à la loi

1. G. Bachelard, *La Formation de l'esprit scientifique*, *op. cit.*, p. 7.
2. G. Bachelard, *Le Rationalisme appliqué*, *op. cit.*, p. 102.

des trois états est l'occasion de marquer d'importantes oppositions. D'abord l'état théologique disparaît : c'est qu'un tel état n'intéresse pas l'épistémologie. Étant beaucoup trop éloigné de la finalité du présent, la systématique bachelardienne du renouvellement de culture élimine une telle contingence du savoir. Ensuite, la périodisation comtienne, outre que son continuisme n'est pas acceptable pour Bachelard, paraît trop générale, trop imprécise. Ainsi le passage graduel conçu par Comte entre l'état métaphysique et l'état positif manque l'essentiel, c'est-à-dire la rectification de l'esprit, le travail d'inhibition-conversion des intérêts. C'est pourquoi Bachelard propose contre Comte une autre « *loi des trois états* pour l'esprit scientifique » « – cette fois en dehors de toute correspondance historique – », en lui faisant correspondre une « loi des trois états d'âme, caractérisés par des intérêts ». La première hiérarchise dans l'ordre croissant du progrès trois états : « l'état concret », « l'état concret-abstrait » et « l'état abstrait ». La seconde hiérarchise, selon le même ordre trois états d'âme : l'état d'une « âme puérile ou mondaine », puis celui d'une « âme professorale » et enfin l'état d'une « âme en mal d'abstraire et de quintessencier ». Dans chaque série, le troisième état caractérise le nouvel esprit scientifique et l'état positif de Comte est toujours relégué en pénultième position.

À l'état concret,

> « l'esprit s'amuse des premières images des phénomènes et s'appuie sur une littérature philosophique glorifiant la Nature, chantant curieusement à la fois l'unité du monde et sa riche diversité ».

À l'état concret-abstrait, l'état positif,

> « l'esprit adjoint à l'expérience physique des schémas géométriques et s'appuie sur une philosophie de la simplicité »[1].

Indéniablement, Bachelard s'amuse du dogmatisme de Comte. L'état positif n'apparaît pas encore suffisamment délesté du naturalisme de la connaissance commune et l'intérêt de l'âme professorale semble

1. G. Bachelard, *La Formation de l'esprit scientifique*, *op. cit.*, p. 8-9.

bien scléroser l'esprit dans une connaissance commune scolaire rien moins que scientifique : la *culture générale*.

Bachelard défend l'idée d'une « culture générale scientifique »[1], à l'instar de Comte qui, envisageant une « refonte générale de notre système d'éducation », estime que « l'enseignement des sciences peut devenir la base d'une nouvelle éducation générale vraiment rationnelle »[2]. En outre, le modèle de la « réorganisation sociale » dont Comte fait le projet, étant le modèle d'une école où les savants apparaissent comme des pédagogues sociaux, peut à bon droit être rapproché du modèle de l'école permanente dont Bachelard fait un idéal de vie sociale. Mais rien n'est cependant plus contraire à la pensée bachelardienne que l'idée comtienne d'une unification des connaissances par un philosophe « spécialiste des généralités », cette unification des méthodes et des résultats fût-elle tenue pour indéfinie. Bachelard, très souvent, montre combien la culture générale peut pâtir dans une école où « une tête bien faite est malheureusement une tête fermée »[3]. L'étude des généralités scientifiques n'est pour Bachelard qu'une occupation stérile d'école où l'on n'apprend plus rien, c'est-à-dire où l'on ne découvre plus rien. Les litanies sur l'unification des sciences par quoi les partisans de la culture générale dévoient la vraie culture générale scientifique préconisée par Bachelard, qu'elles soient ou non d'origine positiviste, sont assez courantes du vivant de Bachelard. Elles ne peuvent éviter la question posée par la division croissante des disciplines scientifiques qu'en répétant ce que Bachelard appelle les « habituelles homélies contre la spécialisation »[4]. Or, Comte (non sans quelques bémols : il admet « les prodigieux résultats de cette division » des sciences) a donné le ton de ces homélies lorsqu'il s'interroge sur les moyens d'éviter les « inconvénients capitaux » de la spécialisation et « d'arrêter

1. G. Bachelard, « Le problème philosophique des méthodes scientifiques » (1949), *L'Engagement rationaliste*, *op. cit.*, p. 41. « L'actualité de l'histoire des sciences », *ibid.*, p. 147 et 149. *Le Matérialisme rationnel*, *op. cit.*, p. 41.

2. A. Comte, *Cours de philosophie positive*, 1re leçon.

3. G. Bachelard, *La Formation de l'esprit scientifique*, *op. cit.*, p. 15.

4. G. Bachelard, « Le problème philosophique des méthodes scientifiques », *op. cit.*, p. 40.

l'influence délétère dont l'avenir intellectuel semble menacé, par suite d'une trop grande spécialisation »[1]. Pour Bachelard, l'intégration des sciences dans la culture générale obéit au contraire à la « bienheureuse nécessité de la spécialisation »[2]. L'intégration des sciences spéciales dans la culture générale permet ce faisant à cette dernière de s'actualiser en permanence, de réorganiser la systématique du renouvellement de culture. Bachelard en juge ainsi d'après le principe selon lequel on ne s'instruit de façon vraiment scientifique que si sont enseignées les crises de la raison plutôt que cultivées dogmatiquement les normalités de la raison. C'est aussi bien l'héritage aristotélicien que celui de Comte qui sont visés lorsque Bachelard soutient polémiquement :

> « Il n'y a de science primitive que du général ; il n'y a de science en progrès que dans la conquête des spécifications[3]. »

En 1949, il écrit plus explicitement contre Comte :

> « Le positivisme n'a rien de ce qu'il faut pour décider des ordres d'approximations, pour sentir cette étrange sensibilité de rationalité que donnent les approximations de deuxième ordre [...] que nous trouvons dans l'examen attentif des expériences fines et qui nous font comprendre qu'il y a plus de rationalité dans le complexe que dans le simple[4]. »

Si donc l'idée que Bachelard se fait de la culture générale scientifique le conduit assez loin du projet comtien d'une nouvelle pédagogie philosophique des savants, l'utopie scolaire de Bachelard selon laquelle il faut faire la société à l'image de la cité scientifique, c'est-à-dire faire de l'école permanente un modèle de vie sociale, cette utopie politique réorganise en s'y opposant le nouveau système éducatif envisagé par Comte. Pour Bachelard, la recherche d'un tronc commun des sciences, le résumé et la généralisation des méthodes et

1. A. Comte, *Cours de philosophie positive*, 1re leçon.
2. Outre les références données plus haut (note 1, p. 213), voir *L'Activité rationaliste de la physique contemporaine*, *op. cit.*, Introd., V, p. 18-23.
3. G. Bachelard, *Le Pluralisme cohérent de la chimie moderne*, *op. cit.*, p. 12.
4. G. Bachelard, *Le Rationalisme appliqué*, *op. cit.*, p. 6.

des résultats, même conçus dans une pédagogie dynamique qui révise régulièrement la systématisation du savoir, voilà qui arrête le progrès de l'esprit. Bachelard y décèle la marque du souci prévalent, chez Comte, de l'*ordre progressif.* À quoi il oppose la valeur du *progrès par crise*, notamment par l'idée de « culture continuée »[1] ou d'« école permanente ». Si l'on ajoute à cela que la préoccupation de Comte, lorsqu'il envisage la « réorganisation sociale », est de faire de la science un instrument pour assurer au progrès le maximum d'ordre social, on comprend que le projet bachelardien d'une société d'écoliers maintenus en permanence à l'état d'adolescence, c'est-à-dire à l'état de croissance critique[2], appartient à un type de projet *révolutionnaire* parfaitement non-comtien. Si donc l'organisation de la cité scientifique est pour Comte et Bachelard un modèle de cohésion, de légitimité et de progrès pour la société, il est clair que c'est en vertu de raisons et de fins sur lesquelles Bachelard s'oppose à Comte.

Mais la critique va plus loin. Bachelard souligne avec humour ce qu'il appelle « la situation paradoxale » de l'esprit dans l'état positif :

> « Il est d'autant plus sûr de son abstraction que cette abstraction est plus clairement représentée par une intuition sensible[3]. »

Ce paradoxe marque toute la limite du relativisme comtien. Mais c'est aussi, pour Bachelard, le paradoxe du criticisme kantien. L'agnosticisme est ce que la pensée bachelardienne se propose de refouler positivement. Bachelard fait valoir « le devoir de l'abstraction », « le jeu périlleux de la pensée », c'est-à-dire le devoir de dépasser positivement l'expérience en réalisant expérimentalement les noumènes de la pensée scientifique. L'activité de « quintessencier » est caractérisée en un sens qui rompt avec l'usage péjoratif que l'époque moderne a donné à

1. G. Bachelard, « Valeur morale de la culture scientifique » (1936), *Bachelard et la culture scientifique*, Paris, PUF, 1993, p. 7-11.
2. *Ibid.*
3. G. Bachelard, *La Formation de l'esprit scientifique*, *op. cit.*, p. 8.

la notion antique de quintessence. Il ne s'agit pas de revenir à l'état métaphysique ancien, de renouer avec la chimère d'une connaissance absolue, purement intellectuelle de la chose en soi. Il s'agit de dépasser positivement les limites que toute philosophie du phénomène impose à la connaissance. L'esprit en mal de quintessencier, c'est l'esprit qui s'adonne à la *métaphysique positive de la culture*. L'état de la métaphysique positive, c'est l'état qui dépasse vraiment, sans aucune rétrogradation ni anarchie, l'état métaphysique de la loi comtienne. Bachelard montre alors que le positivisme n'est qu'une étape dans ce dépassement et même qu'il ne comprend pas correctement le sens de ce dépassement.

Ainsi, non seulement la périodisation comtienne ne tient pas assez compte des obstacles qui perdurent, mais elle ne saisit pas non plus en quoi l'état positif lui-même peut être un obstacle au progrès de l'esprit. En 1949, Bachelard note que « les trois états désignés par Auguste Comte ont des traces permanentes en tout esprit »[1]. L'état positif est donc lui-même un obstacle au progrès du nouvel esprit scientifique. Il est encore lié aux besoins que l'esprit préscientifique traduit en connaissance commune. Avec lui, l'homme ne sort pas encore suffisamment de la nature. Bachelard évoque le

> « mythe comtien qui pose une répétition du développement historique des sciences dans le développement de culture scientifique de l'individu ».

Il précise que le parallélisme histoire/culture lui

> « paraît une vue schématique et [que], dans une culture scientifique aussi complètement renouvelée qu'est la culture scientifique, cette vue est un trompe-l'œil »[2].

La périodisation comtienne allègue donc une nécessité de fait qui, du point de vue des normes et des valeurs culturelles auquel se place Bachelard, est en vérité contingence. Le point de vue de Comte est purement *assertorique*, jusque dans la détermination de la fin du

1. G. Bachelard, *Le Rationalisme appliqué*, *op. cit.*, p. 105.
2. *Ibid.*, p. 157.

développement historique. D'une part, parce que l'état positif ne normalise ni précisément ni même effectivement son passé, à peine retient-il l'état métaphysique comme une transition naturelle ; et d'autre part, surtout, parce que l'esprit positif lui-même, s'il est normal, n'est pas normatif, il n'est pas gage d'avenir : le quatrième état qu'y ajoute Bachelard, sous le nom de « métaphysique positive », n'est pas envisageable. Il n'y a aucune raison dans la démarche de Comte pour que l'esprit dépasse l'état positif. Le rationalisme bachelardien se doit donc de montrer comment le nouvel esprit scientifique normalise spécialement l'esprit positif.

Dans la systématique du renouvellement de culture, toute interprétation positiviste du rationalisme contemporain est une régression culturelle. Ainsi (par régression dans les profils épistémologiques de la *Philosophie du Non*[1], ou dans le tableau du *Rationalisme appliqué*[2]) en passant du rationalisme appliqué et du matérialisme technique au positivisme, Bachelard estime qu'« on perd tous les principes de la nécessité »[3]. Contre l'empirisme, le positivisme apparaît comme un « empirisme clair »[4] qui est le « gardien de la hiérarchie des lois »[5]. « Mais cette hiérarchie des lois n'a pas la valeur d'organisation des nécessités clairement comprises par le rationalisme[6]. » L'esprit positif est conscience empirique, non pas conscience de rationalité. Il établit une chronologie de la pensée consciente des faits de pensée, et non pas cette « chronotechnique » de la pensée consciente de la normativité des pensées que préconise Bachelard. C'est que l'état positif ne réorganise pas l'ordre chronologique naturel en un ordre culturel. Plutôt qu'un dépassement de l'esprit métaphysique, l'esprit positif est principalement limitatif ; il limite seulement la connaissance de l'ordre naturel par un relativisme. Quant à la science positive, elle n'est pas encore

1. G. Bachelard, *La Philosophie du non*, *op. cit.*, chapitre II, p. 43 et 45.
2. G. Bachelard, *Le Rationalisme appliqué*, *op. cit.*, chapitre I, p. 5.
3. *Ibid.*, p. 6.
4. G. Bachelard, *La Philosophie du non*, *op. cit.*, p. 48.
5. G. Bachelard, *Le Rationalisme appliqué*, *op. cit.*, p. 6.
6. *Ibid.*

« naturation » de la pensée humaine. Au contraire, même si elle n'assujettit pas la pensée à l'expérience naturelle comme le fait l'empirisme, elle la cantonne encore trop dans les limites de l'expérience naturelle. Pour Bachelard, ce n'est « positif » que par opposition à un empirisme régressif de pure constatation et

> « par opposition au caractère "rétrograde" des philosophies de la nature, signée de la métaphysique idéaliste, le mot "rétrograde" étant pris dans son sens comtien bien déterminé »[1].

Pour commencer à normaliser la périodisation comtienne de l'histoire, c'est-à-dire pour la réorganiser dans l'ordre apodictique, Bachelard propose au moins de dialectiser l'un par l'autre, tour à tour, le positivisme et le formalisme. En effet, l'unité du matérialisme rationnel et du rationalisme appliqué, pour Bachelard, se constitue assez directement dans une dialectique réciproque entre positivisme et formalisme. Une telle dialectique, même si elle n'est pas assez serrée, a au moins l'avantage de dépasser le positivisme en le rectifiant, en le régularisant. Le formalisme, en effet, n'a pas l'apodicticité du rationalisme mais il a une autonomie logique que n'a pas le positivisme. Cependant, il a tort de se prétendre capable d'évacuer tout psychologisme. Aussi Bachelard lui oppose-t-il un esprit tout positif lorsqu'il accuse les « doctrinaires de l'axiomatique »[2] de conduire à un « holocauste »[3] de la raison. C'est le sens de la réplique à Russell : « c'est beaucoup trop simple de répéter sans cesse que le mathématicien ne sait pas de quoi il parle ; en réalité, il affecte de ne pas le savoir ; il *refoule* l'intuition ; il *sublime* l'expérience »[4]. Quand le formalisme mathématique interprète systématiquement la connaissance rationnelle comme un appareillage de *formules*, il « peut, à la rigueur, recevoir les *résultats* de la pensée rationnelle, mais il ne peut donner tout le travail de la pensée rationnelle »[5].

1. G. Bachelard, *Le Rationalisme appliqué*, *op. cit.*, p. 104.
2. G. Bachelard, *Le Nouvel Esprit scientifique*, *op. cit.*, p. 35-37 et p. 58-59.
3. G. Bachelard, *Le Rationalisme appliqué*, *op. cit.*, p. 25.
4. G. Bachelard, *Le Nouvel Esprit scientifique*, *op. cit.*, p. 37.
5. G. Bachelard, *Le Rationalisme appliqué*, *op. cit.*, p. 5.

C'est ainsi que Bachelard s'oppose à une philosophie scientifique qui affaiblit le rôle de l'expérience. Le formalisme a tort lorsque, à l'instar de Descartes et de Husserl, il croit pouvoir éluder la question des obstacles épistémologiques en évacuant artificieusement, par un commencement absolu, ce que, par préjugé idéaliste, il tient pour l'effet d'un avatar de l'esprit : son insertion dans la sensibilité naturelle du corps. Le positivisme joue ici à plein contre des métaphysiques idéalistes de la nature qui, en définitive, conclut Bachelard, se commettent dans un « sensualisme » qu'elles ont seulement rendu « éthéré »[1] et n'ont nullement éliminé.

L'apparition de la quatrième période dans *Le Rationalisme appliqué* confirme donc ce qui est latent en 1938 : si état positif il y a, c'est déjà du passé : c'est le deuxième état dans la triade de 1938 ; ce n'est que le troisième état dans la tétrade de 1949. Mais ce passé n'est pas rejeté, il est inhibé, jugé. Bachelard fait ainsi mine de s'interroger :

> « Comment accéder au quatrième état si déjà on ne réalise pas bien l'importance du troisième, le sens même de l'état positiviste ? »

Et il répond :

> « En fait, il n'y a pas de culture scientifique sans une réalisation des obligations du positivisme. Il faut passer par le positivisme pour le dépasser. Pour nous qui voulons déterminer les conditions épistémologiques du progrès scientifique, nous devons tenir comme *positif* le positivisme [...]. C'est [...] à partir de la positivité de l'expérience scientifique propre au troisième état de l'épistémologie comtienne qu'il nous faudra définir le sens profondément instrumental et rationaliste de l'expérience scientifique[2]. »

Le positivisme est donc inscrit lui-même dans un processus de rectification. Conçu comme obstacle à la « métaphysique positive » du nouvel esprit scientifique, il est normalisé dans la systématique bachelardienne du renouvellement de culture : pour passer à la métaphysique positive, il est nécessaire de réaliser les obligations du

1. G. Bachelard, *Le Rationalisme appliqué*, *op. cit.*, p. 5-6.
2. *Ibid.*, p. 104.

positivisme. Ce qui signifie qu'il faut assumer la rupture avec une métaphysique uniquement *négative* qui prétend transcender l'expérience positive par une intuition purement intellectuelle et ne peut, dès lors, se définir que comme dépassement négatif de la science.

Mais n'est-ce pas l'objet de la seconde loi comtienne, la série des sciences ou loi de classement, de normaliser le développement historique ? N'est-ce pas dans cette loi que Bachelard pourrait trouver « une véritable *systématique du renouvellement de culture* »[1] susceptible de tarir l'historicisme de la loi des trois états ? Il importe à présent d'examiner la critique bachelardienne de la classification comtienne des sciences. Là encore, c'est le caractère trop naturel du principe de la classification qui se trouve mis en cause.

À propos de la réciprocité des échanges d'application entre géométrie et algèbre ou entre physique et algèbre, là ou Comte voit une « éminente désorganisation des études supérieures sous l'aveugle domination des inférieures »[2], Bachelard voit au contraire une véritable réorganisation des valeurs culturelles. Il met explicitement en cause « certains privilèges historiques proposés par la philosophie comtienne » :

> « Une véritable *systématique du renouvellement de culture* doit être substituée à l'empirisme du développement historique de culture. En effet, la pédagogie de la connaissance scientifique donne des méthodes de mûrissement qui n'ont pas à suivre l'historicisme de la culture dans ses premières formes, qui sont des formes à effacer. La première hiérarchie n'a pour elle qu'une primitivité de fait[3]. »

Ainsi, la physique n'est pas plus concrète ni moins abstraite que l'algèbre. L'application de l'algèbre à la physique ou à la géométrie (qui est aussi une application de la physique ou de la géométrie à l'algèbre) n'est pas de l'ordre d'une utilisation d'une science supérieure (abstraite) par une science inférieure (concrète) ni de l'ordre

1. G. Bachelard, *Le Rationalisme appliqué, op. cit.*, p. 157.
2. A. Comte, *Système de politique positive, op. cit.*, t. 1, p. 55.
3. G. Bachelard, *Le Rationalisme appliqué, op. cit.*, p. 157.

d'une « absorption » et « usurpation » matérialiste (Comte) du supérieur par l'inférieur. L'échange réciproque d'application entre ces sciences débouche sur un type d'intuition que Bachelard appelle l'« *intuition dépassée* »[1].

Ainsi, la formule algébrique est une puissance de naturation ou de réalisation de deux domaines de la physique : le canton du rationalisme mécanique et le canton du rationalisme électrique. À ce titre, dans l'ordre comtien, elle doit être dite concrète plutôt qu'abstraite, s'il est vrai qu'une science concrète est pour Comte une science appliquée à un phénomène particulier. Encore faut-il ici comprendre l'inversion de l'ordre comtien comme enveloppée dans une rectification plus fondamentale. Car la formule algébrique n'est pas science d'un phénomène particulier mais d'un noumène particulier et c'est un tel noumène qui réalise algébriquement aussi bien les lois du mécanisme que les lois de l'électrisme. Pour comprendre la quatrième période de la loi culturelle des états de l'esprit scientifique, il faut donc refouler le relativisme agnostique de Comte :

> « Si l'on refuse ce renversement des valeurs concrètes et abstraites, c'est parce qu'on manque de distinguer phénoménologie et phénoménotechnique. Un courant alternatif entretenu n'est pas un phénomène, c'est une technique d'organisation de phénomènes. Il prend sa *réalité* du fait même de l'organisation. On doit bien conférer à l'équation qui commande les deux cantons de la phénoménotechnique la valeur d'un noumène. Ici, l'on pense avant de réaliser, pour réaliser. Le noumène est un objet de pensée comme le phénomène est un objet de perception. »

Il y a donc dans la nouvelle hiérarchie des sciences, un chemin ignoré par Comte qui va de la réalisation nouménale des phénomènes de l'état positif à la réalisation phénoménotechnique du noumène :

> « La cohérence technique ne fait que réaliser la cohérence nouménologique[2]. »

1. G. Bachelard, *Le Rationalisme appliqué*, *op. cit.*, p. 158.
2. *Ibid.*, p. 168-69.

Dès 1927, Bachelard rend donc justice à Comte d'avoir su dégager adéquatement la philosophie de la science de son époque. Mais il est aussi amené, au fil des années, à réordonner l'état positif selon une perspective d'« histoire récurrente »[1]. Dans l'ordre du progrès du rationalisme (c'est-à-dire de son affranchissement à l'égard des métaphysiques idéalistes de la Nature), le positivisme apparaît comme une position à la fois entérinée et dépassée. Il existe ainsi, fût-il latent, un non-comtisme dans la philosophie du « non » qui ne reconduit pas l'anti-positivisme spiritualiste. Rationalisme appliqué et matérialisme rationnel sont au nouvel esprit scientifique du XXe siècle ce que, par son opposition double à l'idéalisme des métaphysiques de la nature et à l'empirisme obscur des philosophies irrationalistes de la nature, le positivisme de Comte fut à l'esprit scientifique du XIXe siècle. Mais Comte apparaît en partie aveugle à cette situation historique. De manière générale, le relativisme historique que sa doctrine enveloppe le conduit à ignorer ce qui fait la vraie *valeur* d'un événement de la raison, parce qu'à l'état positif de la pensée scientifique dont il est le témoin fidèle, psychologie et histoire *normatives* des sciences n'ont pas encore été essentiellement intégrées dans l'activité scientifique.

Nous avons vu comment le dépassement bachelardien du positivisme généralise un non-naturalisme et comment ce non-naturalisme généralisé se montre constitutif d'une *métaphysique positive de la culture*. Par cette dernière, il faut entendre la science qui, à partir de la Relativité einsteinienne et la mécanique quantique, représente, selon Bachelard, un *quatrième* état historique de l'intelligence. Cet état métaphysique postérieur à l'état positif procède-t-il d'une restauration telle que l'entend le spiritualisme depuis 1867 ? Conçu comme non-rétrograde et non-anarchique, le nouvel état

1. G. Bachelard, *L'Activité rationaliste de la physique contemporaine*, *op. cit.*, p. 38.

d'esprit qu'il inaugure met la loi historique de Comte dans tous ses états, et la série encyclopédique de classification des sciences sens dessus dessous. Mais le non-comtisme ne renie pas pour autant le comtisme : en le « dialectisant », il se propose de le « normaliser ». Ce faisant, il ouvre non seulement la voie à une assomption philosophique du positivisme mais surtout à une revalorisation du matérialisme dont le positivisme sert déjà à rectifier l'écueil empiriste. C'est dire que la métaphysique positive rectifie aussi sensiblement le projet ravaissonnien de « positivisme métaphysique ». Bergson, en 1901, parle, comme Bachelard en 1932, d'une « métaphysique positive »[1]. Pour lui, la métaphysique traditionnelle peut se soutenir de faits aussi observables que le sont ceux des sciences positives. Mais ce que la métaphysique bergsonienne se propose d'expérimenter par l'*intuition* paraît tourner le dos à l'expérimentation physico-chimique nouvelle. Elle peut sembler aussi bien proroger l'anti-positivisme spiritualiste que verser dans une sorte d'empirisme vitaliste. Pour Bachelard, ce n'est pas la métaphysique qui devient scientifique, mais c'est la science qui devient métaphysique et dépasse, par là même, les limitations que les métaphysiques traditionnelles de la nature imposent à la science. « La science crée de la philosophie » : cette formule célèbre de Bachelard[2] enveloppe donc un double infléchissement. Elle signifie que la science n'est pas une simple mise en ordre factuelle des faits positifs et que, par la création et la réorganisation permanentes des *valeurs rationnelles* qu'elle enveloppe, se trouve écartés, parce qu'ils sont les termes d'un faux problème, aussi bien l'anathème que le thème conçus à l'encontre ou en faveur d'une réduction scientiste de la philosophie scientifique à une science philosophique.

1. H. Bergson, voir la conférence sur « Le parallélisme psycho-physique et la métaphysique positive », *Bulletin de la Société Française de Philosophie*, I, 2 juin 1901, p. 33-71.
2. G. Bachelard, *Le Nouvel Esprit scientifique*, *op. cit.*, Introd., p. 7.

8. L'« école permanente », modèle bachelardien de vie sociale[1]

AFFIRMER que la science puisse envelopper une certaine sagesse, et par suite que la culture scientifique puisse se montrer pleinement comme culture morale, voilà qui, aujourd'hui, dans l'ambiance où s'opposent un humanisme spiritualiste un peu niais et une vulgate positiviste naïve (rien moins que comtienne à vrai dire), pourrait paraître une pure provocation. L'heure semble aux « comités d'éthique » supposés donner à l'esprit scientifique le sens des valeurs culturelles qui lui ferait tant défaut. L'alternative simpliste d'une science sans conscience et d'une conscience contre la science doit cependant être dépassée. En affirmant que la science, comme école permanente, est tout à la fois modèle de toute instruction et modèle d'organisation sociale, Bachelard nous invite à réfléchir sur la valeur exemplaire, à la fois pédagogique, politique et morale d'une culture scientifique bien comprise.

1. Paru sous le titre « L'école permanente, modèle de vie sociale » dans *NAQD*, *Revue d'études et de critique sociale*, n° 5, avril-août 1993.

L'erreur est première, toute ignorance est un tissu d'erreurs positives, tenaces, solidaires : les opinions, la connaissance commune, peuvent bien être dans le vrai, elles y sont par hasard. Or on ne corrige une faute que si l'on a compris que cette faute est une erreur. Le chemin de la rédemption morale suppose donc celui du repentir scientifique qui en est le schème. Accéder à la science, c'est en même temps accéder à la conscience de rationalité : comprendre, c'est toujours comprendre que l'on comprend, car c'est comprendre que l'on s'était trompé. Pas de vérité sans erreur rectifiée. Mais aussi, comprendre que l'on s'était trompé est une tâche impossible pour la connaissance commune. La norme de vérité ne saurait surgir du fait non-réfléchi, non-jugé, dans quoi se meut l'opinion. Qu'elle soit dans le vrai, et l'opinion peut parfaitement l'ignorer ou ignorer pourquoi et comment elle s'y trouve. Qu'elle soit dans l'erreur, et elle ne peut qu'y demeurer sans fin car elle n'en sait rien. Comment dès lors expliquer la croissance intellectuelle ? D'où vient le repentir intellectuel s'il n'y a rien dans l'opinion pour corriger les errances de l'esprit, pas le moindre fait probant qui lui indiquerait au moins qu'elle se trompe ?

Une claire compréhension du passage des ténèbres à la lumière suppose de lever l'obstacle du solipsisme. Si le candidat à l'humanité était resté seul et s'il avait cultivé son isolement dans une croissance solitaire, il ne serait jamais devenu autre chose qu'un sujet sans histoire. C'est pour Bachelard la triste destinée du *Cogito* cartésien d'être un *Cogito* sans histoire, sans culture. Son passé est oblitéré par le doute, son avenir n'est pas assuré par la connaissance, mais comme substance qui ne dure que par Décret de l'Éternel. Or « pour avoir des certitudes d'être, il faut avoir des certitudes de devenir »[1]. Sans « intersubjectivité », sans « contrôle social »[2], point d'émergence de l'esprit humain. Il n'y a d'émergence de la vérité que dans une

1. G. Bachelard, *Le Rationalisme appliqué*, Paris, PUF, 1949[1], 1975 5, p. 33.
2. G. Bachelard, *La Formation de l'esprit scientifique*, Paris, Vrin, 1938[1], 1977[10], p. 241.

« socialisation de la vérité »[1]. S'il n'y a pas de vérité sans erreur rectifiée, il convient donc d'ajouter qu'il n'y a de rectification, qui est d'abord inhibition inter-discursive de la sensibilité, que sous « l'œil d'autrui »[2] : « Dis-moi ce que tu vois, je te dirais ce que c'est. » Là est la condition *sine qua non* du passage à la science. Par exemple, « si la chimie a été si longtemps erronée dans ses principes mêmes, c'est qu'elle fut longtemps une culture solitaire »[3]. L'inhibition est donc d'essence sociale. C'est pourquoi à l'*Ego Cogito*, Bachelard ajoute un *Alter Ego cogitat*. Un homme seul peut bien dire : « Je pense ». Jamais cette pensée ne produira un savoir apodictique inducteur d'avenir. Le « Je pense », pour produire l'évidence rationnelle, la conscience de rationalité, suppose un « Tu penses » auquel il s'adresse.

Il y aurait contresens à interpréter cette thèse bachelardienne comme l'affirmation nécessaire d'un *Cogitamus* préalable en droit, selon une exigence idéaliste banale qui définirait l'accord entre les esprits comme critère externe de l'apodicticité du vrai (cohérence intersubjective, *consensus* entre les sujets). Ce serait aussi un contresens si on l'interprétait en la réduisant à un sociologisme du vrai ou une sorte de pragmatisme social, qui reconduiraient un psychologisme (la normalisation sociale des faits psychiques individuels) dont Bachelard veut se départir tout à fait[4]. Il nous faut donc examiner dans le détail la psychologie de l'intersubjectivité si l'on veut y voir présupposée tout autre chose : une politique de la croissance intellectuelle.

Soulignons d'abord que Bachelard ne revient pas sur un leurre idéaliste, celui du critère de la vérité : le vrai se montre lui-même et il n'y a pas de clarté plus grande que le foyer de clarté dont un esprit dispose qui pourrait, sans paradoxe, en faire voir la clarté sans l'indiquer en même temps comme obscur, donc comme erreur. Le contrôle

1. G. Bachelard, *Le Rationalisme appliqué*, *op. cit.*, p. 58.
2. G. Bachelard, *La Formation de l'esprit scientifique*, *op. cit.*, p. 241.
3. *Ibid.*, p. 244.
4. Voir mon petit livre *Bachelard et la culture scientifique*, Paris, PUF, 1993, 1re partie, « Psychologie normative ».

social ne répond pas au faux problème du critère de vérité. Il ne s'agit pas de chercher dans l'accord avec autrui une marque de certitude. Si c'était le cas, la majorité d'opinions ou l'unanimité deviendraient la marque sûre du vrai. Ce serait oublier que deux esprits peuvent être unis dans la même erreur, qu'il y a des passions communes qui font converger et s'enfoncer les âmes les plus solitaires dans l'obscurité la plus commune. Le propre de la connaissance commune est justement d'abord qu'elle est communément partagée. S'il faut donc rattacher la psychologie de l'intersubjectivité aux questions du consensus des esprits, le problème est alors de comprendre ce qui détermine un consensus rationnel et le distingue des convergences d'opinions. C'est dire que l'on ne peut pas poser ce consensus rationnel comme un préalable, comme une instance de contrôle déjà constituée qui assurerait à chaque sujet qu'il ne se trompe pas. Ce serait supposer que l'autorité d'une connaissance vraie préexiste à la découverte de cette même connaissance. Si *Cogitamus* il y a, il ne peut être que la marque finale de l'apodicticité, non pas sa condition.

De toute façon, ce n'est pas non plus le pseudo-critère de l'autorité savante que cherche Bachelard, mais l'état naissant où un esprit normalise son erreur, et ce moment d'inhibition formateur ne saurait être autre chose que l'effectuation même du vrai, le moment où l'erreur *s'avère*. Même en posant l'autorité dûment constituée d'une élite disposant du savoir, il est clair qu'une telle autorité ne saurait être une instance de normalisation du psychisme. Le vrai ne s'apprend pas d'autrui, il ne se reçoit pas, il s'apprend par soi seul. Si Bachelard emploie le mot *Cogito*, ce n'est pas par dérision. On n'apprend que par soi seul, face à soi-même. C'est une vieille leçon de la philosophie qui déborde largement le modèle de Descartes. C'était celle d'Épictète et de Socrate, c'est encore la leçon de Kant qui fait du « penser par soi-même » la première maxime du sens commun. Qu'elle soit de l'ordre d'une découverte ou d'une re-découverte, l'authentique clarté du vrai ne peut pas venir du dehors comme un simple résultat. S'il y faut un orthopsychisme, ce n'est pas qu'une affaire de discipline et l'argument d'autorité, comme l'argument du bâton, est sans effet vraiment instructif. Le vrai est une réforme de l'esprit ; ce qui compte, c'est non pas son résultat, c'est l'autonomie de sa production.

Or sur cet état naissant de la production du vrai, cette illumination de l'esprit, Bachelard note en 1938 :

> « Cette catharsis préalable, nous ne pouvons guère l'accomplir seul, et il est aussi difficile de l'engager que de se psychanalyser soi-même[1]. »

Et en 1949, parlant de la division de l'esprit solitaire en esprit qui réforme et esprit qui est à réformer, il le redit :

> « Cette division travaillant en pleine conscience est aussi difficile à opérer qu'une auto-psychanalyse[2]. »

Sans doute Bachelard n'a-t-il pas attendu Freud pour découvrir quelle est l'importance, pour la parole de l'esprit, se réformant de s'adresser à un autre que soi. C'est depuis la maïeutique de Socrate une certitude que l'événement de la raison est de nature dialogique. C'est que penser par soi-même ne veut pas dire penser pour soi-même. Pour soi-même, on ne cultive, c'est-à-dire on ne conforte en soi, que des opinions. Par soi-même, on pense d'abord contre soi, selon ce devoir d'« inhibition » que Bachelard développe sous la figure de ce qu'il appelle un « refoulement positif »[2]. Que la présence d'autrui soit proprement nécessaire à cette auto-didactique du penseur, voilà qui appelle cependant des explications sur les raisons qu'en donne spécialement Bachelard. C'est que dans cette maïeutique, les rôles du disciple et du maître sont bien différents de ce qu'ils sont dans le dialogue socratique.

1. G. Bachelard, *La Formation de l'esprit scientifique*, *op. cit.*, p. 243.
2. G. Bachelard, *Le Rationalisme appliqué*, *op. cit.*, p. 14.
3. Voir *Bachelard et la culture scientifique*, *op. cit.*, 1re partie, p. 35-40.

Selon Bachelard, autrui n'a pas en soi un rôle critique, mais il peut être d'abord l'occasion d'une *crise*. Qu'il soit un autrui rationnel, un autre « Je pense », ou un autrui quelconque, sa présence peut diviser toute intimité profonde. Or il n'y a pas d'événement de la raison sans crise. La raison n'est pas « architectonique ». La raison dès qu'elle naît et chaque fois qu'elle progresse est essentiellement une « raison polémique »[1]. C'est parce qu'elle surgit d'une crise que sa fonction essentielle est de provoquer des crises. Cette thèse parcourt toute la psychologie bachelardienne :

> « Il ne suffit pas à l'homme d'avoir raison, il faut qu'il ait raison *contre* quelqu'un. Sans l'exercice *social* de sa conviction rationnelle, la raison profonde n'est pas loin d'être une rancune ; cette conviction qui ne se dépense pas dans un enseignement difficile agit dans une âme comme un amour méconnu[2]. »

L'acte d'instruction contre soi-même est donc un acte qu'autrui met le sujet s'instruisant en situation de réaliser effectivement. C'est donc contre quelqu'un que l'on s'instruit pleinement contre soi-même.

> « Un sujet se pose en s'opposant à un autre sujet. Cette opposition peut être entièrement rationnelle[3]. »

Ailleurs encore, Bachelard joue de la paronomase :

> « Il y a toute une éristique à la base de l'heuristique[4]. »

Si le combat avec autrui est à la base de la découverte, c'est parce que l'on ne gagne un combat que si l'on parvient à en imposer les *règles*. D'abord, Bachelard semble induire du caractère polémique de toute raison progressante un indice de ce qu'est l'illumination

1. G. Bachelard, « La psychologie de la raison », *L'Engagement rationaliste*, Paris, PUF, 1972, p. 27 et p. 34.
2. G. Bachelard, *La Formation de l'esprit scientifique*, *op. cit.*, p. 245.
3. G. Bachelard, *Le Rationalisme appliqué*, *op. cit.*, p. 21.
4. G. Bachelard, *La Dialectique de la durée*, Paris, PUF, 1936[1], 1980[4], p. 56.

initiale, de ce qui pousse originellement une âme à se faire esprit. Il est vrai qu'il semble parfois naturaliser le passage à la science en rattachant cette nécessité polémique à quelque besoin ou instinct. Mais il y a là, pour Bachelard, plus qu'un simple fait psychique. Il y a là une norme du développement culturel qui paraît à Bachelard plus essentielle que, par exemple, la loi par laquelle Hegel conçoit le rapport entre maîtrise et servitude[1]. Cette norme, c'est l'école : la relation du maître et du disciple est la seule opposition constructive, la seule manière pour un esprit de sortir des ténèbres. Mais derechef, d'où surgit l'école, cette unique nécessité du progrès de l'esprit ?

Il faut examiner la dialectique maître-disciple. Le disciple n'est pas un esclave, parce que le maître qui certes est comme un guerrier (il veut vaincre, il veut avoir raison), veut une vraie victoire, une vraie paix, une concorde. La raison victorieuse, ce ne peut être la raison du plus fort. *Magister* ne veut pas dire *dominus*. La victoire de la raison n'institue pas un rapport de force. Elle institue l'ordre et la puissance commune des accords rationnels. Vaincre, c'est alors convaincre. Avoir raison, c'est produire des raisons. Ici le maître ne force pas l'esclave à travailler. C'est autrui qui enjoint d'en devenir le maître et de l'instituer comme son disciple. Ce qui, corrélativement, suppose qu'en soi, le maître se divise en maître et disciple, qu'il se donne des règles sûres. Non pas qu'autrui soit un malin génie comme dans les méditations de Descartes. Simplement, qui veut être le maître n'est pas sûr de vaincre. Il peut se tromper et être vaincu. Il faut donc qu'il s'assure par des règles. Inutile alors de chercher en autrui des valeurs d'inhibition. Les valeurs d'inhibition ne viennent pas d'autrui, elles se forment au contact d'autrui, parce que sa simple présence enjoint d'en devenir le maître, de l'instruire en s'instruisant, ce qui veut dire réciproquement s'instruire en l'instruisant : « Je vous parle : je suis tout esprit[2]. » Et si le disciple devient à son

1. Hegel, *La Phénoménologie de l'Esprit* (1807), trad. Hyppolite, Paris, éd. Aubier-Montaigne, t. 1, IV « La vérité de la certitude de soi-même » (A) III, p. 161 *sq*.
2. G. Bachelard, *La Formation de l'esprit scientifique*, *op. cit.*, p. 246.

tour un maître, ce n'est pas selon un dépassement dialectique du moment de la maîtrise. S'il veut s'instruire vraiment, il lui faudra *refaire* ce que son maître a su faire, il lui faudra mettre son savoir à l'épreuve d'un enseignement. L'avenir reste toujours du côté du maître. La dialectique bachelardienne de la philosophie du non n'est pas une dialectique de l'*aufhebung*.

Bachelard ne conçoit ni un *Cogito* de contrition ni un *Cogito* logomachique. D'une part, il faut comprendre que le repentir intellectuel, qu'il soit celui de la raison spéculative ou de la raison pratique n'a rien d'un simple remords. Il ne s'agit pas de communiquer des états d'âme avec autrui dans une relation de sympathie : « la constitution de rationalité se fait entre maître et disciple », non pas dans une confidence secrète entre l'âme d'un confesseur et celle d'un pénitent. C'est pourquoi d'une manière plus générale, opposant l'esprit à l'âme, Bachelard peut marquer la différence entre ce qui est propre à l'instruction et ce qui est propre à la pénitence : « L'esprit est école, l'âme est confessionnal[1]. »

D'autre part, il ne s'agit pas non plus d'attendre du jeu sans règle des passions de l'âme la moindre victoire de la raison. Si deux pauvres âmes s'affrontent indéfiniment dans la pure déraison, le combat est sans profit. L'une ne sera vraiment victorieuse sur l'autre que si elle parvient à s'instruire, si elle se fait esprit rationnel, dans et par ce combat dont, ce faisant, elle institue les *règles*. Et elle ne peut s'instruire dans ce combat qu'en instruisant autrui. Le jeu de la force pure entre les hommes ne fait pas un devenir humain. Il n'y a de devenir humain que si, par ce combat, l'un a raison et l'autre a tort et, par conséquent, si du renoncement mutuel de chacun à des erreurs comprises, surgit l'accord rationnel. On ne vainc tout à fait l'erreur ou la faute en soi-même que si l'on parvient à faire qu'autrui soit convaincu d'erreur. Ce travail de redressement qu'un esprit doit faire en lui-même, cette transformation de soi, ne peuvent donc se

1. G. Bachelard, *Le Rationalisme appliqué*, *op. cit.*, p. 67-68.

mener vraiment qu'en transformant autrui. C'est le combat, quelle qu'en soit l'issue, pourvu qu'il en ait une, qui redresse l'âme et forme l'esprit : l'issue, dans sa forme générale, c'est qu'entre le « Je » et le « Tu » s'installe la relation du maître et du disciple, que le rationalisme se fasse rationalisme enseignant. Ce redressement est précisément le sens de toute issue positive à un combat entre les hommes. Là est toute la différence entre vaincre et convaincre. Le dialogue éristique est donc un combat qui contraint le maître comme le disciple à se mettre d'accord. L'école fonde des victoires de la raison qu'il n'est plus possible de défaire, mais que l'on peut refaire. Tout cela est pour Bachelard vrai *a fortiori* si, épargnant aux jeunes esprits les combats inféconds (la lutte pour la vie), l'école, selon des règles déjà bien définies, selon un rationalisme enseigné déjà fortement constitué, organise les vrais combats, réalise les grandes victoires du passé, et prépare les victoires de l'avenir.

Ainsi pour sortir du cercle vicieux de l'intériorité de l'évidence rationnelle, Bachelard est amené à définir l'esprit comme école. La conscience de rationalité ne peut surgir que d'un rationalisme enseignant, ce qui conduit Bachelard à affirmer comme un principe général que « tout rationalisme est interrationalisme »[1]. On comprend ainsi quelle est la nécessité pour le passage à la science d'une « psychologie descendante » qui va dans les profondeurs de l'erreur. Car avant de savoir sûrement que l'on a raison, on en a le sentiment. Il y a donc dans le bachelardisme toute une « psychologie du sentiment d'avoir raison » qui détermine « une échelle des valeurs du sentiment rationnel »[2]. Cette psychologie est normative. En haut de l'échelle, l'école est supposée cultiver les valeurs les plus sûres sans jamais pourtant évacuer tout psychologisme : c'est qu'un enseignement trop formaliste, trop logiciste, y ferait dégénérer l'indispensable combat en une habitude de la raison, une pure architectonique de la raison qui ferait perdre toute la dynamique de redressement de

1. G. Bachelard, *Le Rationalisme appliqué*, *op. cit.*, p. 21.
2. G. Bachelard, *La Formation de l'esprit scientifique*, *op. cit.*, p. 247.

la raison polémique. Si l'école existe, c'est justement que l'esprit ne peut pas s'installer directement dans les principes rationnels. C'est que le rationalisme enseigné est d'abord foncièrement rationalisme enseignant.

Si les doctrinaires du formalisme pédagogique font déroger l'école à cette nécessité incontournable, ils ne pourront éviter de faire de l'école un holocauste de la raison : les suivre, ce serait

> « restreindre la *psychologie de la raison* au point qu'il devient absurde de parler d'une psychologie de la raison. La raison serait alors ce qui refuse le signe psychologique, ce qui nous désignerait comme *esprit quelconque*. De sorte que la logique pure serait la pensée de *n'importe qui étudiant n'importe quoi, n'importe où, n'importe quand* »[1].

C'est donc l'obstacle pédagogique qui réalise pleinement l'obstacle à l'événement de la raison. C'est l'obstacle psychologique rencontré dans l'enseignement qui donne à la connaissance commune une vraie valeur d'obstacle et en fait l'occasion du redressement de l'âme, constitutif de l'esprit. Tout formalisme ignore que

> « l'interrationalisme en formation dans la dialectique maître-disciple est philosophiquement plus riche d'enseignement que le rationalisme en forme »[2].

Bachelard note, par exemple, que « les professeurs de sciences, plus encore que les autres si c'est possible, ne comprennent pas qu'on ne comprenne pas ». C'est, explique-t-il, que

> « peu nombreux sont ceux qui ont creusé la psychologie de l'erreur. [...] Les professeurs de sciences imaginent que l'esprit commence comme une leçon »[3].

Ces propos ne sont pas des propos réprobateurs contre la *manière* d'enseigner des enseignants. Pour Bachelard, la question : comment enseigner ?, prise absolument, n'a aucun sens. Le problème n'est pas un problème de transmission des connaissances. La psychologie

1. G. Bachelard, « La psychologie de la raison », *L'Engagement rationaliste*, *op. cit.*, p. 31.
2. G. Bachelard, *Le Rationalisme appliqué*, *op. cit.*, p. 20.
3. G. Bachelard, *La Formation de l'esprit scientifique*, *op. cit.*, p. 18.

bachelardienne ne fonde aucune technique de la communication. Le vrai problème est : qu'est-ce qu'apprendre ? qu'est-ce que s'instruire ? Plus précisément, qu'est-ce que découvrir et faire (re-) découvrir ? Or si on ne peut apprendre que ce que l'on a conscience de savoir, une telle conscience de savoir n'est jamais vraiment constituée si on n'a pas pris la peine d'enseigner ce que l'on sait :

> « L'acte d'enseigner ne se détache pas aussi facilement qu'on le croit, de la conscience de savoir[1]. »

Si donc un professeur ne comprend pas qu'un élève ne comprenne pas, c'est soit qu'il ne sait pas vraiment, pas assez, en tout cas pas assez sûrement ; soit qu'il croit pouvoir, sans la médiation d'une polémique nécessaire, installer sa classe au niveau des principes rationnels auxquels il est pourtant supposé faire accéder des âmes d'abord plongées dans la connaissance commune. Dans tous les cas, sa conscience de savoir n'est jamais tout à fait avérée. En écho à la critique des professeurs de sciences développée en 1938, Bachelard écrit en 1949 :

> « On n'est vraiment installé dans la philosophie du rationnel que lorsque l'on comprend que l'on comprend, que lorsque l'on peut dénoncer sûrement les erreurs et les faux-semblants de compréhension[2]. »

On n'enseigne bien que ce que l'on sait vraiment et, corrélativement, on ne sait bien que ce que l'on peut enseigner efficacement. « Pour mettre un savoir au clair, il faut le partager avec autrui »[3]. Tel est le sens de la définition de l'esprit : l'esprit est école, c'est-à-dire ce qui est capable de s'instruire en instruisant. L'esprit est division de soi en maître et disciple.

Le cogito *d'obligation mutuelle*

La thèse de Bachelard est d'une totale netteté : le fait psychologique qui a valeur apodictique est l'acte d'enseigner. C'est seulement

1. G. Bachelard, *Le Rationalisme appliqué*, *op. cit.*, p. 12.
2. *Ibid.*, p. 77.
3. *Ibid.*, p. 65.

en *disciplinant* un « tu », qu'un esprit se rectifie vraiment. C'est seulement en *maîtrisant* son « moi » qu'un esprit permet au vrai, en inhibant le faux, de se montrer lui-même dans toute sa puissance de penser rationnelle. La psychologie de la formation de l'esprit est donc en définitive et résolument une

> « psychologie de la transmission de l'évidence reconnue, c'est-à-dire une psychologie qui enseigne dans un acte d'essentielle rectification »[1]. « Le sujet rationaliste s'institue dans cette *sûreté* d'un enseignement possible qui doit obligatoirement entraîner un autrui rationaliste[2]. »

Au principe de toutes les règles qui, en instituant l'école, constituent le sujet rationaliste, Bachelard formule ce qu'il appelle le « *cogito* d'obligation mutuelle ». Ce principe seul permet de distinguer le consensus rationnel et la convergence des opinions, en même temps qu'il assure définitivement l'esprit contre l'erreur qu'il vient de commencer à absoudre :

> « Le *cogito* d'obligation mutuelle, sous forme la plus simple, devrait s'exprimer ainsi : je pense que tu vas penser ce que je viens de penser, si je t'informe de l'événement de raison qui vient de m'obliger à penser en avant de ce que je pensais[3]. »

Il importe à ce point de ne pas se méprendre : l'acte d'enseigner n'est pas un critère externe du vrai. Bachelard ne dit pas : n'est vrai que ce qui peut, en fait, être transmis de moi à autrui. Si tel était le cas, tous les faux savoirs que l'on « enseigne » de fait disposeraient d'une garantie de vérité. Il faut ici rapprocher la nature de l'enseignement auquel pense Bachelard de la nature du vrai. Il faut distinguer information, savoir reçu, verbalisation d'une part, instruction, savoir partagé, discursivité d'autre part. Admis que celui qui sait, sait qu'il sait, et qu'il ne peut pas douter qu'il est dans le vrai, Bachelard ajoute : celui qui sait, sait qu'il sait, parce que savoir que l'on sait, c'est se convertir en esprit quelconque, c'est ne pas douter que tout

1. G. Bachelard, *Le Rationalisme appliqué*, *op. cit.*, p. 48.
2. *Ibid.*, p. 57.
3. *Ibid.*, p. 58.

autre que soi, accédant à ce que l'on sait, a nécessairement la même certitude. C'est savoir qu'un progrès spirituel individuel est un progrès absolument nécessaire, c'est-à-dire valable pour tout autre esprit.

> « Le propre des événements de la raison est d'être *communicables*, ils font précisément leur preuve de rationalité par leur action très caractéristique en inter-psychologie. Ils absolvent autrui de ses erreurs, ou par eux, autrui nous absout de nos erreurs. Ils sont parmi les événements du je-tu ceux qui portent la certitude de réduire les erreurs d'un troisième sujet[1]. »

Cet aspect pointu du *cogito* bachelardien mérite qu'on s'y arrête. Il ne faut pas en effet le réduire à un consensus universel de principe qui pourrait ne jamais être effectivement obtenu. Bachelard dit plus dans le principe du *cogito* d'induction mutuelle obligatoire que ce que Kant, par exemple, énonce dans la seconde maxime du sens commun lorsqu'il enjoint comme devoir de « penser en se mettant à la place de tout autre ». L'obligation d'avoir à penser une certitude d'accord avec l'autrui rationnel est plus qu'une obligation d'ouverture d'esprit. L'ouverture d'esprit, c'est le *cogito* d'obligation mutuelle réduit à une règle de politesse de l'écolier. Il y a vérité apodictique si à l'occasion d'un événement de raison, le sentiment d'avoir raison en appelle à un consensus universel effectivement démontrable. L'exigence d'accord avec autrui n'est pas un idéal, c'est une anticipation : Bachelard écrit bien « je pense que tu *vas* penser ce que je viens de penser… » et non pas : « je pense que tu *devrais* ou *dois* penser… ». Le *cogito* bachelardien postule l'adhésion de tout autre, il ne fait pas qu'attribuer à tout autre cette adhésion. En outre, il n'attend pas une confirmation de l'accord d'autrui, il produit déjà cette confirmation dans la production de l'accord rationnel. Car, en déroulant le processus discursif d'instruction, il explicite les règles de l'accord qui sont des règles effectivement déterminantes. Le sentiment d'avoir raison, que l'on exige de partager avec tout autre, est un sentiment commun et donc communicable parce

1. G. Bachelard, *Le Rationalisme appliqué*, *op. cit.*, p. 44.

qu'il est le sentiment rationnel qui résulte nécessairement de la rectification d'une erreur. Pour ainsi dire, le sens commun dont il est ici question est donc une détermination de l'idée vraie elle-même.

Ce n'est pas fortuit si Bachelard s'exerce alors à dialectiser la notion psychologisante d'admiration en parlant d'« admiration *réfléchie* » envers la vérité du discours du maître. L'esthétique du vrai n'est pas, dit-il, une expression par simple métaphore. Une fois admise la correction que nous venons de développer sur le postulat de ce que l'on peut appeler un sens commun épistémologique, il est possible d'affirmer que

> « l'esthétique d'une organisation des idées est une valeur positive. En analysant cette valeur, on ne fait pas nécessairement du psychologisme. L'attrait pour une théorie est fonction de ses puissances d'induction. Une organisation logique d'idées peut recevoir objectivement une valeur de beauté, et aussi une aisance pédagogique. L'admiration en est l'accompagnement psychologique »[1].

Ainsi l'attrait que l'on éprouve pour l'idée vraie qu'on vient de former en se réformant est objectivement démontrable, et l'admiration réfléchie qui résulte de la démonstration en est la conséquence nécessaire. Ce plaisir de découvrir, dont un esprit rectifié postule nécessairement l'universalité, n'est donc à aucun titre un critère du vrai entaché de pragmatisme social ou entaché d'idéalisme. Il n'est pas un critère du tout. Le contentement intellectuel est la manifestation psychologique nécessaire du vrai, lorsque, faisant plus que *se montrer*, le vrai se *dit* et *s'écrit* pour autrui. Il existe, dit Bachelard, une « ontologie de l'idée enseignée »[2] ; il existe une effectivité du vrai dans les livres qu'il surnomme « bibliomènes ». De cette « objectivité sociale » du vrai, l'union des maîtres et des élèves dans les écoles, comme aussi ce qu'il appelle « l'union des travailleurs de la preuve »[3] dans la « cité scientifique » ne sont rien autres que des *expressions*. Si

1. G. Bachelard, *Le Rationalisme appliqué*, *op. cit.*, p. 46.
2. *Ibid.*, p. 13.
3. *Ibid.*, p. 56.

la psychologie bachelardienne du sentiment d'avoir raison est rien moins qu'un psychologisme c'est, en définitive, parce qu'elle trouve ses fondements dans la discursivité essentielle du vrai lui-même.

La culture continuée, raison d'être de l'esprit scientifique

Voilà pour la formation de tout esprit, voilà pour la psychologie générale dont la psychologie de l'esprit scientifique délivre « le type ». Qu'y a-t-il de plus dans un esprit scientifique, et même dans le *nouvel* esprit scientifique du XXe siècle ? À ces questions, Bachelard répond : si l'esprit est école, « il n'y a de science que par une École permanente »[1].

En un premier sens, cette formule de la permanence de l'École, signifie permanence de la réforme de l'esprit. Le propre de l'esprit scientifique, c'est justement qu'il enveloppe sans fin des mutations, qu'il peut toujours devenir un *nouvel* esprit. La scientificité apparaît alors comme une conséquence d'une réforme incessante de l'esprit. Dans *Le Rationalisme appliqué*, c'est-à-dire onze ans après *La Formation de l'esprit scientifique*, Bachelard rectifie d'ailleurs sensiblement la formule. Il écrit que « la pensée scientifique est en état de pédagogie permanente », et même, plus essentiellement : « la science est école, une école permanente »[2]. La scientificité d'un esprit n'est donc pas une conséquence de la permanence des rectifications spirituelles, elle *est* la rectification toujours inachevée de l'esprit. D'où le chapitre IV du *Rationalisme appliqué* sur la « surveillance intellectuelle de soi » qui développe ce que Bachelard appelle une « psychologie exponentielle »[3] de la surveillance de soi à l'œuvre dans la constitution d'un « sur-moi intellectuel », d'un « sur-moi de la cité scientifique »[4]. Un esprit

1. G. Bachelard, *La Formation de l'esprit scientifique*, *op. cit.*, p. 252.
2. G. Bachelard, *Le Rationalisme appliqué*, *op. cit.*, p. 16 et 29.
3. *Ibid.*, p. 77. Bachelard entend une réflexion de la surveillance de soi, une « surveillance de la surveillance », qu'il note « $(\text{surveillance})^2$ », et à chaque degré de réflexion, il modifie l'exposant : « $(\text{surveillance})^3$ », etc.
4. *Ibid.*, p. 75 et 70.

scientifique a donc ceci de supérieur à un esprit réformé, un esprit seulement instruit, qu'il réactualise sans cesse la dialectique maître-disciple. Dans cette perspective, Bachelard adjoint à la philosophie du *non*, une « philosophie du "re" » : « recommencer, renouveler, réorganiser »[1]. Passant de l'école à l'école permanente, de l'esprit instruit à l'esprit scientifique, on se dirige donc de la psychologie descendante vers la pure psychologie ascendante, là où la raison travaille contre elle-même, contre cette espèce de psychologisme endogène qui insidieusement la menace toujours de dégénérer en habitude et de sécréter des erreurs scientifiques. Il s'agit moins alors de s'instruire que de désapprendre ce que l'on a appris, pour se ré-instruire.

On retrouve la dialectique psychologique inhibition-valorisation mais sur un autre plan : une école permanente, c'est une école où les règles de l'apprentissage sont toujours en jeu. C'est une institution toujours provisoire où les disciples sont capables toujours d'en remontrer aux maîtres. C'est une école où les vieux maîtres finissent par avoir tort. Dans l'école permanente, la philosophie d'enquête l'emporte sur la philosophie des principes, le rationalisme enseignant combat même le rationalisme enseigné. C'est donc l'école du génie scientifique ; toutes les règles sont en jeu sauf une règle qui vaut comme principe général : dans l'école permanente, là où les *cogito* ont à affronter un *cogitamus* constitué, on ne peut détruire avec certitude les principes d'un rationalisme en forme qu'à la condition de produire explicitement le processus discursif de la déconstruction-réinstruction. D'où le principe fondamental de l'école permanente : « *Qui est enseigné doit enseigner*[2]. »

L'affirmation que la science soit école de génies ne signe cependant nullement la résurgence paradoxale d'un élitisme auparavant écarté par la psychologie de l'instruction. Bien au contraire : si l'essence de l'esprit ne peut se définir que par un devenir-pensant, alors il faut considérer l'essence par la fin : dans ces conditions, ce n'est

1. G. Bachelard, « De la nature du rationalisme », *L'Engagement rationaliste*, *op. cit.*, p. 50.
2. G. Bachelard, *La Formation de l'esprit scientifique*, *op. cit.*, p. 244.

pas seulement l'école qui définit la science, mais aussi bien la science qui définit l'instruction la plus conforme à l'essence de l'esprit. D'où « l'immense intérêt de la *connaissance continuée* » que Bachelard souligne dans la communication de 1934[1], et qu'il souligne encore en 1938 en parlant du

> « principe d'une *culture continuée* [...] à la base d'une culture scientifique moderne »[2].

En 1938, Bachelard ne fait qu'esquisser ce qu'il affirme n'être alors qu'une « utopie scolaire »[3]. Dans la communication de 1934, à Cracovie, il souligne même « l'étrange arrêt de la croissance intellectuelle que tolèrent les sociétés modernes ». Mais, au tournant des années 1940-1950, ce qui n'était que l'occasion d'un regret ou d'une imprudente anticipation devient un thème certain de prédilection. En 1953, c'est « l'individualisme du savoir » qui est considéré par contre comme une « utopie ». C'est la mode des existentialismes qui est jugée sévèrement comme politiquement hors de son temps. C'est que

> « la science contemporaine fait entrer l'homme dans un monde nouveau. Si l'homme pense la science, il se renouvelle en tant qu'homme pensant »[4].

Et déjà en 1949 :

> « L'utopie qui voudrait maintenant nous décrire un *commencement* scientifique [est] naïve. On comprend la science quand on s'y est vigoureusement engagé, quand on en aime la tension d'étude, quand on a reconnu qu'elle était un modèle spirituel et qu'elle nous permet, à quelque endroit que la modestie de la recherche scientifique nous place, d'être un acteur d'un grand destin humain[5]. »

1. G. Bachelard, « Valeur morale de la culture scientifique », *Bachelard et la culture scientifique*, Paris, PUF, *op. cit.*, p. 10.
2. G. Bachelard, *La Formation de l'esprit scientifique*, *op. cit.*, p. 252.
3. *Ibid.*, p. 245.
4. G. Bachelard, *Le Matérialisme rationnel*, Paris, PUF, 1953[1], 1980[4], p. 2.
5. G. Bachelard, « Le problème des méthodes scientifiques », *L'Engagement rationaliste*, *op. cit.*, p. 44.

La science, comme école permanente, est donc le modèle de toute école et en même temps le modèle de la vie sociale puisque, comme Bachelard le répète à plusieurs reprises, jusque dans les années 1950, la société, la vie en société, doit être faite *à l'aune de* l'école et *pour* l'école : « L'école est le modèle le plus élevé de la vie sociale[1]. » La thèse est polémique puisque sa formulation même est empruntée à la thèse opposée, très courante encore de nos jours. Il faut comprendre d'abord quelle est cette thèse opposée et de quoi Bachelard peut lui faire grief.

Cette thèse demande à l'école de préparer à la vie, d'être un lieu de socialisation et, corrélativement, de préparer aux dures réalités économiques par une formation professionnelle qui soit adéquate aux nécessités du marché économique du travail. Bref, une école faite *à l'image de* la vie sociale et *pour* la vie sociale. Si l'on n'y prend garde, on pourrait d'abord croire qu'une telle demande est tout à fait compatible avec l'utopie bachelardienne. En effet, dans la mesure où le domaine de la production économique est de plus en plus tributaire des retombées techniques de la science, n'est-il pas indispensable de donner aux écoliers une formation scientifique de haut niveau, de former des travailleurs rompus à la scientificité la plus ardue ? Mais à y regarder de façon moins naïve, la demande économique pose le problème de la discipline technique. Aussi bien, pour que la formation scientifique des esprits réponde à la demande économique, faudrait-il que discipline technique et culture scientifique ressortissent à un même domaine d'éducation. Il faudrait que la discipline technique relève d'une instruction. Or Bachelard sait bien que la discipline technique est possible quand bien même elle ne relève d'aucune instruction. Cela veut dire qu'il est possible d'acquérir un savoir-faire, une aptitude technique déterminée, sans la comprendre. En outre, Bachelard note, pour le déplorer, que les hommes ne pensent plus quand ils sont aux prises avec les forces matérielles. Sans doute n'est-il plus possible de séparer travail et pensée s'il s'agit, pour une société, de constituer une élite de techniciens capables

1. G. Bachelard, *Le Rationalisme appliqué*, *op. cit.*, p. 23.

de perfectionnements et d'inventions. Mais on accordera que, pour cela, nul n'est besoin à une société d'instituer une école permanente pour tous. L'école dont une telle société a besoin économiquement n'est pas une école au sens que Bachelard a donné à ce terme, s'il est vrai que pour produire, c'est-à-dire manier des outils et des machines même très sophistiqués, n'est requise aucune conversion des intérêts qui régissent la connaissance commune. Il y a même un intérêt vital du travail humain qui, dans ces conditions, ne saurait être psychanalysé et dûment refoulé sans mettre radicalement en cause un système de production qui repose tout entier sur la valorisation du travail par son résultat, la marchandise. Les médiations qui interviennent dans la production, pour complexes qu'elles soient (et elles le sont dans le système du salariat), ne convertissent pas l'intérêt vital primordial du travail. Elles ne font que « l'aliéner », comme disait le jeune Marx hégélien.

Dialectique de l'esprit sans aliénation

Il est utile de revenir ici à la dialectique hégélienne du rapport entre maîtrise et servitude pour la comparer à la dialectique maître-disciple dont Bachelard fait le mouvement de son utopie sociale. C'est

> « [qu']une des idées les plus immorales et les plus fausses, c'est de représenter la vie humaine sous le jour d'une lutte pour la vie »[1].

D'un point de vue hégélien, non seulement la libération à l'égard de la nature est une libération *forcée* par le travail imposé mais encore, il n'y a dans ce dépassement de la nature qui débouche sur ce que Hegel appelle la « conscience *refoulée* de la servitude » (l'indépendance est la vérité de la servitude) qu'une jouissance *différée*. La leçon du travail, pour ainsi dire, n'a donc aucun rapport avec la leçon de l'école. D'abord, comme nous l'avons noté, parce que l'avenir dans la dialectique bachelardienne est tout entier du côté

1. G. Bachelard, « Valeur morale de la culture scientifique », *op. cit.*, p. 7-11.

du maître et non du disciple, ou plutôt tout entier dans le dialogue interrationnel qui institue tout uniment le maître comme disciple et le disciple comme maître ; mais aussi parce que l'intérêt scientifique du disciple comme celui du maître supposent un dégagement préalable à l'égard de l'intérêt vital qui justifie, en revanche, d'emblée dans la dialectique hégélienne, la lutte pour la reconnaissance. Bachelard ne peut que rejeter la vérité de l'homme si cette vérité est celle d'un homme-producteur qui a à produire son existence et dont l'existence ne peut se produire que par la production des moyens d'existence. La dialectique hégélienne est un travail (du négatif) qui contraint l'humanité à se développer par le travail. Dans une remarque du *Précis*[1], Hegel indique que la dialectique maîtrise-servitude

> « est le phénomène d'où est sortie la vie sociale des hommes, en tant que commencement des États ».

Et s'il distingue de cette violence, comme commencement phénoménal des États, le principe substantiel du droit, il reste qu'il en fait un moment nécessaire et légitime du progrès de l'esprit. Or la dialectique bachelardienne du progrès par l'instruction n'est pas un tel travail du négatif. Sans doute Bachelard définit-il la science comme « production de découvertes »[2], et le savant comme « travailleur de la preuve », mais la valeur épistémologique d'une connaissance n'est pas pensée sur le type de la valeur marchande du produit d'un travail technique. C'est tout le contraire qu'il faut dire. Si Bachelard parle de production ou de travail à propos de la science, c'est que, dans sa fougue de polémiste et d'utopiste, il a *déjà* conçu le rapport social dans la « cité scientifique » *à l'image du* modèle de l'école permanente. La vision bachelardienne de l'interrationalisme entre savants est celle d'une cité intellectuelle très fermée, très autarcique, n'obéissant qu'à ses propres lois, bien en marge des nécessités économiques de la société.

1. Hegel, *Précis de l'encyclopédie des sciences philosophiques*, 1re section B-b, 3e partie, trad. Bourgeois, Vrin, p. 243.
2. G. Bachelard, *Le Matérialisme rationnel*, *op. cit.*, p. 7 notamment.

Si l'on accorde ce point, il devient indéniable que le travail de la science est une activité qui a sa *fin en soi*. Cela ne veut pas dire que Bachelard renoue avec un idéal de la science comme activité spéculative désintéressée. Cela veut dire que la production scientifique est une production qui, à l'instar des mouvements d'un être vivant, a en elle-même son principe. En effet, du point de vue bachelardien, le refoulement formateur de l'esprit est *positif* ; il enveloppe une conversion de l'intérêt vital qu'il faut comprendre comme *sublimation* :

> « Donner et surtout garder un intérêt vital à la recherche désintéressée, tel n'est-il pas le premier devoir de l'éducateur, à quelque stade de la formation que ce soit[1] ? »

Le travail sublimé de l'esprit n'est ni moyen, ni médiation, l'esprit se met à penser *en vue de* penser, car l'esprit ne peut se réaliser pleinement comme être qu'en accroissant sa puissance de penser, qu'en affirmant positivement son devenir-pensant. L'esprit est école, l'esprit scientifique école permanente, avons-nous dit. Alors, il est clair que l'activité scolaire est fin en soi dont le rapport social n'est que l'expression en tant qu'organisation du rapport humain. Il n'y a de pensée en acte que dans l'*action* de rupture avec toute instrumentation de la pensée. S'instruire, produire le vrai, c'est refouler positivement ce en quoi l'homme est un produit de la nature et le modèle même de cette production hétéronome. C'est donc s'instituer comme auto-producteur, ou plutôt *promoteur* d'humanité :

> « La pensée scientifique se désigne comme une évidente promotion d'existence[2]. »

Tandis que dans la dialectique hégélienne, l'homme est forcé à penser pour vivre, dans la dialectique bachelardienne, l'homme vit pour penser, et en s'efforçant de penser, il produit le monde humain :

> « La vérité est un but. C'est le but humain[3]. »

1. G. Bachelard, *La Formation de l'esprit scientifique*, *op. cit.*, p. 9.
2. G. Bachelard, « Le problème des méthodes scientifiques », *L'Engagement rationaliste*, *op. cit.*, p. 36.
3. G. Bachelard, « Valeur morale de la culture scientifique », *op. cit.*, p. 11.

Aimer et pratiquer la science, c'est donc

> « faire du cerveau avec de la vérité. L'amour de la science doit être un dynamisme psychique autogène »[1].

FAIRE LA SOCIÉTÉ POUR L'ÉCOLE ET NON L'ÉCOLE POUR LA SOCIÉTÉ

On comprend dès lors le sens éminemment provocateur de l'éloge bachelardien de l'adolescence. Loin d'être douloureux enfantement de conscience,

> « l'adolescence est l'âge de l'absolu, l'âge de l'efficience maximale de la vérité »[2].

Cet éloge de l'adolescence, c'est l'éloge du caractère absolu et absolument positif de la croissance intellectuelle qui définit en propre la réalisation de l'humain. C'est pourquoi, faire de l'école permanente le modèle le plus élevé de la vie sociale revient à recommander à la société de

> « trouver le moyen de maintenir l'homme au niveau moral de l'adolescence »[3].

Ce moyen, c'est l'institution non-transitoire, pas seulement propédeutique, d'un rapport social maître-disciple. Si la science parvient à fonder socialement cette école permanente,

> « alors – comme Bachelard l'écrit en conclusion de la *Formation de l'esprit scientifique* – les intérêts sociaux seront définitivement inversés : la Société sera faite pour l'École et non pas l'École pour la Société ».

L'utopie bachelardienne assumée dans ce chiasme exprime un humanisme où travail et instruction ne sont plus dissociables, où l'unité du travail et de l'instruction est signe d'une activité humaine

1. G. Bachelard, *La Formation de l'esprit scientifique*, *op. cit.*, p. 10.
2. G. Bachelard, « Valeur morale de la culture scientifique », *op. cit.*, p. 9.
3. *Ibid.*

qui a toujours sa fin en elle-même, et qui n'a pas, pour accomplir sa fin, à vivre les étapes d'une conscience aliénée. Le savant, Bachelard nous le rappelle, ne saurait en aucun cas produire de l'humain : il ne peut que le *promouvoir*. Telle est, en marge des dérives technocratiques, la sagesse contenue dans la science. La science n'est pas une mécanique de l'intelligence qui, virtuellement, serait machination :

> « La science est l'esthétique de l'intelligence[1]. »

1. G. Bachelard, *La Formation de l'esprit scientifique*, *op. cit.*, p. 10.

9. Bachelard ou Kuhn[1] ?

« I limiti della sua posizione [celle de Kuhn] stanno nell'attribuire la funzione creatrice di leggi ad una intuizione (avolte sconfinante nel fideistico), mentre la comunità scientifica funzionerebbe come garanzia di ortodossia e dunque tribunale a posteriori di una operazione il cui atto generativo starebbe fuori di sé[2]. »

En 1962, l'année même du décès de Bachelard, un livre était publié : *La Structure des révolutions scientifiques*, qui a connu depuis le succès que l'on sait. Au seuil de ce XXIe siècle, la gloire mondiale de son auteur, Thomas Kuhn, paraît avoir éclipsé le mérite de Gaston Bachelard. La pénombre nous paraît fâcheuse et la lumière un peu surfaite. Partant de ce contraste, nous chercherons donc à l'inverser en esquissant, contre l'idée kuhnienne de « science normale », quelques objections à propos de l'émergence et de la fonction des normes de

1. Texte d'une communication présentée lors du colloque international *Ri-cominciare. Percorsi e attualità dell'opera di Gaston Bachelard*, organisé les 15 et 16 mai 2003 à l'Universitá della Calabria, sous la direction de Francesca Bonicalzi. Paru dans les actes dudit colloque, Jaca Book, 2004, dir. F. Bonicalzi et Carlo Vinti.
2. F. Bonicalzi, *La Ragione cieca*, Milano, Jaca Book, 1982, p. 48.

l'activité scientifique. Si les deux positions sont en effet mutuellement exclusives, c'est, nous semble-t-il, parce que Kuhn peine à dégager ce qu'il en est du caractère révolutionnaire de la scientificité des connaissances nouvelles, ou encore (dans la pensée bachelardienne, cela revient au même) parce que le concept de *révolution scientifique* élaboré par Kuhn ne comprend pas l'essence révolutionnaire de l'esprit scientifique. Si l'on veut mieux appréhender ce qu'est une « révolution scientifique », il nous semble qu'il faut « re-commencer » Bachelard, c'est-à-dire prendre ce qu'il a appelé, en 1950, la philosophie « du "re" »[1] pour nouveau départ d'une critique de la conception avancée par Kuhn.

L'esprit révolutionnaire de la science

« Re » comme *recommencer* la connaissance. Bachelard nous en instruit encore, le verbe *recommencer* présente une heureuse ambiguïté qui éclaire le sens du mot révolution. Faire retour sur le passé peut en effet signifier tantôt répéter à l'identique en reprenant depuis le début ce qui a déjà été accompli, tantôt l'accomplir différemment en se donnant un nouveau départ. On voit que les deux sens ne s'excluent l'un l'autre que s'il s'agit, en commençant de nouveau, d'accomplir un mouvement sans aucun rapport avec ce qui s'est passé auparavant. Mais une discontinuité aussi radicale n'a jamais lieu. L'ambiguïté est essentielle. On sait que le mot révolution, en désignant la cyclophorie des astres sur la voûte céleste, a d'abord signifié la pure et simple répétition d'un même mouvement revenant toujours au même départ, écartant ainsi toute idée de progrès historique. Mais, à partir du XVIIIe siècle, en passant de la nature à l'histoire et du ciel sur la terre, la valse des phénomènes, pour ainsi dire, a changé de temps. Avec le même mot (et dès avant les bouleversements sociaux par la puissance desquels, depuis lors, s'est lexicalisé

1. G. Bachelard, « De la nature du rationalisme », *L'Engagement rationaliste*, Paris, Vrin, 1972, p. 50.

le trope qui sert à les nommer) un Fontenelle, un Diderot, un Lavoisier font subir une torsion au sens primitif, sans que celui-ci ne soit toutefois jamais aboli. C'est que, s'agissant des phénomènes humains, pour reprendre un mot célèbre en France, on ne détruit vraiment que ce que l'on *remplace*. Ainsi, la *scienza nova* n'a pas seulement signifié nouveau savoir, mais aussi et surtout transformation radicale de la pensée ou, comme disait déjà Paul Hasard et comme le dirent ensuite Koyré et Bachelard : « révolution spirituelle ». C'est d'ailleurs en cela que, notamment, la « révolution copernicienne » a pu symboliser, avec l'écho puissant que l'on sait, bien au-delà de la rupture avec le géocentrisme. La science, en recommençant la connaissance, ne porte un coup d'arrêt à la connaissance commune qu'en substituant, au départ, son propre esprit à « *l'âme puérile ou mondaine* »[1]. Elle ne demeure fidèle à ce premier engagement rationnel que si, n'oubliant pas qu'une « tête bien faite est [...] une tête fermée » qui « doit alors être refaite »[2], elle s'efforce encore de le réitérer contre « *l'âme professorale* »[3] par laquelle l'état préscientifique de la connaissance hante inexorablement son esprit. C'est sans cesse que la raison scientifique recommence la connaissance.

« Re » comme *renouveler* l'esprit. La pensée scientifique, comme on sait, n'est pas au commencement. Bien des formes de pensée la précèdent et surtout coexistent encore après qu'elle a commencé. C'est pourquoi, de la science, on ne doit pas tant dire qu'elle a un commencement (ou même plusieurs) mais plutôt qu'elle *est* un travail infini du commencement. En science (comme ailleurs), aussi loin qu'aille la solution de continuité historique, il n'y a pas de recommencement absolu, parce qu'en général, aucune connaissance n'est absolument première. La rationalité qui l'emporte dans un événement scientifique ne s'explique pas en partant d'un premier principe anhypothétique, point de départ fixe et immuable qui pourrait

1. G. Bachelard, *La Formation de l'esprit scientifique*, Paris, Vrin, 1938[1], 1977[10], p. 9.
2. *Ibid.*, p. 15-16.
3. *Ibid.*, p. 9.

servir de fondement pur. En aucun cas son concept ne saurait être rattaché à la pensée des « Chevaliers de la Table Rase »[1] dont le héraut fut Descartes. L'esprit scientifique n'efface jamais ce qu'il remplace ; ce qu'il détruit n'est jamais aboli mais refoulé et sublimé. En sciences, tout commence en faisant retour sur un commencement passé pour le conserver par l'acte même de sa négation : tout acte du « re », dans l'esprit de Bachelard, procède d'une « philosophie du *non* ». Le recommencement qui définit la science lui est donc doublement essentiel parce qu'il implique deux fois le « re » du retour : en ceci, d'abord, que la science qui commence ne donne un nouveau départ à la connaissance qu'en opérant nécessairement une rupture critique à l'égard de celui auquel elle oppose et substitue le sien propre ; en cela, aussi, qu'il s'agit toujours et sans cesse pour la science, quel que soit le progrès atteint par son histoire, de réitérer dans la différence l'acte de son commencement fondateur : renouveler le « non » que la science comme *culture* oppose à la Nature, à la connaissance commune et son cours naturel. Du fait de son irréductible inachèvement et donc de ses récurrences permanentes, la « rupture épistémologique » n'est pas seulement initiale ; elle est continuellement constitutive de la rationalité scientifique.

« Re » comme *réorganiser* les connaissances. Le recommencement de la rupture, au départ de toute connaissance scientifique, ne débouche pas seulement sur un renouvellement continuel de la pensée. Cette renaissance intellectuelle permanente implique des réorganisations qui concernent, en leurs principes, l'unité théorique et conceptuelle des connaissances et, ce faisant, l'union communautaire des savants. C'est pourquoi une révolution scientifique est couramment définie comme une synthèse de domaines de connaissances antérieurement étrangers les uns aux autres. C'est ainsi que, des lois de Kepler aux *Principia* de Newton, ont été unifiées la Géométrie, la Mécanique et l'Astronomie ; et que, plus tard, les

1. G. Bachelard, « La vocation scientifique et l'âme humaine », *L'Homme et la science*, La Baconnière, 1952, p. 28.

théories de la Relativité et des Quanta leur ont joint l'électro-magnéto-optique. On a tôt fait aussi de dire que toutes les révolutions scientifiques ont ainsi dévoilé des connexions réelles entre les objets de connaissance et qu'elles ont fait apparaître une unité des phénomènes que les sciences antérieurement séparées ne permettaient pas d'apercevoir. Tout cela n'est pas faux mais Bachelard nous avertit que, de la sorte, on attache moins d'importance au commencement et au processus polémiques qu'à l'aboutissement architectonique d'une révolution scientifique. En séparant le résultat du processus critique, on sous-estime malencontreusement ce qu'il y a d'essentiellement révolutionnaire dans chaque synthèse scientifique, laquelle est toujours « une *synthèse transformante* »[1]. Quand l'accent est mis sur le savoir après qu'il a été systématiquement réorganisé, le travail réorganisateur apparaît comme une phase de transition dont on pourrait croire ensuite qu'elle n'est pas décisive : à tort, car « *l'âme professorale* » d'une connaissance scolaire commune, en soulageant « la conscience scientifique douloureuse », gâte l'esprit *saggiatore*. Or, parce que le recommencement et le renouvellement scientifiques procèdent d'un « non » qui n'est ni rejet ni abandon ni abolition, ils impliquent une reconstruction panoramique du passé : la culture scientifique procède à une nécessaire réécriture de l'histoire qui doit mettre en abyme le passé au point de vue du présent pour en redresser *harmonieusement* les perspectives dans « une systématique du renouvellement de culture »[2]. C'est ainsi, par exemple, qu'à propos du rapport de l'atome des Quanta avec l'histoire des intuitions atomistiques, Bachelard a pu parler d'un « surobjet » déterminé par un « surrationalisme ». C'est dans le même esprit qu'à propos de la synthèse des hypothèses corpusculaires et des hypothèses ondulatoires, il a pu écrire :

1. G. Bachelard, *L'Activité rationaliste de la physique contemporaine*, Paris, PUF, 1951[1], « 10/18 », 1977, p. 33.
2. G. Bachelard, *Le Rationalisme appliqué*, Paris, PUF, 1949[1], 1975[5], p. 157.

« Aucune raison historique ne poussait la science dans la voie d'une telle synthèse. Seule une sorte d'aspiration à *l'esthétique des hypothèses* pouvait ouvrir la double perspective de pensées qui caractérise la mécanique fondée par Louis de Broglie [...]. L'histoire arrêtée deux fois dans des pensées bien faites : les pensées newtoniennes et les pensées fresnelliennes, reprend un nouveau départ et tend à une nouvelle esthétique des pensées scientifiques[1]. »

Ce qu'il y a de révolutionnaire dans une synthèse scientifique est l'œuvre d'une « *esthétique de l'intelligence* »[2] dont le travail d'harmonisation relève plus du sublime que du beau en ceci, notamment, qu'en aucun cas il ne vise à gommer les conflits et à promouvoir l'illusion rétrospective d'un continuisme et d'un relativisme épistémologiques. Ces conflits ont été et demeurent essentiels : il s'agit de les ordonner dans une perspective de progrès.

Critique de l'idée de « science normale »

Les figures du « re », du « non » et du « sur », que nous venons très succinctement de rappeler, sont très exactement ce qui échappe à l'idée kuhnienne de « science normale. » C'est en effet cette idée, dont il serait tout à fait incongru de chercher l'équivalent dans l'épistémologie bachelardienne, qui constitue l'alpha et l'oméga de la « structure » des révolutions scientifiques telle qu'elle est imaginée par Kuhn. Non point, comme on devrait s'y attendre, l'idée de « science révolutionnaire », d'ailleurs significativement appelée aussi « science extraordinaire ». En apparence, dès lors qu'il définit la révolution scientifique comme un « changement de paradigme »[3] mettant en cause une tradition de « science normale »[4], Kuhn semble

1. G. Bachelard, *L'Activité rationaliste de la physique contemporaine*, *op. cit.*, p. 33-35.
2. G. Bachelard, *La Formation de l'esprit scientifique*, *op. cit.*, p. 10.
3. T. Kuhn, *La Structure des révolutions scientifiques*, Chicago, 1962 1, 1970 2, trad. Laure Meyer revue par l'auteur, Paris, Flammarion 1983, Préface, p. 11 : « ... les *paradigmes*, c'est-à-dire les découvertes scientifiques universellement reconnues qui, pour un temps, fournissent à une communauté de chercheurs des problèmes types et des solutions ».
4. T. Kuhn, *La Structure des révolutions scientifiques*, *op. cit.*, chap. 1er, p. 29 : « Le terme *science normale* désigne la recherche solidement fondée sur un ou plusieurs accomplissements

affirmer que la scientificité procède essentiellement de l'institution d'une communauté de type scolaire où les principes régulateurs de la recherche sont toujours tenus sur la sellette. Telle n'est cependant pas la raison pour laquelle c'est dans une dialectique intersubjective qu'il cherche les prodromes de « la science révolutionnaire », c'est-à-dire, selon lui, le moment où la science régissant ordinairement l'activité d'une communauté scientifique se trouve en état prérévolutionnaire de « crise » transitoire. En vérité, il en est ainsi parce que l'institution scolaire de la science n'est aux yeux de Kuhn qu'un acte *normalisateur* de nivelage historique par lequel toute révolution scientifique, en se « *résorbant* » dans une nouvelle tradition de « science normale », est censée devenir inévitablement « *invisible* »[1]. Si donc l'esprit révolutionnaire des origines s'éteint nécessairement dans la constitution d'une communauté scientifique, Kuhn doit en chercher le regain subit dans ce qui la désunit : la dissidence de jeunes esprits rebelles, de génies isolés qui la sortent de son aveuglement dogmatique, jette en elle le désaccord qui la polarise. Telle n'est pas du tout la conception de Bachelard lorsqu'il symbolise l'esprit par l'« École »[2] et l'esprit scientifique par l'« École permanente »[3]. Pour lui, l'institution scolaire est au contraire l'acte *normatif* indéfiniment réitéré d'une société de sujets rationnels qui demeurent « sur-éveillés »[4], étant toujours conscients que leur raison, aussi assurée soit-elle, n'est jamais définitivement épurée. La constitution de la science en École est un acte qui fait de l'esprit critique le propre de l'esprit scientifique et qui jamais ne saurait résorber son souffle révolutionnaire, sauf à bloquer et inverser la croissance de l'esprit scientifique. Tout le 1er chapitre de *La Formation de l'esprit scientifique* peut être lu comme une critique avant la lettre de l'idée de « science normale » :

scientifiques passés, accomplissements que tel groupe scientifique considère comme suffisants pour fournir le point de départ d'autres travaux. »

1. T. Kuhn, *La Structure des révolutions scientifiques*, *op. cit.*, chap. X et XI.
2. G. Bachelard, *Le Rationalisme appliqué*, *op. cit.*, p. 68.
3. *Ibid.*, p. 29.
4. G. Bachelard, « De la nature du rationalisme », *op. cit.*, p. 47.

> « Par les révolutions spirituelles que nécessite l'invention scientifique, l'homme devient une espèce mutante, ou pour mieux dire encore, une espèce qui souffre de ne pas changer[1]. »

Et il en est ainsi parce que

> « accéder à la science, c'est spirituellement rajeunir, c'est accepter une mutation brusque qui doit contredire un passé »[2].

Le régime de croisière des sciences se caractériserait donc, selon Kuhn, par l'activité consensuelle d'une majorité de savants qui ne sont unis que pour « résoudre des énigmes » (*puzzles*), c'est-à-dire faire que « le phénomène anormal devienne phénomène attendu »[3] en le moulant dans le cadre du « paradigme » auquel chaque savant accorde autorité et sur lequel il s'accorde avec la majorité de la communauté pour lui donner son adhésion en vertu d'une commune « croyance » (*belief*). Or, c'est précisément à cet « esprit *séculier* » que Bachelard opposait le véritable « esprit scientifique *régulier* »[4]. Engagée ordinairement dans la « science normale », jamais une communauté scientifique telle que la conçoit Kuhn ne mettrait donc à l'épreuve la fécondité du paradigme auquel son activité est assujettie[5]. Jamais Kuhn ne la présente comme étant spontanément en quête de *découvrir* des phénomènes rebelles aux normes paradigmatiques, à la recherche de phénomènes qui, n'étant pas simples désinences de thèmes connus, obligent sans cesse à recommencer en « déformant » et en « rectifiant » fondamentalement faits et théories en vigueur, c'est-à-dire à *inventer* et réinventer sans cesse les principes de recherche. Quelle que soit, en effet, la façon dont il a souvent dû amender un concept importé de la linguistique, Kuhn n'a jamais renoncé à penser les réquisits de l'activité scientifique à l'instar des modèles grammaticaux de déclinaison ou de conjugaison, ni à distinguer

1. G. Bachelard, *La Formation de l'esprit scientifique*, *op. cit.*, p. 16.
2. *Ibid.*, p. 14.
3. T. Kuhn, *La Structure des révolutions scientifiques*, *op. cit.*, chap. V, p. 83.
4. G. Bachelard, *Le Nouvel Esprit scientifique*, Paris, PUF, 1934[1], 1978[14], p. 150.
5. T. Kuhn, *La Structure des révolutions scientifiques*, *op. cit.*, chap. V, p. 82.

absolument deux types de changement scientifique, le « changement normal » qui reproduit le paradigme et le « changement révolutionnaire » qui l'abolit[1]. Si, dès 1962, il reconnaît qu'en sciences pourtant « un paradigme est rarement susceptible d'être reproduit », l'analogie avec le principe juridique de la jurisprudence[2] par laquelle il réplique immédiatement laisse au fond intacte l'idée qu'il se fait de la fonction des normes : la tâche de la « science normale » consiste à « donner plus de finesse, d'extension et de précision à un paradigme déjà accepté » ; son travail n'étant que d'« interprétation », elle « ne peut qu'élaborer un paradigme, non le corriger » et elle ne saurait accomplir une autre tâche parce que

> « les paradigmes ne sont absolument pas corrigibles par les moyens de la science normale »[3].

Dans cette perspective où prévaut la nécessaire « antériorité de paradigmes » fondamentalement intangibles, jamais l'esprit scientifique n'apparaît donc habité par une conscience historique qui juge son passé et cherche d'elle-même à produire des crises, c'est-à-dire à transgresser ses propres normes pour en inventer de nouvelles. Au contraire, Kuhn écrit qu'

> « il en résulte une tendance persistante à faire paraître l'histoire des sciences comme cumulative et linéaire »[4],

c'est-à-dire la représenter conséquemment à l'instar de la science normale dont Kuhn pense explicitement que la recherche est d'essence cumulative[5]. Étrange affirmation, sous la plume d'un penseur qui (comme on s'y attend en matière de révolution) revendique le discontinuisme, en ce qu'elle paraît remettre la révolution scientifique

1. T. Kuhn, *The Road Since Structure*, Chicago, The University of Chicago Press, 2000, p. 14.
2. T. Kuhn, *La Structure des révolutions scientifiques*, *op. cit.*, chap. II, p. 45 : « comme une décision judiciaire admise dans le droit commun, c'est un objet destiné à être ajusté et précisé... »
3. *Ibid.*, chap. X, p. 171-172.
4. *Ibid.*, chap. X, p. 193.
5. *Ibid.*, chap. VIII, p. 138 : « La recherche normale est cumulative ». Cf. aussi « What Are Scientific Revolutions ? », *The Road Since Structure*, *op. cit.*, p. 14.

à un temps qui n'adviendra jamais. Commentant ce continuisme épistémologique induit par la « science normale », Kuhn semble en effet moins déplorer ou dissiper l'illusion d'une nécessité que souligner bien plutôt la nécessité d'une illusion requise, au titre de croyance primordiale ou postulat d'une *doxa* scientifique, afin de cimenter la communauté scientifique et asseoir l'autorité du paradigme qui unit ses membres. Car, selon lui, dès que les énigmes sont devenues des « anomalies », c'est-à-dire quand il n'est plus possible de connaître des phénomènes d'après les normes de paradigmes dominants, lorsqu'une découverte isolée advenant « par inadvertance »[1] se montre inassimilable et qu'un changement de paradigme vient à l'ordre du jour, la communauté se polarise et se défait. En un sens, il n'est pas surprenant que les savants retrouvent ainsi leur tonus dans la désunion puisque, nous l'avons vu, à l'école de la « science normale », ne se forment en somme que des *têtes bien faites* nullement prédisposées à être refaites. Pourtant, sous un autre angle, c'est plutôt en période de controverses scientifiques que les conditions scolaires d'un dialogue paraissent le plus nécessaires ; *a fortiori* si, comme Bachelard, on pose contre toute idée de « science normale » que « seules, les crises de la raison peuvent instruire la raison »[2]. L'on peut donc encore légitimement s'étonner que la science parvienne, dans la discorde, à rebondir de façon féconde sur les anomalies qu'elle rencontre. Comment plus fondamentalement se fait-il donc que, selon Kuhn, la science en crise doive en somme donner congé à tout enseignement ?

La science en crise : anomalie ou obstacle épistémologique ?

Une cause majeure en est qu'il y a loin de l'idée d'« anomalie » au concept bachelardien d'« obstacle épistémologique » Si l'on tient à la rapprocher de l'obstacle, alors il faut dire que l'anomalie n'en est

1. T. Kuhn, *La Structure des révolutions scientifiques*, *op. cit.*, chap. V, p. 82.
2. G. Bachelard, « La psychologie de la raison », *L'Engagement rationaliste*, *op. cit.*, p. 34.

qu'une représentation négative et formelle, abstraitement dépsychologisée et privée d'histoire. Pour ainsi dire, du concept d'obstacle se trouve expurgé l'essentiel : la conscience réfléchie des intérêts extrascientifiques qui valorisent les intuitions de la connaissance vulgaire et auxquels il est essentiel que l'esprit scientifique puisse opposer un « non » pour se former véritablement, c'est-à-dire se *ré*-former. Et c'est aussi pourquoi Kuhn pense le changement de normes en termes d'« abandon » (*give up*), de « rejet » et d'« abolition » de paradigmes ; nullement, comme fait Bachelard, en thématisant la « rupture épistémologique » qu'il est sans arrêt nécessaire pour l'esprit scientifique d'accomplir à l'égard des valeurs qui l'entravent. L'obstacle étant formellement dissocié de la rupture, l'anomalie permet donc à la rigueur de penser ce qui tend à arrêter la science, nullement ce en quoi ce qui lui résiste est aussi, comme Bachelard l'a montré, ce qui justifie et dynamise l'exigence scientifique de lui faire barrage. Derechef, en matière d'épistémologie historique, il y a discontinuisme et discontinuisme : celui de Kuhn n'est pas aussi évident qu'il le proclame. Trouvant moins dans l'anomalie le point de mire de l'échec des paradigmes que l'angle aveugle à ce qui le cause, le discontinuisme de Kuhn s'empêtre par là même dans une contradiction. Si, d'un côté, il lui faut fortement thématiser « l'incompatibilité » des paradigmes en alléguant leur « incommensurabilité », et plus tard leur « intraduisibilité »[1], c'est que, de l'autre, il tend à relativiser le progrès qui résulte d'une révolution scientifique, en présentant de façon symétrique la position des paradigmes « concurrents », et leur désaccord comme un différend qui n'est pas décidable par la voie d'arguments incontestables. S'il y a, entre paradigmes, une « différence » présentée à outrance comme abyssale (« irréconciliable »), leur valeur respective n'est en effet jamais mesurée à l'aune du conflit qui les a opposés historiquement et qui, étant essentiel, devrait encore valoir au présent. Au contraire, ce conflit,

1. T. Kuhn, *La Structure des révolutions scientifiques*, *op. cit.*, chap. VIII, p. 147-148 ; *The Road Since Structure*, *op. cit.*, p. 93.

sous le couvert de « l'intraduisibilité », est formellement réduit à une figure du « dialogue de sourds », c'est-à-dire à « la discussion proche du cercle vicieux qui en résulte régulièrement »[1]. Au lieu d'une rupture épistémologique il n'est dès lors question que d'une « panne communicationnelle » (*communication breakdown*[2]) dont la réparation radicale est jugée impensable :

> « L'insuffisance de communication logique [...] caractérise régulièrement les discussions sur les paradigmes[3]. »

Par suite, il n'y a pas à s'étonner qu'aucune distinction de nature ni aucune hiérarchie ne soient établies par Kuhn entre pensée préscientifique et pensée scientifique ou entre métaphysique et science[4] : toutes les connaissances procèdent indifféremment d'un paradigme dominant, si bien que, quelle que soit leur nature, toute transition d'un paradigme à l'autre est en droit, sinon en fait, entièrement réversible.

Ainsi, au moment décisif d'une révolution (le changement de paradigme), la communauté scientifique est censée se disloquer en une multiplicité d'écoles ayant chacune un paradigme alternatif à promouvoir. C'est le temps des controverses scientifiques. Mais quelle est la nature des liens qui unissent les tenants de chaque école et comment, au sein de toute la communauté scientifique, sont régis les rapports entre ces écoles présentées comme concurrentes ? Si, comme Bachelard l'a souvent illustré et célébré, « il y a toute une éristique à la base de l'heuristique »[5], l'image de la « science révolutionnaire » présentée par Kuhn pourrait paraître plus satisfaisante de prime abord que n'est apparue jusqu'ici l'image d'une prétendue « science normale ». Pourtant, il n'en est rien. Au sein d'une communauté auparavant unie

1. T. Kuhn, *La Structure des révolutions scientifiques*, *op. cit.*, chap. VIII, p. 156.
2. T. Kuhn, *The Road Since Structure*, *op. cit.*, p. 100.
3. T. Kuhn, *La Structure des révolutions scientifiques*, *op. cit.*, chap. VIII, p. 156.
4. *Ibid.*, chap. VIII, p. 141-142 : « La dynamique contemporaine d'Einstein et les équations dynamiques plus anciennes déduites des *Principia* de Newton [...] sont fondamentalement incompatibles au même titre que l'astronomie de Ptolémée et celle de Copernic : la théorie d'Einstein ne peut être acceptée que si l'on tient celle de Newton pour fausse. »
5. G. Bachelard, *La Dialectique de la durée*, Paris, PUF, 1936[1], 1980[4], p. 56.

et que la crise affecte désormais, Kuhn prétend voir s'affronter, non pas même des écoles, mais plutôt des fractions professionnelles rivales cantonnées dans des spécialités incompatibles qui, toutes plus ou moins hostiles à une tradition de science normale en situation d'échec, disputent de zèle sur le choix de paradigmes alternatifs à ceux qui sont dans l'impasse. Or ce zèle, s'il n'est pas contraire à la raison, n'est pas celui de la raison. Les arguments dont les tenants d'une science révolutionnaire font assaut ne peuvent en effet, selon Kuhn, impliquer aucune contrainte rigoureusement *rationnelle* :

> « toute preuve est impossible [...]. Il s'agit de persuasion et non de preuve »[1]

parce que le

> « problème du choix du paradigme ne peut jamais être réglé sans équivoque par le seul jeu de la logique et de l'expérimentation »[2].

Ainsi, le consensus par lequel toute « science révolutionnaire » se résorbe en « science normale » ne pourrait avoir lui même, dès l'instant où un paradigme parvient à asseoir son autorité, aucun fondement apodictique. Il ne pourrait procéder que d'une sorte de catéchisme :

> « Les étudiants en science acceptent les théories à cause de l'autorité de leur professeur et des manuels, et non à cause des preuves[3]. »

On conçoit aisément ce qu'il en résulte quant à la valeur des paradigmes : Kuhn défend un pragmatisme qui, sans fard, nivelle toute différence entre la pensée rationnelle et la pensée naturelle, entre la norme et le fait. Si les paradigmes « gagnent leur rôle privilégié », c'est « parce qu'ils réussissent mieux que leurs concurrents »[4]. Si bien

> « [qu'] ils peuvent fonctionner sans qu'il soit besoin de s'entendre sur leur rationalisation, ou même sans qu'on tente de les rationaliser du tout »[5].

1. T. Kuhn, *La Structure des révolutions scientifiques*, *op. cit.*, chap. IX, p. 210.
2. *Ibid.*, chap. VIII, p. 136.
3. *Ibid.*, chap. VIII, p. 118.
4. *Ibid.*, chap. II, p. 46.
5. *Ibid.*, chap. IV, p. 78.

Mais que peut bien signifier pour Kuhn la « rationalisation des paradigmes » pour qu'il estime absolument impossible d'apporter la preuve de la supériorité de tel d'entre eux ? Si Kuhn voulait dire que le progrès scientifique n'est pas la promotion d'une raison immuable parce qu'aucune science n'est fondée sur une raison absolue, il n'aurait pas tort. Mais c'est tout le contraire qu'il présuppose. Selon lui, toute tentative pour prouver la supériorité d'un paradigme nouveau serait vouée à une pétition de principe. Le paradigme posé au titre de prémisse n'ayant aucun autre fondement que la conclusion même que l'on veut en inférer, et pour laquelle cette prémisse seule pourtant pourrait constituer l'élément vraiment déterminant dans la preuve, il y aurait donc une insuffisance logique insurmontable – « un raisonnement circulaire » – dans le fait de postuler le paradigme qu'il s'agit de prouver. Comme, par ailleurs, le succès expérimental d'un paradigme ne peut être avéré qu'à l'usage et après coup, aucun argument ne pourrait a priori décider avec certitude de la valeur d'un paradigme et son choix ne relèverait que d'un pari. Mais c'est là une conception purement formelle et anhistorique de la raison qui interdit, comme Bachelard l'a montré, de voir au cœur même des révolutions scientifiques la nécessité pour l'esprit rationnel de se plier aux conditions nouvelles du savoir et, par suite, d'inventer en lui les structures correspondant aux nouvelles structures scientifiques. Pour Kuhn, la rationalité des paradigmes ne peut être l'œuvre que d'une logique pure, par laquelle un « *esprit quelconque* » étudie « *n'importe quoi, n'importe où, n'importe quand* »[1] et c'est pourquoi il néglige tout à fait l'importance de l'obstacle pédagogique rencontré dans l'enseignement. Or c'est l'obstacle pédagogique qui réalise pleinement l'obstacle à l'événement rationnel, c'est-à-dire ce qui, donnant à une connaissance déterminée une vraie valeur d'obstacle, en fait l'occasion d'une rectification constitutive de l'esprit scientifique. Il manque décidément à la « structure des révolutions scientifiques » une psychologie de l'erreur, et cela apparaît nettement dans les exemples étudiés par Kuhn : les paradigmes, sous le

1. G. Bachelard, « La psychologie de la raison », *op. cit.*, p. 31.

couvert de leur « intraduisibilité », y sont toujours présentés comme des ensembles assertoriques parfaitement clos et inertes dont la signification ne dépend jamais d'aucun rapport polémique, historiquement déterminé, ni avec leurs concurrents ni avec les paradigmes de la « science normale » qu'ils ont vocation à remplacer. Kuhn fait comme si chaque changement de paradigme consistait en un recommencement absolu par lequel de nouvelles formes pures de la connaissance, abstraitement dégagées des connaissances qu'elles déforment et de celles qu'elles informent, donnaient chaque fois à la science un départ absolument sans précédent. Dès lors, sa conception de la science, aussi communautariste soit-elle, ne peut guère penser l'union des savants comme une « union des travailleurs de la preuve ». Autrement dit, il est inévitable qu'elle ne puisse jamais envisager le « travail de la preuve », c'est-à-dire la réinvention des moyens de preuve, comme l'activité *plus que normale* par laquelle la raison scientifique, transgressant toujours ses limites historiques, se constitue de manière constamment révolutionnaire. Son caractère scolaire étant gravement sous-estimé, la communauté scientifique ne peut y apparaître comme le laboratoire d'une « raison polémique » où, comme Bachelard le pensait, les preuves sont continuellement mises à l'essai.

Mais s'il lui échappe qu'aucune victoire de la raison ne peut découler d'une logique démonstrative formelle et invariable, et qu'au contraire, toute révolution scientifique est une révolution logique expérimentée dans l'acte même d'enseigner la science, c'est plus fondamentalement parce que Kuhn se représente la connaissance et l'acquisition des connaissances en dehors de toute médiation discursive décisive, sur le modèle de la vision sensible, en incluant sans discontinuité la science dans une psychogenèse empirique des *formes* naturellement *évolutives* de la connaissance en général. Il est remarquable qu'en matière d'« enseignement » scientifique, ce ne soit jamais *teaching* qui vienne sous la plume de Kuhn, mais toujours le mot *learning*, et que cela signifie un *learning by doing* où l'imprégnation empirique et l'accoutumance machinale l'emportent aux dépens de toute rectification discursive volontaire, tournant donc le dos aux actes révolutionnaires vraiment constitutifs de la raison scientifique. Or la question de la révolution scientifique n'est pas de savoir comment des savants « voient le monde » et « apprennent à le voir » autrement au gré de paradigmes qui conditionnent, par leurs changements, des révolutions dans leur savoir comme les lunettes déterminent des modifications de la vue et les langues des différences culturelles incommensurables. En vérité, l'art scientifique de la controverse qui sert à la découverte n'est rien autre que le véritable art d'enseigner, c'est-à-dire l'art de s'instruire en instruisant autrui pour le convaincre. Cela signifie que le sujet rationnel n'est tel qu'en entrant dans une dialectique intersubjective. C'est pour rompre le cercle vicieux de l'évidence immédiate, sensible aussi bien que rationnelle, dans laquelle la subjectivité tend à s'enfermer, que Bachelard a été amené à poser que

> « le sujet rationaliste s'institue dans la *sûreté* d'un enseignement possible qui doit obligatoirement entraîner un autrui rationaliste »[1]

dans un acte d'essentielle rectification. Si l'institution scolaire de la science est capitale pour Bachelard, et si « l'union des travailleurs de la preuve » qu'elle réalise est un *combat permanent* pour cette union même, c'est qu'aucune pensée ne peut s'installer, ni directement ni définitivement, dans des principes rationnels ; c'est que toujours la pensée naturelle est la proie d'intérêts eux-mêmes en butte au « refoulement positif » que leur opposent les preuves avancées par l'esprit scientifique. La science enseignée ne devient donc jamais une « science normale » ; elle est d'abord foncièrement l'œuvre d'un rationalisme enseignant plein de « turbulence », d'« agressivité »[2] et d'audace dans l'examen et l'invention des preuves. À l'école permanente de la science, non seulement l'esprit révolutionnaire « s'instruit *contre quelque chose*,

1. G. Bachelard, *Le Rationalisme appliqué*, *op. cit.*, p. 57.
2. G. Bachelard, « Le surrationalisme », *L'Engagement rationaliste*, *op. cit.*, p. 7.

peut-être même *contre quelqu'un* » en mettant ainsi la conscience de savoir à l'épreuve de l'enseignement ; mais surtout il s'instruit « déjà *contre soi-même* »[1]. Il ne peut déroger à l'obligation d'expérimenter avec autrui des preuves révolutionnaires dès lors qu'il lui faut affronter le risque d'un *cogitamus* constitué *de facto*, dès lors que la raison doit donc travailler contre elle-même, contre un psychologisme endogène qui menace toujours de la faire dégénérer en habitude sclérosante. Cette obligation pédagogique, tout à fait absente dans la pensée de Kuhn, ne se réduit pas à l'obligation de mettre à l'épreuve les raisons d'un savoir déjà constitué dans un combat pour qu'elles en sortent victorieuses ; c'est avant tout le devoir de « travailler les preuves », c'est-à-dire d'inventer les normes productrices de preuves capables de réaliser des accords rationnels inédits.

De l'audace des sujets révolutionnaires de la science

Entre Bachelard et Kuhn, le contraste est donc saisissant. Mais il serait insuffisant de conclure qu'il signale l'hétérogénéité de deux courants épistémologiques dont l'un s'enracine dans la tradition française du rationalisme et l'autre dans l'empirisme anglo-saxon. Certes Bachelard est resté indifférent aux sirènes du positivisme logique et Kuhn, bien qu'il ait eu l'occasion de suivre les cours de Koyré, ignore tout à fait l'esprit de l'épistémologie française du XXe siècle. Mais une telle symétrie laisse échapper le fait que le bachelardisme avait largement anticipé la conception de Kuhn et d'avance expliqué les écueils d'une épistémologie assez macaronique qui, par le jeu métaphorique d'emprunts sans exigence (à la psychologie gestaltiste, à la linguistique structurale, à la théorie néo-darwinienne de l'évolution), multiplie *ad nauseam* des exemples de révolutions scientifiques dont on ne sait jamais très bien s'ils prouvent ce qu'ils illustrent ou s'ils ne font qu'imaginer ce qu'ils ne peuvent prouver.

1. G. Bachelard, « La psychologie de la raison », *op. cit.*, p. 34.

Au premier chef de ces écueils qui sont le prix à payer du structuralisme, *l'empirisme* : quand on a lu Bachelard on voit mal comment les révolutions scientifiques pourraient être des révolutions sans sujets révolutionnaires, c'est-à-dire sans esprits capables de poser et de cultiver des normes au-dessus et contre des faits. En science du moins, une révolution implique en même temps qu'elle suppose la constitution critique d'esprits animés par une *volonté* de « dissiper les ténèbres » en affranchissant la pensée de ses illusions. Or l'évolutionnisme épistémologique de Kuhn est en permanence hanté par l'idée que les révolutions en science correspondent, dans l'ordre des processus cognitifs, à ce que sont les mutations sans but (sans intention) dans le processus biologique de l'évolution naturelle des espèces. « La position que je développe est une sorte de kantisme post-darwinien », écrit-il lui-même en 1990.[1] Mais une fois que les choix libérateurs d'une volonté de science ont été réduits à un mécanisme aveugle par « sélection naturelle » de paradigmes évolutifs, que reste-t-il encore du *Sapere aude* kantien ?

Ensuite, si les paradigmes ne sont donc pas autres choses que des conditions formelles de possibilité de la connaissance en général, l'écueil *formaliste* qui affecte la conception kuhnienne de la raison et contre quoi vaut tel quel le jugement de Bachelard :

> « Ce formalisme peut, à la rigueur, recevoir les *résultats* de la pensée rationnelle, mais il ne peut donner tout le travail de la pensée rationnelle[2]. »

Il ne reste alors que l'idée d'une « science normale » expurgée des crises que produit et dont s'instruit la raison polémique. L'esprit révolutionnaire de la science n'est plus qu'un vague esprit mutin. L'exigence de liberté qui anime le combat scientifique importe si peu à la science que l'on en vient à se demander finalement ce qui distingue ses révolutions des vieilles cyclophories astrales sur la voûte céleste.

1. T. Kuhn, *The Road since Structure*, *op. cit.*, p. 104.
2. G. Bachelard, *Le Rationalisme appliqué*, *op. cit.*, p. 5.

10. Matérialisme et science selon Bachelard[1]

La chimie et la physique sont-elles des laboratoires de la philosophie matérialiste ? Inversement, la philosophie matérialiste a-t-elle valeur constitutive ou régulatrice à leur égard ? Par exemple, l'atomisme scientifique qui s'est constitué de la fin du XVIIIe siècle jusqu'à nos jours a-t-il confirmé l'atomisme de Démocrite ? Des théories philosophiques matérialistes de l'atome, comme par exemple la théorie épicurienne, ont-elles déterminé ou suggéré des problèmes scientifiques décisifs dans l'avènement et les événements scientifiques de l'atomisme ?

Ces questions pourront sembler naïves si un professeur de philosophie envisage de les poser sérieusement : sont-elles assez informées par l'histoire des sciences ?, par l'histoire du matérialisme ?, et surtout quelle idée générale présupposent-elles du rapport entre philosophie et science, en particulier entre matérialisme et science ?

1. Texte inédit d'une communication présentée le 27 mars 2007 à Reims lors du stage académique régional organisé par Christian Ferrié et consacré à « Matière et esprit ».

Admettons provisoirement ces doutes adressés à notre naïveté et reformulons nos questions en essayant de les débarrasser de leur ignorance. De nos jours, un chimiste dira :

> « Les atomes [...] constituent les briques dont sont faites les substances qui forment le monde matériel. Ces briques elles-mêmes [...] sont formées de grains plus petits. Les grains reconnus sont au nombre de trois : l'électron, le proton et le neutron. La multiplicité des atomes qualitativement distincts paraît ainsi pouvoir être rapportée aux différentes combinaisons d'un nombre relativement restreint de particules subatomiques. Au-delà d'une apparente pluralité d'espèces atomiques se dessine la possibilité d'une unité plus profonde de la matière. Le rêve de Démocrite est-il donc tout simplement repoussé du niveau atomique au niveau subatomique ? »

L'auteur de ces assertions et de cette question était rien moins qu'un candide : elles ont été écrites en 1995 par Bernard Pullman, un chimiste qui, si j'ose dire, ne sentait pas le soufre : il fut, entre autres, membre de l'Académie des sciences, le premier titulaire de chimie quantique à la Sorbonne, un chimiste internationalement réputé pour ses travaux d'application de la mécanique quantique à l'exploration de la structure électronique des molécules. Et voici, résumé par lui-même, le cadre général d'une réponse au genre de question qu'il posait et dont je viens de rapporter un exemple :

> « Il a fallu vingt-cinq siècles pour aller de l'atome invisible et indivisible à l'atome divisible et visible. »

Dans ces conditions, par exemple, à la question de savoir ce qu'il en est aujourd'hui des atomes et du vide démocritéens, notre chimiste répond :

> « Grâce au flou quantique et à l'équivalence einsteinienne de la matière et de l'énergie, les deux "principes" de Démocrite fusionnent en un seul[1]. »

1. B. Pullman, *L'Atome dans la pensée humaine*, Paris, Le temps des sciences, Fayard, 1995.

Nos questions initiales étaient-elles donc si ingénues ? Avouons plutôt qu'elles hantent non seulement l'esprit de quelques-uns de nos élèves, pas nécessairement les moins brillants, mais aussi l'esprit de bien des professeurs, qu'ils enseignent la chimie ou la philosophie. Sinon, comment expliquer la tentation, souvent irrésistible, si l'on se propose, comme Pullman, de retracer l'histoire de la chimie scientifique, d'en rapprocher, d'une manière ou d'une autre, tel ou tel moment de telle ou telle thèse philosophique : par exemple, rapprocher les « molécules » d'Avogadro de celles que Gassendi conçoit lorsqu'il réhabilite l'atomisme épicurien ; ou encore rapprocher le principe auquel on attache le nom de Lavoisier, le principe de conservation de la masse, de la pensée d'Anaxagore ou du principe épicurien « rien ne naît de rien » et sa réciproque « rien ne retourne au néant » ? Lavoisier, avec ses légendaires balances, aurait-il confirmé l'indestructibilité de la matière en démontrant l'invariabilité de la masse ? Aurait-il donc donné un contenu expérimental, positif, à un principe matérialiste de conservation de la matière énoncé par ces antiques philosophes que, du fait d'Aristote qui les crédita d'avoir découvert « la cause matérielle » des choses, et faute d'un néologisme encore (un peu) prématuré, en 1686, Leibniz appelait « *les philosophes trop matériels* » ?

Plus généralement, nos questions hantent tout le XXe siècle. Pour désigner les sciences physiques et chimiques, l'expression « sciences de la nature » est tombée progressivement en désuétude : on dit aujourd'hui plus couramment « sciences de la matière ». Au début du siècle dernier, la question de savoir si de telles sciences sont philosophiquement inspirées par le matérialisme se redoublait d'une question autrement plus inquiète : ces sciences nous conduisent-elles au matérialisme ?, sont-elles matérialistes ? Poincaré lui-même, vers 1910, n'a pas refusé de donner sa réponse : « la question du matérialisme » qui revient pour lui à se demander si tout, même l'esprit, est matière, « ne saurait être résolue en dernier ressort par la science ». Sa réponse est donc négative parce que cette question est pour lui purement philosophique, ce n'est pas et ne peut pas être un problème scientifique[1]. Mais ses réserves, d'ailleurs expédiées en quelques lignes, importent peu. Plus intéressant est le constat sur lequel il se propose ensuite de réfléchir plus longuement :

> « Ces réserves faites, il n'en demeure pas moins que, parmi les théories physiques, il y en a qui sentent particulièrement le matérialisme, si j'ose dire [...]. Ces théories sont celles qui se rattachent à l'atomisme et au mécanisme. L'atomisme, depuis Démocrite, a toujours eu des partisans, et il faut reconnaître qu'il est bien séduisant. »

Poincaré pense, d'une part, aux travaux de Jean Perrin permettant de déterminer le nombre des atomes dans une molécule-gramme et de calculer le poids absolu d'un atome d'une substance déterminée, et d'autre part, aux travaux sur les rayons cathodiques ayant conduit, une décennie plus tôt, en 1897, à la découverte par J. J. Thomson du premier corpuscule intra-atomique : l'électron. Et quand il pense à la portée scientifique de ces travaux décisifs pour la reconnaissance de la *réalité* de l'atome en chimie des éléments et dans la physique de l'électricité, il ne peut s'empêcher de penser à Démocrite.

> « L'électron, dit Poincaré, est un véritable atome d'électricité[2]. »

De Poincaré à Pullman, de 1910 à 1995, bien des bouleversements se sont introduits dans les sciences de la matière : physique nucléaire, chimie quantique, physique des particules élémentaires sub-nucléiques... Mais, s'il faut croire Bachelard, qui en fut un grand témoin jusqu'en 1962, la tentation qui nous occupe n'a pas fléchi. En 1934, Bachelard cite une observation faite par Whitehead en 1925 selon laquelle « la phraséologie de la physique est dérivée des idées matérialistes du XVIIe siècle »[3]. Et en 1951, il affirme que

1. Depuis 1880 (et jusqu'en 1960), dans le programme de métaphysique de l'enseignement philosophique (sur « L'esprit »), la question du matérialisme concernait en effet la nature matérielle ou non de l'esprit.
2. H. Poincaré, « Les conceptions nouvelles de la matière », *Le Matérialisme actuel*, Flammarion, 1918, p. 49-68.
3. G. Bachelard, *Le Nouvel Esprit scientifique*, Paris, PUF, 1934[1], 1978[14], p. 63.

> « le philosophe qui aborde l'étude de la science physique contemporaine pense, en un hommage traditionnel à la philosophie de Démocrite, que l'atome est un indivisible, l'ultime élément d'une division de la matière »[1].

En 1953, il constate encore que

> « tant de philosophes disent et répètent que l'atomisme scientifique a confirmé l'atomisme de Démocrite »[2].

Mais si Bachelard s'exprime ainsi, c'est-à-dire avec ironie, ce n'est pas pour induire en la tentation de rattacher la science au matérialisme, et moins encore pour y céder lui-même comme font « tant de philosophes » apologistes obséquieux de Démocrite ; c'est bien plutôt pour expliciter et souligner son angle d'attaque et sa visée critique. S'il est en effet une constante de la pensée de Bachelard en la matière, elle consiste à affirmer la nécessité d'une nette rupture épistémologique entre l'atomisme scientifique et l'atomisme matérialiste. Thèse forte : il s'agit de penser que, si rapport il y a entre ces deux atomismes, il *doit* être un rapport d'opposition et de conflit : l'atomisme n'est scientifique qu'à la condition de se débarrasser entièrement de l'ancien atomisme.

Or, s'il n'est pas nécessaire que l'atomisme en science conduise au matérialisme en philosophie, on ne peut nier que telle en soit la tendance puisque l'atomisme induit toujours en philosophie une interrogation sur la structure de la matière. Dans ces conditions, on comprend l'embarras que suscite le soi-disant matérialisme de Bachelard : ce matérialisme dont il a parlé, à partir de 1949, mais surtout dans le titre et le contenu de son dernier grand livre consacré à la chimie – *Le Matérialisme rationnel* –, ce matérialisme à épithètes critiques (matérialisme « scientifique », « technique », « actif », « rationaliste », « ordonné », « instruit », « cultivé », etc.), qu'il a prêté à la chimie du XXe siècle, peut-il être pris à la lettre ?

1. G. Bachelard, *L'Activité rationaliste de la physique contemporaine*, Paris, PUF, 1951[1], « 10/18 », 1977 p. 105.
2. G. Bachelard, *Le Matérialisme rationnel*, Paris, PUF, 1953[1], 1980[4], p. 183.

Que peuvent bien signifier la possibilité et la nécessité, affirmées par Bachelard, du moins explicitement en 1953, de « mettre en valeur un *nouvel esprit matérialiste* »[1] qui, du côté du réel, de la nature et de l'expérience, serait en somme le pendant du *Nouvel Esprit scientifique* auquel, en 1934, il voulut rallier les partisans de la raison ?

Un « nouvel esprit matérialiste » en science ?

En commençant d'aborder ces questions débattues en France dans les années 1960-80, notamment parmi des marxistes ou sous leur influence, je ne prétends pas revenir sur des querelles qui, avec le recul, pourraient désormais sembler byzantines. Mais je rappellerai que ces débats ont eu alors pour enjeu considérable l'émergence d'une reconnaissance de la dignité philosophique des matérialistes : il s'agissait d'ouvrir une brèche, après plus d'un siècle de *forclusion* du matérialisme, dans la conscience spiritualiste et/ou positiviste de l'enseignement en France, aussi bien l'enseignement philosophique que l'enseignement scientifique. Dans l'enseignement philosophique, disons : dans la conscience qui a dominé de Maine de Biran jusqu'à Bergson, en passant notamment par Ravaisson, Lachelier, Boutroux et Alain – et pour laquelle, comme disait ce dernier « le matérialisme était une faute »[2]. Mais aussi dans l'enseignement scientifique, en particulier, celui de la chimie qui, dans le sillage du courant anti-atomiste dominant chez les savants (l'énergétisme, l'équivalentisme), et assujetti au « positivisme de la balance », refuse encore dans l'entre-deux-guerres d'admettre les travaux d'Avogadro – et donc nie la réalité matérielle de l'atome.

Car, même s'il ne l'a pas comme tel mis en question, Bachelard a indirectement rencontré ce déni de réalité philosophique dont a

1. G. Bachelard, *Le Matérialisme rationnel*, *op. cit.*, p. 3.

2. Alain, *Histoire de mes pensées* (1936), *Les Arts et les Dieux*, Paris, Gallimard, « Pléiade », 1958, p. 184-189. Sur la « faute matérialiste », voir mon livre *Alain, la République ou le matérialisme*, Paris, Méridiens-Klincksieck, 1990.

souffert le matérialisme. Pourquoi Bachelard s'est-il proposé de défendre un matérialisme ? Le cadre général d'une réponse à cette question, c'est celui de la science de son temps, laquelle fut soupçonnée, voire accusée, de présupposer et/ou d'impliquer théoriquement un matérialisme philosophiquement forclos. Par suite, cela paraissait suffire au spiritualisme français pour douter de la valeur philosophique de la science, voire la lui dénier. N'oublions pas, quand nous lisons Bachelard, que des thèmes tels que « la valeur de la science » et « l'esprit scientifique » ont été au programme de l'enseignement philosophique en France de 1923, au moins officiellement, jusqu'en 1960. Par leurs titres et leurs contenus, par les formulations qui s'y trouvent, les livres de Bachelard engagent une polémique avec une sorte de *sensus communis* de l'enseignement philosophique – sur quoi nous aurons à revenir.

C'est donc la dignité philosophique de la science que Bachelard a voulu défendre. Il l'a fait moyennant une double thèse : d'une part, en se plaçant du côté des savants, il faut reconnaître que « la science crée [...] de la philosophie »[1], et cela même si « le savant ne professe pas toujours la philosophie clairvoyante de sa propre science »[2]. D'autre part, du côté des philosophes qui prétendent faire de l'épistémologie, il faut aussi admettre que « la science n'a pas la philosophie qu'elle mérite »[3]. Cette double thèse présuppose, comme autant de pierres d'achoppement, et le rejet conjoint du matérialisme et de la science hors de la philosophie proprement dite, et la prédominance en celle-ci d'une tradition anti-matérialiste. Mais alors comment faire l'éloge d'une science en vantant son matérialisme, c'est-à-dire en empruntant le vocabulaire servant à la mettre en accusation ?

Dès lors, on se demandera d'abord comment, sans risquer le malentendu ou le dogmatisme, ni se payer de mots, Bachelard a pu

1. G. Bachelard, *Le Nouvel Esprit scientifique*, *op. cit.*, p. 7.
2. G. Bachelard, *Le Matérialisme rationnel*, *op. cit.*, p. 20.
3. *Ibid.*

affirmer que la philosophie créée au XXe siècle par la chimie atomistique (et, dans une moindre mesure, la physique corpusculaire ou microphysique) est un « matérialisme » ; ensuite, pourquoi, par là même, le savant matérialiste ne déméritant pas du philosophe, il a pu soutenir que celui-ci doit au contraire s'en réclamer et « mettre en valeur » le « *nouvel esprit matérialiste* » du savant.

Ces interrogations revêtent une difficulté accrue quand on examine la pensée d'un philosophe qui se réclame de l'ambiguïté[1], qui revendique le droit au néologisme, aime se placer « à la croisée des chemins »[2] les plus contraires ou « dilemmatiques » et qui souvent nous avertit en ces termes :

> « Toute affirmation philosophique est dangereuse. Dans une science aussi vaste que la chimie, impossible de donner un absolu aux attitudes philosophiques[3]. »

Et en formulant la question qui pourrait ici nous intéresser :

> « Y a-t-il un caractère qui permette de désigner *la matière en général* »,

il objecte que, au point de vue de la science, cette question est « vide de sens »[4]. Les expressions « matérialisme scientifique », « science matérialiste » peuvent-elles donc résumer autre chose que des coq-à-l'âne ?

Le poids objectif de la matière

Mais cette ultime remarque peut conduire à un premier éclaircissement d'ordre lexicographique. Dans un certain nombre d'emplois guère ambigus du *Matérialisme rationnel*, le mot « matérialisme » a une signification qui relève de la langue non philosophique. Il signifie « philosophie de la matière » au sens faible du mot « philosophie »,

1. Voir G. Bachelard, *Le Nouvel Esprit scientifique*, *op. cit.*, p. 7, p. 19.
2. *Ibid.*, p. 14.
3. G. Bachelard, *Le Matérialisme rationnel*, *op. cit.*, p. 117.
4. *Ibid.*, p. 70.

c'est-à-dire qu'il désigne une conception de la matière. C'est ainsi, par exemple, que le mot est employé dans le chapitre II en référence à la doctrine des éléments dans l'alchimie ou la préchimie de Paracelse.

En ce sens, est « matérialiste » toute explication qui fait jouer à la matière un rôle prépondérant ; et la science est « matérialiste », dès lors que, comme c'est le cas en physique et surtout (ou peut-être seulement) en chimie, elle a la matière ou substance des corps pour objet. Au tout début du livre de 1953, on peut ainsi relever des occurrences où la locution « matérialisme scientifique » est assez clairement équivalente à d'autres locutions comme les « connaissances scientifiques sur la matière » ou « les sciences de la matière »[1].

En ce sens, l'adjectif substantivé « matérialisme » ne désigne pas plus les positions ou le courant philosophique d'Épicure, Gassendi ou Diderot que le mot « symbolisme » ne sert, dans son sens usuel, à désigner le courant littéraire et poétique français auquel Verlaine, Rimbaud ou Mallarmé ont attaché leur nom. De même que le guitariste n'est pas un partisan de la guitare ou de l'introuvable « guitarisme », de même dire que le chimiste est matérialiste ne signifie pas qu'il soit un partisan de la matière ou du matérialisme. Alors l'adjectif épithète « matérialiste » peut parfois simplement signifier « qui est le fait du chimiste » ; et l'autre adjectif substantivé « *le* matérialiste » est purement et simplement un synonyme de « chimiste ». Par suite Bachelard peut écrire, par exemple p. 7, par allusion à la chimie quantique, que « le matérialisme scientifique est une *science d'avenir* » ; ou encore, p. 110, que « la spectroscopie est désormais la science matérialiste la plus générale ».

Mais, de ce fait, l'équivocité ou l'équivoque n'est pas pour autant entièrement dissipée. Car on ne peut manquer d'interroger plus philosophiquement l'*objectivité* de la matière dans une théorie et/ou une pratique supposées la prendre pour objet principal. Bachelard laisse-t-il entendre que la matière soit, pour parler rigoureusement, *l'objet* propre des « sciences de la matière » ? Non, sans doute. Il préfère

1. G. Bachelard, *Le Matérialisme rationnel*, *op. cit.*, p. 1.

parler au pluriel *des* matières qui entrent dans la fabrication d'une pluralité d'objets, dans le sens où ces sciences supposent des substances *originelles et constitutives* des corps, et les propriétés ou états *permanents* de ces substances (molécules, atomes). Mais, au pluriel ou au singulier d'une généralité, c'est ici que, concernant spécialement (et peut-être exclusivement) la chimie, il devient moins aisé de distinguer entre un sens faible et un sens fort (ou plus restreint, plus philosophique) des mots « matière » et « matérialisme ». Car, en chimie, la matérialité des objets, c'est la *permanence* des choses sous la diversité changeante des phénomènes étudiés en laboratoire : sans cette permanence, que vaudraient les *lois* de ces phénomènes objectifs, supposées rendre compte de la répétition de mêmes types de phénomènes ? Toutes ces substances chimiques, comprises comme substrats matériels des phénomènes, sont donc supposées posséder un « quelque chose » qui *se conserve* : un « quelque chose » occupant un *lieu* et ayant une *masse* constante[1]. Or l'histoire de la notion de matière et l'histoire de la notion de masse font un destin croisé au moins à deux reprises. Au tournant des XVIIIe et XIXe siècles et bien auparavant, dans l'Antiquité, de l'ère macédonienne à la Rome de Lucrèce.

S'agissant de la période la plus récente : en un raccourci historique, on fait souvent gloire à Lavoisier d'avoir contribué de manière décisive à l'avenir des recherches atomiques, en universalisant et en systématisant la loi de la conservation de la matière (de la masse, dirions-nous aujourd'hui) ; et parallèlement d'avoir mis en évidence l'importance des études pondérales dans les recherches chimiques sur sa constitution. Mais c'est le savant anglais John Dalton (1766-1844) qui, en 1808, publia le 1er volume de son *New System of Chemical Philosophy* et fonda ainsi l'atomisme chimique moderne.

L'atomisme de Dalton, qui présuppose Boyle, Newton, Lavoisier et les lois pondérales de la combinaison chimique, reprend une idée familière à ses contemporains, à savoir que chaque élément

1. En chimie du moins, car en physique actuelle, ce qui se conserve n'est pas la masse, mais *l'énergie totale*...

chimique a des atomes caractéristiques, mais il avance surtout que l'on peut déterminer une propriété permanente de ces atomes : leur « *poids* ». Ainsi la réalité objective de l'atome, pour la chimie scientifique naissante, du moins jusqu'aux contestations nées entre autres du positivisme, ce fut celle de sa masse, qui est une manière de dire sa *matérialité*.

Or ce rapport entre masse et matière est sans doute un philosophème du matérialisme philosophique qui nous renvoie aux controverses qui opposèrent (à propos du vide) Aristote à Démocrite, puis Épicure et Lucrèce à Aristote. Certes le mot « matière », qui vient du mot latin *materia* (employé notamment par Lucrèce), dit avant tout l'origine de la génération (*mater* = mère, famille de *matrix* = femelle pleine ou nourricière) et il renvoie surtout au schème biologique de la naissance (qui, en latin et en grec, s'énonce clairement dans l'idée de nature). Bachelard signale ce schème lorsqu'il examine ce qu'il appelle « l'endosmose entre le concept d'atome et le concept de germe » ; et il ne manque pas de citer en exemple les *genitalia corpora* de Lucrèce[1]. Mais les significations de la notion de « masse » sont plus proches de celles du mot grec *hylê* (qui signifiait primordialement le bois de construction ou de chauffe) avec lequel elle renvoie au schème technique du pétrissage, de la macération ou de la taille, et donc de la mesure (c'est ce schème auquel pense Aristote quand il invente la catégorie philosophique de matière) : en un sens qu'accentue la métaphore de la « brique » actuellement privilégiée par les microchimistes pour désigner l'atome, la matière c'est le matériau du *maçon* (ce dernier mot a la même origine que masse). C'est le matériau travaillé en *laboratoire*. Ce sont les alchimistes médiévaux qui, vers les Xe-XIe siècles, ont inventé non seulement le sens moderne du mot « laboratoire » mais aussi la chose même ; ils n'ont pas attendu Lavoisier pour *élaborer* et *peser* les matières !

Le premier de ces schèmes énonce donc le caractère principiel (« séminal ») de la matière : c'est celui qu'illustre tant le concept

1. G. Bachelard, *Les Intuitions atomistiques*, Paris, Boivin, 1933[1], Vrin, 1975, p. 57.

matérialiste de la nature chez Lucrèce ; tandis que le second schème insiste surtout sur la résistance (solidité) et la conservation de ce qui vient à être façonné (ou plus généralement modifié par composition/décomposition), donc le caractère permanent de la matière : s'il donne lieu à moins de poésie, il n'est pas moins constant dans le matérialisme épicurien, à commencer par celui d'Épicure lui-même (où, du reste, l'aspect anthropomorphique du schème aristotélicien est absent). Les livres de Bachelard contiennent parfois jusqu'à un chapitre entier pour discuter et évaluer des notions « matérialistes » comme celles de masse, de poids, de grandeur, de solidité et plus généralement tout ce qui concerne l'antique idée de propriétés substantielles.

L'une des évidences de la matière des corps insécables, c'est donc, à l'une des origines du matérialisme philosophique, son poids conçu comme propriété substantielle[1]. Comme Bachelard prend soin de le souligner dans *Les Intuitions atomistiques*, « *l'atomisme, c'est le matérialisme précis* »[2]. Et au moment où émerge l'atomisme scientifique moderne, c'est bien le poids atomique invariable qui semble donner leur détermination objective aux matières que la chimie étudie. Alors dire que le chimiste est matérialiste ne relève plus d'un simple pléonasme. Et sous la plume de Bachelard, le sens du mot matérialisme tend vers ceux d'autres mots (d'ailleurs plus souvent employés avant les années 1950) comme « *substantialisme* » ou surtout « *réalisme* ». Dans *Le Nouvel Esprit scientifique* (1934), on peut ainsi lire que « la chimie [...] fut longtemps la science substantialiste par excellence »[3]. Pourquoi cela ? Dans *La Philosophie du non* (1940), Bachelard le répète et donne son explication : si « la chimie est devenue le domaine d'élection des réalistes, des matérialistes, des antimétaphysiciens », c'est parce que « dans l'énoncé de ses découvertes, la chimie est évidemment substantialiste »[4],

1. Ce point est toutefois controversé concernant la pensée de Démocrite.

2. G. Bachelard, *Les Intuitions atomistiques*, *op. cit.*, p. 48.

3. G. Bachelard, *Le Nouvel Esprit scientifique*, *op. cit.*, p. 85.

4. G. Bachelard, *La Philosophie du non*, Paris, PUF, 1940[1], 1981[8] p. 52 (chapitre III, entièrement consacré à une étude sur la catégorie de substance en chimie).

tant « l'objectivité » est « nette au début d'une science matérialiste comme la chimie »[1].

NOUVEAUX DIALOGUES ENTRE HYLAS ET PHILONOUS ?

Matérialisme, substantialisme, réalisme : ces termes ne sont pas équivalents, mais, au point de vue de Bachelard, ils vont ensemble ou se rejoignent. Ainsi, en 1934, dans *Le Nouvel Esprit scientifique*, il peut écrire que « par une pente insensible le matérialisme va à l'atomisme réaliste »[2]. Si l'évidence du caractère matérialiste de la chimie est soulignée par Bachelard, c'est bien sûr dans la perspective d'une polémique ; mais il parle ici sans ironie : l'évidence doit être prise au sérieux, et pas seulement parce qu'elle est historique. En effet, Bachelard a toujours fermement maintenu contre tout phénoménisme, contre toute forme de scepticisme, l'idée que la science a une portée ontologique, qu'elle ne se limite pas à étudier l'apparaître des choses, mais qu'elle est la science des choses mêmes. Ce qui pose problème, ce n'est pas la *réalité* des *substances* que sont les éléments chimiques, les atomes ou leurs composants, ce n'est pas leur *matérialité*. Chaque matière chimique a toujours, pour Bachelard, un statut ontologique. À l'égard du courant anti-atomiste longtemps dominant (l'énergétisme, l'équivalentisme), Bachelard n'a pas fait chorus. Dans une page du *Matérialisme rationnel*, à propos de la notion de poids atomique, il rappelle avec une légère pointe d'ironie

> « [qu'] il fut un temps récent où dans l'enseignement – en cela en retard sur la science effective – on insistait sur le caractère d'*hypothèse* de l'atome »[3].

Bachelard n'a jamais défendu les présupposés conventionnalistes ou positivistes qui dominaient l'enseignement de la chimie en France dans l'entre-deux-guerres. Étonnants présupposés qui conduisaient, par

1. G. Bachelard, *La Philosophie du non*, *op. cit.*, p. 71.
2. G. Bachelard, *Le Nouvel Esprit scientifique*, *op. cit.*, p. 64.
3. G. Bachelard, *Le Matérialisme rationnel*, *op. cit.*, p. 92.

exemple, à censurer la notion d'atome en lui substituant systématiquement la notion de « symbole du corps simple » et en désignant la masse atomique comme « nombre proportionnel » associé à ce symbole.

Ce qui fait problème aux yeux de Bachelard, c'est la thèse *substantialiste* qui pose indistinctement, par l'idée massive de la *matière*, l'équivalence entre ce qui est *réel* et ce qui se *conserve* au titre d'une substance *solide* et *simple* ; et c'est conjointement le postulat *réaliste* selon lequel cette matière élémentaire est un réel indifférent au chimiste ou au physicien, qu'elle existe indépendamment de la connaissance qu'en prend le savant. Le réalisme, dans la forme la plus radicalement épurée qu'en présente Bachelard, repose sur un postulat qui, dit-il, « assimile la réalité à un pôle d'irrationalité »[1]. Substantialisme et réalisme s'associent toujours dans l'idée que l'activité du savant ne consiste qu'à recueillir, comme des données, les faits qui rattachent immédiatement les qualités des phénomènes aux propriétés intrinsèques des substances découvertes.

En ce sens, le matérialisme prêté à la science ou pour qui elle serait par excellence « un domaine d'élection » signifie, sinon distinctement une position doctrinale, du moins assez clairement, assez familièrement, une orientation philosophique générale. C'est ce que confirme, du reste, chez Bachelard, la compréhension constante du réalisme au point de vue de son opposition à l'idéalisme (opposition traditionnelle en France dans l'enseignement philosophique depuis le XIXe siècle[2]). Ainsi en va-t-il notamment dans le passage inaugural du *Rationalisme appliqué* où il représente en un tableau « le clavier sur lequel jouent la plupart des discussions philosophiques » et qu'il appelle « *topologie philosophique* »[3]. Réalisme et idéalisme y occupent exactement deux lieux symétriquement antithétiques par rapport à un milieu et font les lieux extrêmes (comme il dit souvent) des

1. G. Bachelard, *Le Rationalisme appliqué*, Paris, PUF, 1949[1], 1975[5], p. 7.

2. Dans le cadre de ce que l'on appelait autrefois, dans l'enseignement philosophique, « le problème de la connaissance du monde extérieur » et « le problème de la réalité du monde extérieur ».

3. G. Bachelard, *Le Rationalisme appliqué*, *op. cit.*, p. 7.

« affrontements métaphysiques traditionnels ». Or, aussi générale, aussi peu technique ou historique en soit la définition, cet idéalisme qui fait le pendant du réalisme est présenté sous des traits qui ne font historiquement aucun doute : est idéaliste toute philosophie du sujet pensant qui, de Descartes aux philosophies de la nature du XIXe siècle, soumet la connaissance et donc le réel connu à une activité primordiale et constitutive du sujet. À l'univers indifférent, voire « irrationnel », du réaliste correspond ainsi un sujet tendanciellement solitaire, et en qui la Raison se montre plus ou moins impérieuse. Il arrive d'ailleurs à Bachelard, sinon d'associer les mots idéalisme et rationalisme, de substituer bien souvent celui-ci à celui-là. Bachelard accentue sans doute ainsi l'opposition au réel irrationnel caractéristique du réalisme, mais pas seulement, puisqu'il réfère par là même l'idéalisme à un moment historique déterminé, celui où la physique, en se mathématisant, se constitue vraiment comme science – nous y reviendrons.

Au reste, Bachelard, qui n'est pas historien de la philosophie, ne se soucie généralement guère d'examiner avec exactitude et finesse historique le contenu des systèmes philosophiques. C'est ainsi que dans le chapitre VII du *Matérialisme rationnel*, pour illustrer l'opposition du matérialisme et de l'idéalisme, il estime suffisant d'évoquer les *Trois dialogues* de Berkeley entre Hylas et Philonous de la manière suivante :

> « Un homme qui croit *immédiatement* à la réalité de ce qu'il voit et de ce qu'il touche et un philosophe qui s'absorbe dans la conscience de la réalité première de son esprit [...]. Le réaliste postule toute la réalité, l'idéaliste affirme tout l'esprit[1]. »

Exception faite, à l'extrême rigueur, en faveur de Philonous, dont on peut supposer qu'il incarne l'immatérialisme de Berkeley – mais pas à lui seul et certainement pas toutes les figures de l'idéalisme –, un historien du matérialisme aurait bien du mal, s'il s'en donnait la peine, à identifier dans le personnage d'Hylas quelque figure singulière ou

1. G. Bachelard, *Le Matérialisme rationnel, op. cit.*, p. 194.

même très générale du matérialisme. Nous aurons aussi à revenir sur cette manière de présenter les différentes positions philosophiques générales en les disposant ainsi comme les personnages d'un dialogue.

Quoi qu'il en soit, pour le moment, si nous examinons davantage ce qu'il en est de ce dialogue philosophique, nous découvrons assez vite la présence d'un troisième personnage dans lequel nous aurons la naïveté de voir Bachelard jouer son propre rôle ou plutôt plusieurs rôles. Car, si cette « topologie » théâtrale ou du moins dialogique, et la terminologie qui la compose (matérialisme et idéalisme, ou réalisme et rationalisme) sont à peu près invariables depuis les années 1930 jusqu'aux années 1950, il n'en va pas de même de la position médiane à l'aune de laquelle les deux orientations extrêmes ne sont pas seulement symétriquement opposées, mais aussi *jugées*, évaluées aux fins d'un rapprochement possible. Bachelard veut ainsi engager un échange qui mette un terme à ce qui, initialement, n'est qu'un dialogue de sourds, entre deux stades philosophiques correspondant à un état préscientifique de la connaissance, et qui sont donc foncièrement inadéquats à la maturité scientifique. Le troisième personnage n'est là ni pour jouer le modérateur ou le candide ni pour trancher en faveur de l'un des deux autres. Mais c'est bien de son point de vue que se détermine le milieu, la « position centrale »[1], entre les deux attitudes philosophiques extrêmes. Jouant une sorte d'« érudit à la cavalière » (comme disait Malebranche contre Montaigne), Bachelard imagine ainsi dans la page déjà mentionnée du *Matérialisme rationnel* « l'intervention d'un savant » d'aujourd'hui :

> « Que donnerait, s'interroge-t-il, par exemple, dans les dialogues d'Hylas et Philonous, l'intervention d'un savant qui étudierait la matière non pas simplement avec les yeux mais avec des instruments de plus en plus nombreux, de plus en plus précis[2] ? »

1. G. Bachelard, *Le Rationalisme appliqué*, *op. cit.*, p. 4.
2. G. Bachelard, *Le Matérialisme rationnel*, *op cit.*, p. 194.

Or, ce qui ressort de l'intervention de ce « troisième personnage » n'a pas tout à fait la même teneur philosophique, selon qu'elle s'adresse au matérialiste ou à l'idéaliste. L'intention bachelardienne s'annonce toujours comme équilibrée et équitable : comme il le dit souvent,

> « c'est [...] à la croisée des chemins que doit se placer l'épistémologue, entre le réalisme et le rationalisme »[1].

Mais il n'est pas sûr que le « troisième personnage » s'adresse à l'un et à l'autre de la même manière ni dans la même intention.

Disons, schématiquement, que Bachelard, dès les années 1930, a conçu le projet de privilégier l'échange avec l'idéalisme et que cet avantage ne s'est pas fondamentalement démenti par la suite. Cet échange avec l'idéalisme a toujours eu pour fin de l'amender ou, pour employer un terme qu'il affectionnait, de le « dialectiser », souvent dans un style ou une terminologie qui évoquent, à mots couverts ou découverts, Descartes ou Kant. L'idéalisme, c'est assurément le dernier mot, en 1928, de *L'Essai sur la connaissance approchée*, lequel débouche, malgré les intentions initialement équilibrées, plus sur une phénoménologie de la *rectification* du sujet connaissant (de ses concepts) – un « orthopsychisme » comme il dit – que sur une philosophie de l'*approximation* de l'objet connu :

> « Pour nous, écrit-il en conclusion, l'objet c'est le groupe des faits perceptifs, c'est une série de perceptions susceptibles d'une ordination, mieux, c'est cette ordination elle-même [...]. On aboutit ainsi à un *réalisme sans substance* qui se présente comme une catégorie de la pensée, comme entièrement fonctionnel. »

Il admet alors :

> « Dans une voie aussi ambitieusement reconstructive nous sommes loin, naturellement, d'espérer retrouver tous les caractères du réel. »

1. G. Bachelard, *Le Nouvel Esprit scientifique*, *op. cit.*, p. 14.

Aussi la fin du livre, exprimée au conditionnel, annonce assez clairement la tendance :

> « Dès l'instant où l'on sentirait nettement que notre connaissance du réel est susceptible d'une rectification indéfinie, sur le rythme d'une approximation mathématique, on serait bien près de désigner la chose en soi. On en verrait la place, on en verrait le rôle. Autour de cette chose en soi, fine et pure comme un nombre, on pourrait suivre les oscillations amorties de l'idéalisme[1]. »

S'il faut suivre un peu la métaphore physicienne d'un balancement dont l'amplitude diminue et finit par s'annuler (« s'amortir »), ces « oscillations de l'idéalisme » « autour de la chose en soi » signifient les rectifications par lesquelles l'esprit approche peu à peu la *réalité* qu'il donne, de façon à la fois rationnelle et technique, à ses objets en se construisant lui-même. En ce sens, l'article intitulé « Idéalisme discursif », qu'il fait paraître dans les *Recherches philosophiques* en 1934-1935, dit, par l'épithète employée dans son titre et par son étonnant style parodique de l'égologie cartésienne, ce qui fera l'objet, à cette même époque, du dernier chapitre du *Nouvel Esprit scientifique* : « l'épistémologie non-cartésienne » est une philosophie pour laquelle « toute objectivation procède d'une élimination des erreurs subjectives » : « Il ne saurait y avoir de vérité *première*. Il n'y a que des erreurs *premières* »[2] lance-t-il, en faisant valoir les clartés discursives et opératoires de la communauté scientifique contre l'intuition d'évidences intellectuelles immédiates par le seul *Cogito*. À la même époque, dans *Le Nouvel Esprit scientifique*, évoquant, pour la parodier, la formule la plus kantienne de Schopenhauer, Bachelard résume tout cela par un de ces apophtegmes dont il a le génie : « *Le monde scientifique est donc notre vérification*[3]. » Par conséquent, l'idéalisme n'est pas rejeté : seulement, comme dit Bachelard, il « a besoin

1. G. Bachelard, *Essai sur la connaissance approchée*, Paris, Vrin, 1928[1], 1981[5], p. 298 et 299.
2. G. Bachelard, « Idéalisme discursif », *Études*, Paris, Vrin, 1932[1], 1970, p. 89.
3. G. Bachelard, *Le Nouvel Esprit scientifique*, *op. cit.*, p. 15. Cf. Schopenhauer. *Le Monde comme volonté et comme représentation*, Livre deuxième, § 19 : « le monde des corps » « est notre représentation ».

de détours »[1]. Ces détours sont multiples : détours des erreurs de la Raison, détours des instruments techniques de l'expérimentation par lesquels l'esprit « matérialise » ses théories et reconstruit le réel ; détours aussi et surtout, de l'« intersubjectivité », dans cette « école permanente » qui définit l'esprit scientifique comme une construction infinie de la Raison par l'histoire et l'enseignement des sciences (par une « culture scientifique »), dans le cadre d'une « cité scientifique »[2].

Notre objet n'est pas de développer cette « dialectisation » de l'idéalisme et son évolution tout au long de l'œuvre de Bachelard. Bornons-nous à quelques constats et quelques indications de lecture qui puissent nous éclairer sur l'apparente étrangeté du *Matérialisme rationnel* qui, en 1953, constituera le dernier mot de Bachelard en matière d'épistémologie. Comme il l'explique dans le chapitre II de *La Philosophie du non*[3], il existe « un progrès philosophique des notions scientifiques » que l'on peut schématiser sur l'abscisse du progrès scientifique lui-même parce que celui-ci l'ordonne. Cela ne veut pas dire que, par exemple, absolument parlant « Leibniz est en avance sur Descartes, que Kant est en avance sur Platon ». Cela signifie que des systèmes philosophiques peuvent être classés dans un ordre hiérarchique constant qui est fonction de « la maturation philosophique des notions scientifiques ».

Or, dans cet ordre du « progrès philosophique » de la pensée scientifique, matérialisme et idéalisme perdent tout à fait leur apparente position symétrique. À cela, trois raisons : d'abord, dans l'ordre de ce progrès, maturation et *rationalisation* sont des termes équivalents. Ensuite, l'idéalisme se définit *d'emblée* dans une perspective rationaliste. Enfin, le rationalisme classique, qui, pour Bachelard, correspond historiquement au couplage de la physique newtonienne et de la philosophie kantienne, constitue la philosophie de

1. G. Bachelard, « Idéalisme discursif », *Études*, *op. cit.*, p. 88.
2. Cf. mon petit livre : *Bachelard et la culture scientifique*, Paris, PUF, 1993, chap. II.
3. G. Bachelard, *La Philosophie du non*, *op. cit.*, p. 21-22.

la *maturité* de l'esprit scientifique. Certes, pour parvenir à ce stade, l'idéalisme a dû bénéficier d'importants « détours », comme on l'a déjà noté à propos du « non » opposé à Descartes ; et cette dialectisation en suppose de nouveaux pour qu'il parvienne au stade du *nouvel* esprit scientifique, celui que Bachelard baptise « surrationalisme » « rationalisme expérimental » ou « rationalisme appliqué » et qui correspond à la physique du XXe siècle : la physique des *corpuscules* (électron, proton, neutron) et plus tard les débuts de la physique des *particules* élémentaires (subatomiques). Lorsque les notions scientifiques auront désormais atteint une telle maturité philosophique, Bachelard pourra bien, en 1949, souligner l'importance du progrès rétrospectivement accompli, en opposant franchement le nouvel esprit scientifique au « solipsisme qui est le mal congénital de tout idéalisme ». Il pourra encore affirmer qu'un certain idéalisme, qualifié à cette occasion de « naïf » ou (plus exactement) de « prématuré »,

> « perd [...] toute possibilité de rendre compte de la pensée scientifique moderne »[1].

Toujours est-il qu'il maintiendra la thèse énoncée dans *La Philosophie du non* :

> « Tout progrès de la philosophie des sciences se fait dans le sens d'un rationalisme croissant, en éliminant, à propos de toutes les notions, le réalisme initial[2]. »

Quand, donc, à la manière d'un slogan révolutionnaire de son temps, *Le Rationalisme appliqué* se donne pour « tâche de montrer que le rationalisme n'est nullement solidaire de l'impérialisme du sujet »[3], c'est le rationalisme cartésien ou celui de Husserl qu'il vise, ce n'est pas l'idéalisme en tant que tel. Reste que le « troisième personnage » peut toujours dialoguer et se mettre d'accord avec l'idéalisme

1. G. Bachelard, *Le Rationalisme appliqué*, *op. cit.*, p. 5-6.
2. G. Bachelard, *La Philosophie du non*, *op. cit.*, p. 50.
3. G. Bachelard, *Le Rationalisme appliqué*, *op. cit.*, p. 8.

sur cette position centrale qu'est le « rationalisme appliqué » (lequel est également dit « complet » ou « intégral ») pour définir la philosophie du nouvel esprit scientifique qui anime la physique contemporaine, comme il a pu auparavant le faire en se mettant d'accord sur le rationalisme sans épithète pour définir celle de l'esprit scientifique antécédent. L'atteste au plus haut point le « profil épistémologique » que, dans *La Philosophie du non*, Bachelard élabore moyennant le prisme de sa « notion personnelle de masse », c'est-à-dire d'une notion de masse scientifiquement très instruite. « Nous avons, dit-il, comme tout le monde nos heures de réalisme. » Mais s'il le confesse, c'est pour opposer l'importance de la clarté rationaliste relativement à la petite zone d'ombre du spectre lumineux correspondant au réalisme, « la partie obscure, l'infrarouge du spectre philosophique »[1]. En empruntant les métaphores de cette allégorique « *analyse philosophique spectrale* »[2], nous pouvons conclure qu'à travers le « prisme » de la nouvelle physique scientifique comme à travers celui de la physique classique, les raies spectrales de la philosophie de l'esprit scientifique qui se trouvent réfractées ont très majoritairement les couleurs de l'idéalisme.

Il n'en va pas du tout de même en ce qui concerne le matérialisme. Bachelard peut bien dialectiser le *Cogito* cartésien, ou des thèmes kantiens comme la « chose en soi » le « noumène », le « phénomène », le « schématisme » ; et s'il est question de dialectiser la « substance », c'est à la condition qu'il s'agisse de la catégorie kantienne. Le néo-criticisme occupe une place considérable dans *Les Intuitions atomistiques* : un chapitre très long et bienveillant est entièrement consacré à discuter les thèses défendues à la fin du XIXe siècle par Arthur Hannequin ou par Lasswitz[3]. Par contre,

1. Cf. G. Bachelard, *La Philosophie du non, op. cit.*, chapitre II, notamment p. 45.
2. *Ibid.*, p. 47.
3. G. Bachelard, *Les Intuitions atomistiques, op. cit.*, chap. V : « L'atomisme criticiste ». Cf. Arthur Hannequin, *Essais critique sur l'hypothèse des atomes dans la science contemporaine* (1895) ; Kurd Lasswitz, *Atomisme et criticisme, Contribution à des fondements théoriques de la physique* [*Atomistik und Kritizismus. Ein Beitrag zur erkenntnistheoretischen Grundlegung der Physik*] (1878) ; et *Histoire de la théorie atomistique du Moyen Âge à Newton* [*Geschichte der Atomistik vom Mittelalter bis Newton*] (1890).

comme il l'écrit sans aucune nuance dans *La Philosophie du non*, « on ne dialectise pas un réalisme »[1].

La dissymétrie entre idéalisme et matérialisme est donc nette. L'idéalisme, dans ses formes les plus « naïves » a anticipé vainement (mais non pas fautivement) la philosophie de l'esprit scientifique en se disposant, trop tôt et donc indépendamment de la science effective, à édifier le rationalisme. Par exemple, répondant en 1940 à une objection concernant l'intérêt douteux de l'atomisme criticiste, Bachelard reconnaît que

> « le point de vue d'Arthur Hannequin n'avait joué aucun rôle dans l'évolution de la science ».

Mais cela n'ôte rien à sa valeur philosophique. Cela fait seulement

> « comprendre ce qu'il y avait de *prématuré* dans l'effort entrepris par Arthur Hannequin pour coordonner le rationalisme scientifique au XIXe siècle »[2].

Aussi, quand advient effectivement une mutation scientifique, est-il toujours possible de synchroniser le progrès philosophique de l'idéalisme et le progrès scientifique. Une fois qu'il s'est « *appliqué* » à la science, le personnage du rationaliste est comme le bon écolier plein d'*application* : attentif au travail des savants, il fait montre d'un véritable esprit de finesse dans l'usage de ses principes. Au pire, Bachelard n'aura qu'à dénoncer dans la persistance de ce que furent autrefois ses audaces théoriques l'anachronisme d'un idéalisme désormais désuet et rétrograde.

Le matérialisme, quant à lui, ne vient pas trop tôt. Il est originellement fixé une fois pour toutes, radicalement étranger à toute perspective scientifique et il ne change plus, quels que soient les événements constitutifs de la science et de son progrès : au point de vue des sciences, il n'a pas d'histoire, il ne connaît aucun progrès. Rien

1. G. Bachelard, *La Philosophie du non*, *op. cit.*, p. 53.
2. *Ibid.*, p. 56. C'est nous qui soulignons le mot « prématuré ».

ne résume plus nettement cette dissymétrie que cette formule du *Rationalisme appliqué* :

> « Le réalisme est définitif et l'idéalisme est prématuré[1]. »

L'IMAGINAIRE DU « MATÉRIALISME INNÉ »

Dès lors, comment est-il possible, pour la maintenir, de comprendre la symétrie entre idéalisme et matérialisme, dans le cadre de la « topologie philosophique » dont nous sommes partis ? Comment, dans ces conditions, peut-on concevoir un dialogue avec le matérialisme ? Comment expliquer qu'un matérialisme, d'abord qualifié de « technique » puis de « rationnel », puisse finalement, dès 1949, se trouver en « position centrale » et côtoyer le « rationalisme appliqué » – en une si étroite conjonction que, souligne-t-il en 1953, sans craindre l'oxymore,

> « se constitue vraiment dans la science contemporaine un *rationalisme matérialiste* »[2] ?

Cette fois, la symétrie à l'œuvre dans cette *double* « position centrale » n'est pas du tout antithétique. Certes, dira-t-on, le « rationalisme appliqué » désigne la philosophie scientifique de la physique contemporaine la plus avancée, tandis que le matérialisme « technique » et « rationnel » désigne la philosophie adéquate de la chimie contemporaine. Mais nous venons de voir que le matérialisme philosophique ne se fonde nullement sur la scientificité et qu'il ne peut davantage prétendre à fonder ni même à influencer aucune science. Il ne peut donc y avoir une stricte analogie entre les deux processus de formation de cette double position philosophique : ce que le rationalisme appliqué est à l'idéalisme, *ce n'est pas* ce que le matérialisme rationnel est au matérialisme sans épithète.

1. G. Bachelard, *Le Rationalisme appliqué*, *op. cit.*, p. 8.
2. G. Bachelard, *Le Matérialisme rationnel*, *op. cit.*, p. 4. Cf. aussi p. 114.

Deux ou trois pages des *Intuitions atomistiques*[1] pourront commencer de nous convaincre des raisons bachelardiennes de ce défaut de symétrie, en nous donnant la clé du problème posé dans la pensée bachelardienne par le matérialisme. S'interrogeant sur le constat (contraire au jugement de Poincaré vingt ans plus tôt) selon lequel, au début des années 1930,

> « les savants sont nombreux qui refusent d'associer à l'atomisme scientifique moderne les philosophies de Démocrite et de Lucrèce »

(du fait que les atomismes modernes sont toujours « plus ou moins proches de l'idéalisme »[2]), Bachelard écrit :

> « Les doctrines de l'atomisme antique ne nous paraissent pas avoir propagé leur influence réelle dans les temps modernes ; elles n'ont pas vraiment inspiré les théories des Gassendi, Huygens, Boyle, pas davantage les recherches de Dalton. »

Il le répète à propos de la préchimie de Lémery :

> « C'est une intuition immédiate, et non une tradition philosophique qui est à la base des conceptions de Lémery[3]. »

Cette thèse est à l'opposé de la perspective de Léopold Mabilleau[4] qui faisait référence en matière d'histoire de l'atomisme, et que Bachelard cite le plus souvent pour le contester. On a affaire, insiste-t-il, à un genre de doctrine qui

> « se propage sans qu'on doive parler d'influence de penseur à penseur ».

Et pourtant, ajoute-t-il quelques pages plus loin[5], l'atomisme matérialiste est

> « un atomisme fait pour traverser les âges, pour renaître à la suite de philosophies diverses, pour s'adapter aux connaissances scientifiques, dans les différents stades de leurs progrès ».

1. G. Bachelard, *Les Intuitions atomistiques*, *op. cit.*, Introduction, p. 10-13.
2. Comme il le signale plus loin : G. Bachelard, *Les Intuitions atomistiques*, *op. cit.*, p. 13.
3. G. Bachelard, *Les Intuitions atomistiques*, *op. cit.*, p. 50-51.
4. L. Mabilleau, *Histoire de la philosophie atomistique* (1895).
5. G. Bachelard, *Les Intuitions atomistiques*, *op. cit.*, p. 45.

Mais cette dernière affirmation n'entre pas en contradiction avec le constat répété d'une absence d'historicité scientifique du matérialisme.

Il y a en effet une manière de « traverser les âges » qui est tout à fait étrangère à l'histoire parce qu'elle relève de la *nature*, donc une manière de « s'adapter » aux progrès scientifiques sans jamais s'y « appliquer », c'est-à-dire une manière de s'en accommoder en prétendant y trouver des preuves nouvelles. C'est de cette manière que l'atomisme matérialiste a pu se transmettre sans avoir à être enseigné, échappant du même coup à toute la dialectique philosophique du progrès de culture scientifique qui a fertilisé l'idéalisme. La « naïveté » du matérialisme est à cet égard sans commune mesure avec celle qui peut éloigner l'idéalisme de la maturité scientifique, car elle relève de l'*innéité* d'une « intuition » d'origine sensible. Voilà pourquoi, explique-t-il, il est impossible « de mettre au compte d'un véritable enseignement l'intuition, en somme immédiate, qui livre à chacun de nous les traits fondamentaux de la conception atomique ». La thèse est un principe fort dans la pensée de Bachelard et elle ne variera jamais : le caractère anhistorique du matérialisme n'est pas seulement le *fait* d'intuitions qui, ayant pour origine l'expérience naturelle (appelée « expérience première »), peuvent ainsi se développer tout naturellement et *de tout temps* « en se livrant à la force propre de l'expérience » ; ce caractère, dans les philosophies matérialistes, est *de droit* un caractère *anti*-historique. Ainsi, faisant le constat peu nuancé que

> « l'atomisme se présente presque toujours dans l'histoire de la philosophie comme une réaction contre l'histoire »,

Bachelard n'hésite pas à le justifier en le référant à une revendication présumée des philosophes matérialistes :

> « L'affirmation d'un droit à traiter le problème du réel dans une expérience directe. »

Si donc « on ne dialectise pas un réalisme », c'est – comme on vient de le voir, et comme le confirment très explicitement les chapitres VI et VII de *La Formation de l'esprit scientifique* – parce que le réalisme congénital au matérialisme est présenté comme un « instinct », c'est-à-dire une impulsion que l'esprit humain doit à sa nature première, une tendance préscientifique à ne penser que ce qu'il voit et à voir ce qu'il pense :

> « Le réalisme peut à juste titre [...] être dit la seule philosophie innée[1]. »

Et reprenant dans *Le Matérialisme rationnel* ce thème d'un « matérialisme inné » ou d'un « matérialisme inconscient », il notera sévèrement (sans plus de précision historique), dans un passage où il évoque ses recherches de poétique sur « l'imagination matérielle des quatre éléments » – l'eau, l'air, la terre, le feu :

> « Souvent le matérialisme philosophique est purement et simplement plaqué sur ce matérialisme inné[2]. »

La rationalité du « matérialisme factice »

Reste à déterminer, dans ces conditions, l'intérêt et les modalités très problématiques d'un « dialogue » fécond entre Hylas et le savant qui étudie positivement la matière : le philosophe matérialiste peut-il vraiment s'instruire auprès du chimiste d'aujourd'hui ? Toute dialectique du type que Bachelard a pu mettre en œuvre dans *La Philosophie du non* étant exclue avec le matérialisme, que peut-on faire avec lui ? La réponse de Bachelard tient en un mot : il faut procéder à son « inversion »[3]. Ici, comme souvent du reste, Bachelard métaphorise ; il pense d'abord, en physicien, au changement de sens d'un courant électrique : s'il faut *inverser* le réalisme, écrit-il dès 1934, c'est parce qu'en chimie désormais, comme en physique,

> « le sens du *vecteur* épistémologique [...] va sûrement du rationnel au réel et non point, à l'inverse, de la réalité au général »[4].

1. G. Bachelard, *La Formation de l'esprit scientifique*, Paris, Vrin, 1938[1], 1977[10], p. 131. Il ajoute, pour éviter tout malentendu : « Ce qui n'est pas pour nous une raison de faveur... ».
2. G. Bachelard, *Le Matérialisme rationnel*, *op. cit.*, p. 21.
3. G. Bachelard, *La Philosophie du non*, *op. cit.*, p. 56.
4. G. Bachelard, *Le Nouvel Esprit scientifique*, *op. cit.*, p. 8.

La chimie s'est presque entièrement rationalisée, c'est-à-dire mathématisée, elle aussi ; la philosophie scientifique actuelle de l'atome, écrit-il en conclusion des *Intuitions atomistiques*, est un « atomisme axiomatique ». Le sens du processus de la découverte est donc celui de la déduction théorique et de la production technique, nullement celui de l'induction naturelle. Mais quand il développe les modalités de cette « inversion », c'est à la psychanalyse qu'il pense. La lecture des travaux de C. Jung, en particulier son livre sur *Psychologie et alchimie*, a fait une vive impression sur Bachelard. De ce point de vue, il s'agit d'aller à contre-courant de la tendance innée de l'esprit et d'en renverser totalement le sens. Il faut passer des phénomènes usuels de la connaissance vulgaire aux noumènes réalisés expérimentalement par la « phénoménotechnique » des savants. Mais ce passage ne saurait être graduel ni donc continu.

D'où le thème de la « rupture » entre « connaissance commune et connaissance scientifique », thème que, une fois de plus et tel quel, Bachelard ne reprend nullement par hasard en conclusion générale du livre de 1953. Je n'insiste pas sur ce thème de la « rupture », bien connu et largement admis : à la réalité immédiate de la nature qui s'offre dans l'expérience première, il faut substituer le réel techniquement reconstruit par les théories expérimentales de la chimie. Tout cela donne sens aux multiples et fréquentes épithètes employées pour qualifier le matérialisme scientifique : « technique », « factice », « travaillé », « cultivé », « actif », « ordonné », etc. Toutes ces qualifications expriment, en effet, par inversion, l'ampleur et la radicalité des inhibitions rationnelles que doivent subir les intuitions toutes naturelles du « matérialisme primitiviste »[1]. Bref, avant tout dialogue avec le troisième personnage, c'est à un réveil et une sorte d'autocensure que le matérialiste est d'abord invité. Le matérialisme inné, sur lequel la plupart des matérialismes philosophiques seraient « purement et simplement plaqué[s] », n'est qu'un « matérialisme imaginaire » ou « métaphorique ». Cela signifie

1. G. Bachelard, *Le Matérialisme rationnel*, *op. cit.*, p. 18.

que la catégorie philosophique de matière n'est, en somme, qu'un complexe d'images premières, des « valeurs oniriques » dans lesquelles s'enracinent des « convictions inconscientes »[1]. Ces images de la matière sont de la nature de celles qui, jusqu'au XVIIIe siècle, ont fait spontanément obstacle à la « formation de l'esprit scientifique » et qui sont « psychanalysées » dans le livre de 1938 ou, à la même époque, dans *La Psychanalyse du feu*. Comme on sait, l'érudition de Bachelard en matière d'alchimie et de préchimie lui permet d'en citer maints exemples, des plus célèbres (Paracelse, Bernard Palissy, Nicolas Lémery, Guillaume Homberg, etc.) aux plus obscurs. Mais, en 1953, Bachelard ne prétend pas que ces images sont encore des obstacles à l'émergence du nouvel esprit scientifique du chimiste. Il dit seulement qu'elles sont un obstacle à l'évaluation philosophique de la chimie contemporaine. Autrement dit, ces images empêchent d'apercevoir le progrès philosophique des notions scientifiques par lesquelles la chimie actuelle ordonne désormais la connaissance de la matière.

Au reste, le caractère « primitif » ou « primitiviste » qui fait d'une intuition matérialiste un obstacle ne doit pas être compris en un sens historique : historiquement, explique-t-il à propos de l'atomisme, il y eut d'abord l'essor des mathématiques et la naissance des deux écoles italiennes, celle des pythagoriciens puis surtout celle des Éléates ; ce qui conduit Bachelard à rattacher si exclusivement la pensée de Démocrite à la spéculation éléatique qu'il n'hésite pas à juger qu'elle est, *à son insu*, plutôt « solidaire d'une philosophie idéaliste » et qu'elle a déjà produit un « atomisme savant »[2], lequel est, par suite, fortement opposé au matérialisme épicurien. L'« audace théorique » de Démocrite, écrit-il, lui a permis d'« imposer une vue *rationnelle* à la réalité »[3]. On peut voir dans ce « plan historique » (dans cette chronologie et cette filiation)[4] bien des raccourcis suspects,

1. G. Bachelard, *Le Matérialisme rationnel*, *op. cit.*, p. 18-19.
2. G. Bachelard, *Les Intuitions atomistiques*, *op. cit.*, p. 44.
3. *Ibid.*, p. 13 et 6.
4. Dans *Le Matérialisme rationnel*, le chapitre Ier développe un thème équivalent : « Le rationalisme arithmétique de la matière sous des formes prématurées ».

ne serait-ce qu'en signalant l'étrange omission de Thalès et des naturalistes milésiens, ou l'éléatisme si abusivement expurgé de la pensée d'Épicure[1]. Mais l'important pour Bachelard est de faire valoir que le « miracle grec », comme il dit (en reprenant la douteuse formule d'Ernest Renan), avait donc précédé chronologiquement l'atomisme d'Épicure. En conséquence de ce que nous avons dégagé auparavant, si l'idéalisme du « miracle grec » et, par suite, celui de Démocrite sont historiquement *prématurés*, en revanche, le matérialisme épicurien, aussi primitif que définitif, dépend d'une fatalité toute naturelle, étrangère en tout cas à l'histoire des sciences, ou même à leur préhistoire. Aussi pour inverser le matérialisme, la condition pédagogique nécessaire est-elle, comme le fait Bachelard, de « renverser le plan historique » fort discutable qu'il a auparavant tracé. Le matérialisme ne correspond pas à un événement de la raison, il n'est pas un moment historique de la conscience de rationalité qui définit l'esprit scientifique. C'est bien en cela, de surcroît, qu'il est qualifié d'*inconscient*.

Et c'est bien pourquoi aussi il est question d'une « psychanalyse matérielle »[2] à l'égard de ses images. Cette « psychanalyse », explique Bachelard en 1953, doit être une « psychanalyse brutale, chirurgicale ». Elle est sans doute très différente, dans ses modalités comme dans sa finalité, de celles qu'ont conçues Freud ou même Sartre, dans la dernière partie de *L'Être et le Néant*. En particulier, il est clair que, si elle a bien pour fin de libérer quelque pulsion et, comme il insiste joliment, de « *rendre l'imagination heureuse* »[3], en revanche le refoulement « joyeux », dont il parle dans *La Psychanalyse du feu*[4], a bien peu à voir avec le concept freudien de refoulement, lequel est

1. Sur ce sujet, Bachelard force une thèse de L. Robin à laquelle il se réfère. Cf. L. Robin, *La Pensée grecque et les origines de l'esprit scientifique* (1923), livre II, chap. VI. Cette outrance témoigne de l'influence de Brunschvicg, auquel Bachelard se réfère aussi (*L'Expérience humaine et la causalité physique*).
2. Sur l'inspiration psychanalytique de Bachelard, cf. *Bachelard et la culture scientifique*, *op. cit.*, chap. I, p. 35-40.
3. G. Bachelard, *Le Matérialisme rationnel*, *op. cit.*, p. 18.
4. G. Bachelard, *La Psychanalyse du feu*, Paris, Gallimard, 1938[1], « Folio Essais », 1985, p. 164.

constitutif de l'inconscient, quand celui-là institue par contre la conscience rationnelle, le « surmoi intellectuel » des savants[1]. Si nous approfondissions ce curieux renversement du concept de refoulement, nous pourrions apercevoir qu'en libérant ainsi la voie à une poétique de la matière donnant aux matérialistes ce *Droit de rêver* qui leur est ici dénié, Bachelard reconduit à sa manière[2] un thème dominant (et anti-matérialiste[3]) des philosophes idéalistes, celui d'une distinction et d'une hétérogénéité absolue entre imagination et raison. Et, d'un point de vue matérialiste, nous pourrions alors franchement mettre en doute le présupposé, somme toute idéaliste (probablement plus inspiré par C. Jung que par Locke), des « archétypes » innés de la matière. Mais là n'est pas ici ce qui importe le plus à notre sujet. L'important, c'est que la conception de cette psychanalyse matérielle nous éloigne considérablement de l'idée des dialectiques fines par lesquelles les notions scientifiques sont censées fertiliser l'idéalisme. Si Bachelard parle encore à l'occasion d'une « dialectique », il prend alors soin de la qualifier pour en marquer nettement la fonction, si j'ose dire, *préjudicielle* :

> « Le matérialisme instruit est fondé sur une dialectique radicale qui le sépare du matérialisme imaginaire[4]. »

Cette séparation entre les deux matérialismes ne résulte donc pas d'un dialogue avec le matérialisme imaginaire. La « dialectique radicale » relève plutôt d'une sorte de fin de non-recevoir : le matérialisme philosophique, pas plus que son archétype inné, ne peut

1. Cf. G. Bachelard, *Le Rationalisme appliqué*, chapitre IV : « La surveillance intellectuelle de soi ».
2. D'une manière peut-être plus proche de Spinoza que de Descartes ou Malebranche, comme j'ai cru pouvoir en faire l'hypothèse en examinant la conception bachelardienne du « vrai » sous l'angle de l'étrange supposition de Spinoza dans le scolie de l'*Éthique*, II, prop. XVII : « Si l'esprit pendant qu'il imagine avoir en sa présence des choses qui n'existent, savait en même temps que ces choses, en vérité, n'existent pas [...] si cette faculté d'imaginer qu'a l'esprit était libre » (cf. *supra* : « Le « vrai » spinoziste de Brunschvicg à Bachelard »). Cf. aussi *Bachelard et la culture scientifique*, p. 40-55.
3. Cf. les réponses de Descartes aux « objections » de Gassendi.
4. G. Bachelard, *Le Matérialisme rationnel*, *op. cit.*, p. 18.

s'instruire, il ne devient pas instruit ; le « matérialisme instruit » ne l'est qu'à la condition d'avoir renoncé d'abord et totalement au matérialisme *prima facie*. De ce dernier, il ne restera *rien*, en effet, lorsque le matérialiste, ayant d'abord dûment psychanalysé ses images, pourra seulement commencer de dialoguer avec le chimiste. Alors il apparaîtra que, du point de vue de la science,

> « le matérialisme philosophique traditionnel est un *matérialisme sans matière* ».

C'est seulement à la condition de cette élimination préalable et complète qu'il pourra « étudier vraiment *le matérialisme de la matière* »[1] et communiquer avec le « nouvel esprit matérialiste » de la chimie contemporaine. Ce réquisit d'« inhibition »[2] rationnelle ou de « refoulement » à l'égard du matérialisme philosophique est donc sans commune mesure avec les « détours » exigés de l'idéalisme. Les intuitions matérialistes n'entrent pas dans la classe des « erreurs premières » qui sont le véritable commencement de la science parce que l'esprit peut les rectifier. Il n'y a pas d'erreur matérialiste et, par suite, pas de vérité matérialiste non plus.

Quels philosophes matérialistes ?

On ne doit donc pas se méprendre sur le sens de la *nouveauté* de l'esprit matérialiste dans la chimie contemporaine. L'*ancien* esprit matérialiste qui cède la place au nouvel esprit matérialiste ne doit pas, pour l'essentiel, être recherché du côté des philosophes matérialistes. À cet égard, l'absence quasiment complète de références, explicites ou non, à ces derniers, dans les livres de Bachelard, et spécialement dans *Le Matérialisme rationnel*, est un fait qui reste curieux, car ce que nous venons de signaler concernant le refoulement nécessaire des images de la matière, tout cela ne l'explique que de façon

1. G. Bachelard, *Le Matérialisme rationnel*, *op. cit.*, p. 4.
2. G. Bachelard, *La Formation de l'esprit scientifique*, *op. cit.*, p. 23.

insuffisante. Même dans *Les Intuitions atomistiques*, c'est en vain qu'on chercherait l'examen attentif d'un passage précis d'Épicure, de Lucrèce ou de Gassendi, ne serait-ce que pour justifier telle ou telle interprétation. Mais un autre fait, curieux lui aussi, pourrait bien nous permettre de jeter quelque clarté sur l'absence symptomatique des philosophes matérialistes.

Nous avons admis jusqu'à présent, à propos de « *l'analyse philosophique spectrale* »[1], que le prisme métaphorique, à travers lequel les différentes philosophies se décomposent en zones plus ou moins claires ou obscures et inégalement importantes, n'était rien d'autre et rien de plus transparent que les notions scientifiques comme, par exemple, celle de la masse, celle de l'atome ou celle du corpuscule. Selon Bachelard, plus la science progresse, moins ses notions laissent passer à travers ce prisme la fausse clarté du matérialisme naïf, plus au contraire diminue « la partie obscure, l'infrarouge du spectre philosophique » qu'elle en réfracte. Mais nous avons omis de nous interroger sur le faisceau lumineux qui est ainsi supposé se réfracter en un « spectre philosophique ». Ne serait-il pas préalablement réfracté ? Qu'en est-il de la présence des matérialistes dans le foyer d'origine de cette lumière philosophique ? C'est le moment de revenir, comme nous l'avons annoncé, sur le genre de présentation dont nous ont fourni un exemple les pages du chapitre VII du *Matérialisme rationnel* mettant en scène Hylas et Philonous, les personnages des *Dialogues* de Berkeley.

Car ce genre de présentation du matérialisme et de son opposition à l'idéalisme fait apparaître un autre prisme dans la pensée bachelardienne. Ce prisme, proprement philosophique, c'est celui de l'idéalisme spiritualiste dominant pendant toute la première moitié du XXe siècle. Il explique la difficile reconnaissance de doctrines ou de thèses philosophiques appartenant au matérialisme, dans les pages où Bachelard prétend s'y rapporter. Cette reconnaissance est si difficile que se trouve considérablement affaiblie la thèse selon laquelle

1. G. Bachelard, *La Philosophie du non*, *op. cit.*, p. 47.

« souvent le matérialisme philosophique est purement et simplement calqué sur le matérialisme inné ».

Ce prisme ne justifie pas l'assimilation problématique du matérialisme au réalisme ni la réduction de la catégorie de matière à un complexe imaginaire. Mais, assurément, il leur donne sens.

Quand, en effet, Bachelard met en question le « matérialisme des philosophes », comme l'annonce expressément le titre du chapitre II du *Matérialisme rationnel*, qui cite-t-il sinon des philosophes rien moins que matérialistes : Boutroux, Bergson, Meyerson… ? Par exemple, est-il convaincant pour un matérialiste à qui l'on demande instamment d'abandonner la théorie des quatre éléments compris comme « quatre racines simples de la matérialité »[1] d'exhiber la « fausse clarté » qu'en manifeste la philosophie de Platon ? Ou encore est-ce vraiment atteindre le matérialisme que de railler

« le vieux philosophème qui posait la matière comme essentiellement *indéterminée* »[2] ?

Ce philosophème rattache au mieux la doctrine de Boutroux à la distinction aristotélicienne de la matière et de la forme dont elle n'est qu'une interprétation, au reste assez typique, depuis Ravaisson, dans l'idéalisme spiritualiste français du XIXe siècle[3]. Dans le même ordre d'idée, il est évident qu'aucun matérialiste n'a jamais défendu l'idée que « le réel est irrationnel » : par contre, celui qui s'est littéralement exprimé en ces termes, c'est Meyerson[4]. Et c'est bien encore Meyerson, comme le reconnaît Bachelard, qui a thématisé la catégorie de « *conservation* » au point d'en faire « la catégorie fondamentale de la pensée réaliste »[5].

Autre exemple : quand Bachelard s'en prend au soi-disant imaginaire matérialiste, c'est un philosophe rien moins que matérialiste qu'il cite : Bergson. Et pour cause. C'est Bergson qui s'est attaché à

1. G. Bachelard, *Le Matérialisme rationnel*, *op. cit.*, p. 63.
2. *Ibid.*, p. 66.
3. Cf. *supra* : « La philosophie de la nature d'É. Boutroux ».
4. Cf., par exemple, *Du Cheminement de la pensée*, Paris, Alcan, 1931, p. 61.
5. G. Bachelard, *Le Nouvel Esprit scientifique*, *op. cit.*, p. 63.

développer une conception de la matière conforme au sens commun, lequel, disait-il, voit la matière comme quelque chose qui existe en soi et en même temps comme quelque chose de « pittoresque », qui possède les propriétés qu'il y sent[1]. Ainsi, quand Bachelard affirme que « les deux intuitions matérialistes extrêmes de la *fusion* et de la *juxtaposition* » ne permettent pas de penser le « matérialisme composé »[2] de la chimie contemporaine, je rappellerai d'abord que ces deux intuitions appartiennent à la pensée bergsonienne[3]. Je signalerai ensuite que, chez Bergson, elles font écho à des concepts aristotéliciens (*sunphusis* ou *prophusis*, distingués de la *sunthesis*), ceux par lesquels le Stagirite, à propos du concept de génération substantielle, interprétait et critiquait « l'erreur de Démocrite »[4]. En n'oubliant pas finalement que, s'agissant de Démocrite, Aristote est, pour nous, sur ce point de doctrine comme sur tant d'autres, une des principales sources doxographiques, chacun pourra donc prendre la mesure des déviations complexes que l'atomisme matérialiste peut subir en traversant l'autre prisme bachelardien, un prisme qui, cette fois, n'a rien à voir avec les notions scientifiques.

Toutefois, Bachelard n'est pas toujours aussi explicite sur ses sources. Quand il ne cite personne en particulier, il se contente alors de parler vaguement des « philosophes » sans que l'on sache ni même que l'on puisse toujours deviner de qui il s'agit. Mais une chose est sûre : ses sources ignorent presque toujours l'histoire du matérialisme. Quand donc Bachelard parle du « matérialisme des philosophes », s'agirait-il d'un simple malentendu sur l'emploi du mot « matérialisme », qu'il faudrait donc, en définitive, comprendre exclusivement au sens faible de « doctrine de la matière » ? Mais quand, par exemple, Bachelard s'interroge sur la *philosophie* inspiratrice des alchimistes, l'ambiguïté

1. H. Bergson, *Matière et mémoire* (1896), chap. I.
2. G. Bachelard, *Le Matérialisme rationnel*, *op. cit.*, p. 112.
3. Sur la distinction bergsonienne entre « juxtaposition » et « fusion » (ou « pénétration »), voir, notamment, *Essai sur les données immédiates de la conscience*, chap. II.
4. L'erreur de Démocrite, dit Aristote (*De Gen.* I, 2), c'est d'avoir défini la génération substantielle par la *sunthesis* (la « juxtaposition » des atomes).

demeure intacte et laisse perplexe : ainsi, quel philosophe matérialiste et quel historien du matérialisme hésiteraient à admettre que

> « l'alchimie apparaît [...] comme un idéalisme de la matière, [qu'elle] est [...] en son essence une déviation idéaliste »[1] ?

Bachelard s'exclame :

> « Les alchimistes ne sont pas vraiment des matérialistes : n'est pas matérialiste qui veut[2] ! »

Soit, pour cette lapalissade. Mais chez un matérialiste comme Gassendi, c'était une évidence : sa pensée en la matière témoigne que, à son époque, la distinction moderne entre la chimie et l'alchimie proprement dite (la doctrine occulte ou mystique, celle de Fludd, par exemple, qui fait figure d'attardé au XVIIe siècle) est largement réalisée dans la pratique, qu'elle commence à se faire dans les esprits et que, dans son propre esprit, elle est d'une totale netteté[3].

Au reste, la tendance par laquelle Bachelard situe constamment le matérialisme du côté des épistémologies réaliste, empiriste, voire positiviste, témoigne de la persistance en sa pensée d'un préjugé qui remonte à Lachelier et Ravaisson. Ce préjugé spiritualiste s'est formé en réaction à la doctrine de Comte et au « positivisme de la balance » (comme dit Bachelard) qui animait de nombreux chimistes. Ce préjugé ne s'embarrasse guère de la différence essentielle entre l'empirisme *stricto sensu*, celui de Locke et de Hume, et certaines tendances pré-empiristes ou pré-positivistes à l'œuvre, par exemple, dans l'épistémologie de matérialistes tels que Hobbes ou Gassendi. Est-il besoin, en outre, de rappeler que le matérialisme n'enveloppe pas nécessairement une épistémologie empiriste, et même, quand il semble y incliner, que c'est en lui une tendance fort problématique ? À ce sujet, concernant, par exemple, la méthode par analogie avec l'expérience sensible employée par les épicuriens pour se représenter l'atome

1. G. Bachelard, *Le Matérialisme rationnel*, *op. cit.*, p. 59.
2. *Ibid.*, p. 60.
3. Cf. O. Bloch, *La Philosophie de Gassendi*, chapitre VIII, p. 234-241.

invisible, il y aurait beaucoup à dire (à redire) contre la hardiesse des raccourcis bachelardiens. Mais cela nous conduirait trop loin.

Il peut être utile, en revanche, de préciser quelque peu un point concernant l'origine du *topos* philosophique grâce auquel idéalisme et réalisme sont opposés, et que nous avons seulement signalé en passant. C'est en effet un farouche opposant au matérialisme quel qu'il soit, Jules Lachelier, qui, parmi les premiers, a thématisé et contribué ensuite à fixer dans l'enseignement philosophique ce qu'il appelait « la vraie question entre le matérialisme et le spiritualisme »[1] : le *spiritualisme* enveloppe-t-il un idéalisme ou un réalisme ? Le monde est-il composé exclusivement de représentations, ou est-il indépendant des représentations ? Cette problématique a pendant longtemps occulté ou embrouillé la véritable intention polémique des philosophies matérialistes. Elle a sans doute aussi lesté la pensée de Bachelard. *Le Nouvel Esprit scientifique* exhortait le philosophe à « infléchir son langage »[2]. C'était pour Bachelard une manière de se donner lui-même sincèrement du courage. Mais le langage bachelardien, aussi éclectique soit-il, reste marqué au coin d'une problématique très étrangère à l'histoire du matérialisme.

La méthode de lecture des livres de Bachelard céderait donc gravement à une illusion de perspective, si elle consistait à mettre de véritables thèmes matérialistes en regard des « non » que la pensée bachelardienne donne l'apparence de leur adresser. Je n'en donnerai qu'un bref et dernier exemple.

Parmi les nombreuses négations (les « non ») que l'épistémologie bachelardienne invoque pour montrer que le matérialisme des philosophes est un « matérialisme sans matière », et donc pour avérer la « dématérialisation »[3] des corps chimiques par la science

1. J. Lachelier, *Œuvres de Jules Lachelier*, tome 2, Séance de la Société française de philosophie sur « esprit et matière », du 22 décembre 1904, Paris, Alcan, 1933, p. 143. Cf. *supra* : « Lachelier ou l'âge civilisé de la philosophie. »

2. G. Bachelard, *Le Nouvel Esprit scientifique*, *op. cit.*, p. 7.

3. « L'étude de la microénergétique nous paraît conduire à une *dématérialisation du matérialisme* » (G. Bachelard, *Le Nouvel Esprit scientifique*, *op. cit.*, p. 71).

actuelle, il pourrait être tentant d'en confronter quelques-unes, bien connues, au matérialisme épicurien : ainsi, polémique Bachelard, l'atome scientifique, *a fortiori* le corpuscule, « *n'est pas un petit corps* » ; il n'est pas « impénétrable » ; il n'a pas de grandeur ni de forme déterminées ; c'est seulement

> « quand la composition passe de l'atome à la molécule que la géométrie de la matière apparaît vraiment : la molécule, elle, est un petit corps »[1].

Je passe sur le fait, pourtant discutable, qui conduit trop souvent Bachelard à faire de l'atomisme matérialiste une intuition essentiellement géométrique[2]. Mais la *petitesse* de l'atome est-elle vraiment la raison de son indivisibilité dans l'atomisme épicurien ? D'après Aetius[3], « il est dit insécable (*atomos*) non parce qu'il est le plus petit, mais parce qu'il ne peut être coupé, étant aussi exempt de vide ». Certes, par ailleurs, Simplicius[4] rapporte que, parmi ceux qui ont nié que la matière soit infiniment divisible, Leucippe et Démocrite ont rattaché l'indivisibilité des corps premiers à trois raisons : outre leur impassibilité, c'est leur petitesse et leur absence de parties qui les rend indivisibles. Mais il le signale pour marquer à ce sujet une différence importante entre Démocrite et Épicure. En effet, comme le confirme du reste la *Lettre à Hérodote* (et même le poème de Lucrèce)[5], si pour Épicure l'atome est indivisible, c'est uniquement parce que sa grandeur est une grandeur de plénitude – ce qui, par suite, le conduit nécessairement à poser l'existence de parties minimales dans l'atome.

1. G. Bachelard, *L'Activité rationaliste de la physique contemporaine*, *op. cit.*, p. 106 et 111 ; cf. tout le chapitre III.
2. Cf. par exemple, *Le Matérialisme rationnel*, *op. cit.*, p. 159, à propos de « l'atome de carbone qui serait un "petit solide" avec des sommets et des arêtes » : « il faut sans cesse retourner en *deçà des images*, bien comprendre que les images sont des illustrations [...]. Se confier à l'image d'un petit solide pour représenter la tétraédricité du carbone, ce serait ramener l'atomisme instruit à l'atomisme naïf de Démocrite. »
3. H. Usener, *Epicurea*, fragment 267.
4. *Ibid.*, fragment 268 (même fragment dans : Dumont J.-P., *Les Écoles présocratiques*, fragment A13 du chapitre consacré à Leucippe).
1. Épicure, *À Hérodote*, § 56-57 ; Lucrèce, *De Natura rerum*, I, 615-625.

Bien entendu, si je souligne cela, ce n'est pas pour m'exposer à la critique bachelardienne des philosophes qui s'imaginent que l'atomisme scientifique confirme l'atomisme épicurien. Je ferai seulement remarquer qu'en l'occurrence, contrairement à ce que Bachelard a pu écrire avec un peu de condescendance sur « la métaphysique de la poussière », c'est Épicure et non Démocrite qui semble au plus près des exigences éléatiques. En atteste la parenté entre les paradoxes de Zénon d'Élée (la « Dichotomie » et « l'Achille ») et l'argumentation d'Épicure (comme celle de Lucrèce) pour prouver que l'existence de particules subatomiques n'autorise à diviser l'atome, ni physiquement, ni mathématiquement. Concluons que la petitesse atomique appartient peut-être à l'imaginaire de la connaissance commune et que, à ce titre, elle est sans doute un obstacle à la connaissance scientifique. Mais concluons aussi qu'il est impossible d'en tenir le matérialisme pour responsable.

Quels enseignements pouvons-nous finalement tirer de notre examen du rapport entre science et matérialisme dans la pensée bachelardienne ?

Lorsque, il y a presque cent ans, Henri Poincaré affirmait que

> « parmi les théories physiques, il y en a qui sentent particulièrement le matérialisme »,

il se faisait l'écho d'une idée reçue par laquelle, depuis le début du XIXe siècle, matérialisme et science étaient conjointement l'objet de soupçons ou d'accusations, et toute l'histoire de leur rapport recouverte d'un curieux contresens.

Ce contresens est double. Contresens, d'abord, car, à considérer le problème, comme nous l'avons fait uniquement, sous l'angle bachelardien d'une histoire des sciences, la philosophie matérialiste n'apparaît pas comme la raison d'être de la science. La science ne saurait donc se définir par le matérialisme. Mais contresens aussi parce que, à qui envisagerait le problème autrement, sous l'angle de l'histoire des philosophies matérialistes, il apparaîtrait que la science n'est pas davantage la raison d'être du matérialisme, lequel ne saurait donc non plus se définir par elle. Ce dernier contresens est pourtant persistant. La représentation du rapport entre science et matérialisme ne sert plus aujourd'hui, comme il y a un siècle, de pièce à conviction d'un procès à charge. Mais on reste souvent enclin à le considérer comme un rapport essentiellement fructueux, sinon pour la science, du moins pour le matérialisme. Une lecture superficielle du *Matérialisme rationnel* pourrait sembler nous en persuader ; mais Bachelard pourrait aussi bien sembler nous persuader, à l'inverse, qu'entre science et matérialisme, le rapport est infructueux pour l'une comme pour l'autre.

Et ceci, non sans raison. Cette ambivalence nous semble finalement caractéristique d'un mélange de cécité et de lucidité de la part de l'épistémologue sur le matérialisme et son rapport avec la science.

Bachelard a seulement deviné ce qu'il y a de constitutif pour le matérialisme et la science dans leur rapport, mais il ne l'a pas clairement vu ; ou plutôt, s'il l'a supposé, c'est uniquement au point de vue de la science la plus avancée, au point de vue du « rationalisme appliqué ». Car il y a bien une sorte de pacte qui unit tacitement science et matérialisme, s'il est vrai que le propre des sciences de la matière, *a fortiori* depuis un siècle, est de n'avoir affaire qu'à ce qui relève du matériel et du rationnel, et que le matérialisme, rejetant depuis bien plus longtemps l'affirmation de toute transcendance, est une position philosophique selon laquelle il n'existe rien en dehors de la nature et de ce que les hommes peuvent en connaître par la raison. Mais Bachelard, d'un côté, est ébloui par l'idéalisme kantien et aveuglé par le « réalisme » de Meyerson ; et d'un autre côté, peut-être, il est excessivement prévenu contre le naturalisme des premiers matérialistes et/ou une certaine méfiance de nombreux matérialistes à l'égard des mathématiques. C'est ce qui le rend insensible à l'idéal rationaliste constant des matérialistes, idéal pourtant attesté par la vivacité des critiques qu'ils adressent à l'encontre de tout ce qui incline à l'obscurantisme. À cet égard, nous restons surpris qu'un penseur si prompt à dénoncer de son côté les mythes de l'alchimie et certaines chimères idéalistes, un penseur en outre si soucieux de défendre « la valeur morale de la science » fasse entièrement silence sur les motifs éthico-politiques de la physique épicurienne.

Mais, en cela, la cécité de Bachelard sur le matérialisme est aussi en quelque manière lucidité. En effet, si on peut admettre que les mathématiques aient pu « prêter à l'idéalisme » (comme dit Pierre Raymond), il y a de solides raisons *historiques* de refuser de déduire d'une telle hypothèse, par simple contraposée, que le matérialisme ait donné matière à penser pour d'autres sciences non mathématiques ou à des sciences qui, comme la chimie, n'aient pas (encore) été mathématisées. Car les questions philosophiques posées par le matérialisme ne dépendent pas essentiellement des problèmes scientifiques et ne sauraient s'y réduire. D'une part, son histoire montre qu'il laisse souvent autant et parfois plus de place pour des traditions littéraires que pour des données scientifiques. D'autre part, elle montre que son rapport critique à la religion est, pour lui, autrement plus constitutif que son rapport à la science.

Tout cela pourrait expliquer et justifier que Bachelard, en toute bonne foi, n'ait pas été conduit à rencontrer ou croiser beaucoup de matérialistes sur son chemin. Si on ajoute que l'exploitation des sciences par la philosophie est plutôt caractéristique des adversaires du matérialisme (par exemple Henry More à l'égard de Boyle) et qu'en somme, les idéalistes sont souvent plus enclins que les matérialistes à faire dire aux savants ce qu'ils ne veulent pas dire, on peut comprendre aussi que l'absence des matérialistes dans l'œuvre de Bachelard ne soit pas seulement imputable à leur timidité épistémologique (réticences, prudences, ou préférences pour des modes littéraires d'expression) et à leur refoulement historique par le spiritualisme dominant de la philosophie française jusqu'au milieu du siècle dernier.

L'œuvre de Bachelard confirme donc, à sa manière, ce sûr jugement de mon maître et ami Olivier Bloch :

> « Le matérialisme n'a pas de rapport direct ni fondamental à la science en tant que science constituée[1]. »

La ténuité de leur rapport n'exclut pas, bien sûr, que matérialisme et science entrent dans une certaine confrontation. Il arrive que des matérialistes trouvent dans la science un point d'appui ou une caution, jamais en tout cas elle ne leur sert de repoussoir ou d'adversaire. Mais le matérialisme philosophique ne s'appuie pas sur la science *comme telle*, dans sa structure théorique, dans ses institutions, dans ses méthodes, ses théories et ses résultats, tels qu'ils sont acquis à chaque moment. Quant à la science, il est rare que, de leur côté, des savants entendent se mêler de ce qui outrepasse leur champ propre d'investigation, ou cautionner des affirmations qu'ils ne formulent pas eux-mêmes. Mais cela n'exclut pas non plus radicalement que, par exemple, les débats philosophiques sur l'atomisme au XVIIe siècle (qui résultent notamment de la réhabilitation gassendiste d'Épicure et, auparavant, de la découverte, au XVe siècle, du poème de Lucrèce) aient pu contribuer à affranchir la chimie des réquisits élémentalistes des alchimistes et des aristotéliciens et ouvrir la voie à une recherche du simple quantitatif sur la base d'hypothèses, sinon atomistes, du moins discontinuistes et corpusculaires. À cet égard, l'histoire des sciences est revenue avec raison de la thèse dogmatique et très sommaire selon laquelle la chimie moderne ne devrait quasiment rien à l'atomisme matérialiste[2]. Avec raison car le concept bachelardien de rupture épistémologique (ou plutôt son interprétation scolaire) nous a paru apporter une très discutable caution à cette thèse : le sens d'un tel concept

1. O. Bloch, *Matière à histoire*, Vrin, 1997, p. 459.
2. Ainsi A. Koyré qui tenait le renouveau de l'atomisme par Gassendi pour scientifiquement stérile.

n'est pas en effet, pour Bachelard lui-même, proprement *historique* ; saisi au point de vue normatif d'une dynamique de redressement culturel, son sens est rigoureusement *pédagogique*.

Annexe 1

« *Topologie philosophique* »

Idéalisme

↑

Conventionnalisme

↑

Formalisme

↑

Rationalisme appliqué et Matérialisme technique

↓

Positivisme

↓

Empirisme

↓

Réalisme

(*Le Rationalisme appliqué,* chapitre I)

Annexe 2

« Analyse philosophique spectrale »

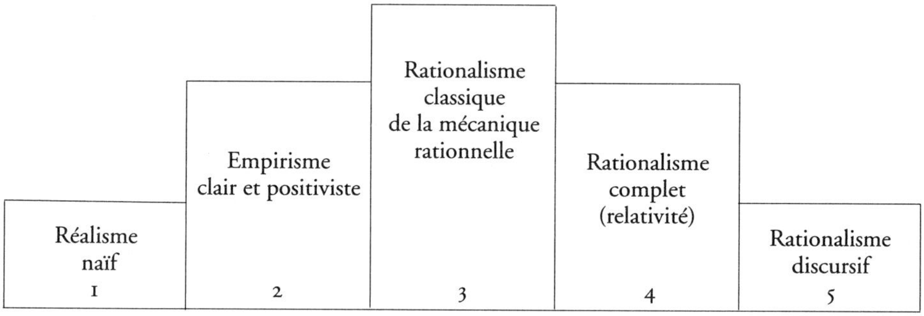

Profil épistémologique de notre notion personnelle de masse
(*La Philosophie du non*, chapitre II)

Achevé d'imprimer en mars 2010
sur les presses de la Tipografica Varese,
Societa per Azioni, Varese
pour le compte des Éditions Les Belles Lettres
collection « encre marine »
selon une maquette fournie par leurs soins.
Dépôt légal : mars 2010
ISBN : 978-2-35088-27-3
Imprimé en Italie